"十四五"职业教育部委级规划教材

服装结构设计

——婚纱礼服篇

高小红 ◎ 主 编

雷 杨 朱芸慧 徐 露 ◎ 副主编

中国纺织出版社有限公司

内 容 提 要

本书聚焦婚纱礼服类服装，系统阐述其结构设计原理与制板方法，详细介绍了服装结构设计与制板概要，半身裙结构设计与样板制作，婚纱礼服原型及其结构设计变化，婚纱礼服领、袖结构设计，婚纱礼服整体结构设计与样板制作。本书内容编排科学，图文并茂，紧扣婚纱礼服类服装设计潮流，注重理论与实践结合。

本书既适合服装院校师生作为专业教材使用，也可供服装行业技术人员、婚纱礼服设计师及服装制板爱好者参考学习。

图书在版编目（CIP）数据

服装结构设计．婚纱礼服篇 / 高小红主编；雷杨，朱芸慧，徐露副主编．-- 北京：中国纺织出版社有限公司，2025. 7. --（"十四五"职业教育部委级规划教材）. -- ISBN 978-7-5229-2750-3

Ⅰ．TS941. 2

中国国家版本馆 CIP 数据核字第 2025YW6911 号

责任编辑：由笑颖　　责任校对：高　涵　　责任印制：王艳丽

中国纺织出版社有限公司出版发行
地址：北京市朝阳区百子湾东里 A407 号楼　邮政编码：100124
销售电话：010—67004422　传真：010—87155801
http://www.c-textilep.com
中国纺织出版社天猫旗舰店
官方微博 http://weibo.com/2119887771
三河市宏盛印务有限公司印刷　各地新华书店经销
2025 年 7 月第 1 版第 1 次印刷
开本：787×1092　1/16　印张：14.75
字数：300 千字　定价：58.00 元

前　言

　　本书为校企合作编写的立体化工作手册式教材，其特色在于以服装企业的婚纱礼服类服装为载体，以典型婚纱礼服的结构设计与制板过程为主线，采用由简单到复杂、逐层递进的项目制排列方式，在符合工作过程的学习情境中，按照婚纱礼服类服装结构设计与制板概要，半身裙结构设计与样板制作，婚纱礼服原型及其结构设计变化，婚纱礼服领、袖结构设计，婚纱礼服整体结构设计与样板制作的项目顺序来安排教学实施。而在每一个项目中，又以婚纱礼服的结构设计、样板制作等工作任务为导向，使学生在任务实施的过程中，不断构建自身婚纱礼服类服装结构设计、样板制作的相关知识，获得相应的工作能力。

　　本书项目一、项目三由高小红、徐露编写，项目二、项目四、项目五由高小红、朱芸慧、孟娟编写。书中图片的绘制、整理、坯样的试制和拍摄等工作由高小红、雷杨完成，全书由高小红统稿。作为校企合作教材，本书在编写过程中，得到苏州华纱服饰有限公司等企业的鼎力相助。在教材编写团队的组建方面，邀请徐露、朱芸慧等企业专业技术骨干参加编写；在核心技术支持方面，企业提供了其研发的婚纱礼服连身原型；在案例导入、项目解析、任务实施等内容的编写方面，企业更是给予了非常专业的指导。同时，作为2021年苏州经贸职业技术学院重点教材，本书也得到学院的大力支持。谨在此向各位表示衷心的感谢！

　　由于编者水平所限，书中难免存在疏漏与不足之处，敬请广大读者及服装行业的前辈和同行指正。

编者

2025 年 3 月

目 录

○ 项目一
服装结构设计与制板概要

码1-1 项目一课件

📖 项目描述

　　现代服装工程是由服装的款式设计与表达、结构设计与制板、工艺设计与制作三部分组成的。结构设计与制板承上是款式设计的延伸和发展，启下是工艺设计的准备和基础，主要研究如何将设计所确定的服装立体造型，依据人体的结构、尺寸、穿着舒适度等因素，分解成平面衣片的原理、方法和操作过程，这其中涉及很多与服装相关的基本概念、人体构成的相关知识及基本的专业规范，包括服装专业术语，人体的点、线、面和立体构成，人体测量，服装号型系列设置，服装制图、制板工具与专业符号表达等，这些正是本项目所要掌握的内容。

⚛ 思维导图

📚 学习目标

学习目标	知识目标	1. 了解与服装结构设计、制板相关的专业术语
		2. 了解与服装结构相关的人体构成关键要素
		3. 了解人体测量的工具、方法和操作规程
		4. 了解国家标准对服装人体体型分类、号型设置的标准
	能力目标	1. 能使用工具按规范进行人体测量
		2. 能根据人体测量数据进行人体体型判断
		3. 能识读服装结构制图线条和符号
		4. 能识别服装制图、制板工具并会初步使用
	素质目标	1. 培养对专业的热情
		2. 培养勤于动手的专业习惯
		3. 培养精益求精、勤于动脑的学习、工作习惯
		4. 培养善于协作、爱护工具的职业素养

任务一　服装的专业术语

⇥ 任务导入

了解与服装结构设计、制板相关的基本概念和专业术语。

▤ 任务要求

了解服装结构设计、服装纸样设计、平面裁剪、服装打板、服装制板、服装原型、纸样、样板、纱向、剪口、缝份等基本概念或专业术语。

✿ 任务实施

1. 服装结构设计

服装结构设计也称服装纸样设计、服装裁剪，是服装款式设计到服装成衣制作的中间环节。重点研究如何将立体形态的服装转化为平面的服装结构图，即研究服装立体形态与平面结构图之间的一一对应关系（图1-1）。简而言之，服装结构设计研究的是服装结构的分解和构成规律。

在学习过程中，要求学生不仅能够识别不同的服装平面结构图表达的是何种款式的服装，还要求学生理解服装结构设计的原理和依据。

服装结构设计方法包括平面结构设计和立体结构设计方法，其中平面结构设计也称为平面裁剪，立体结构设计称为立体裁剪。

（1）平面裁剪

平面裁剪是服装结构设计最常用的方法，是依据服装结构的基本规律和分解原理，同时依据人体必要的结构、尺寸，运用一定的计算方法和绘画法则，将立体服装实物或设计效果图表现的服装分解成衣片的平面结构图（也称服装纸样）的一种设计方法（图1-1）。

（2）立体裁剪

立体裁剪与平面裁剪相对，是直接将布料覆盖在人台或人体上，通过分割、折叠、抽缩、拉展等技术手法制成预先构思好的服装造型、款式，然后从人台或人体上取下布样，根据人体结构和尺寸进行适当修正，并转换成衣片的平面结构图的一种设计方法（图1-2）。

尽管服装平面裁剪与立体裁剪的操作方法不同，但最终目的是一致的，都是获得与立体服装造型一一对应的服装衣片的平面结构图。

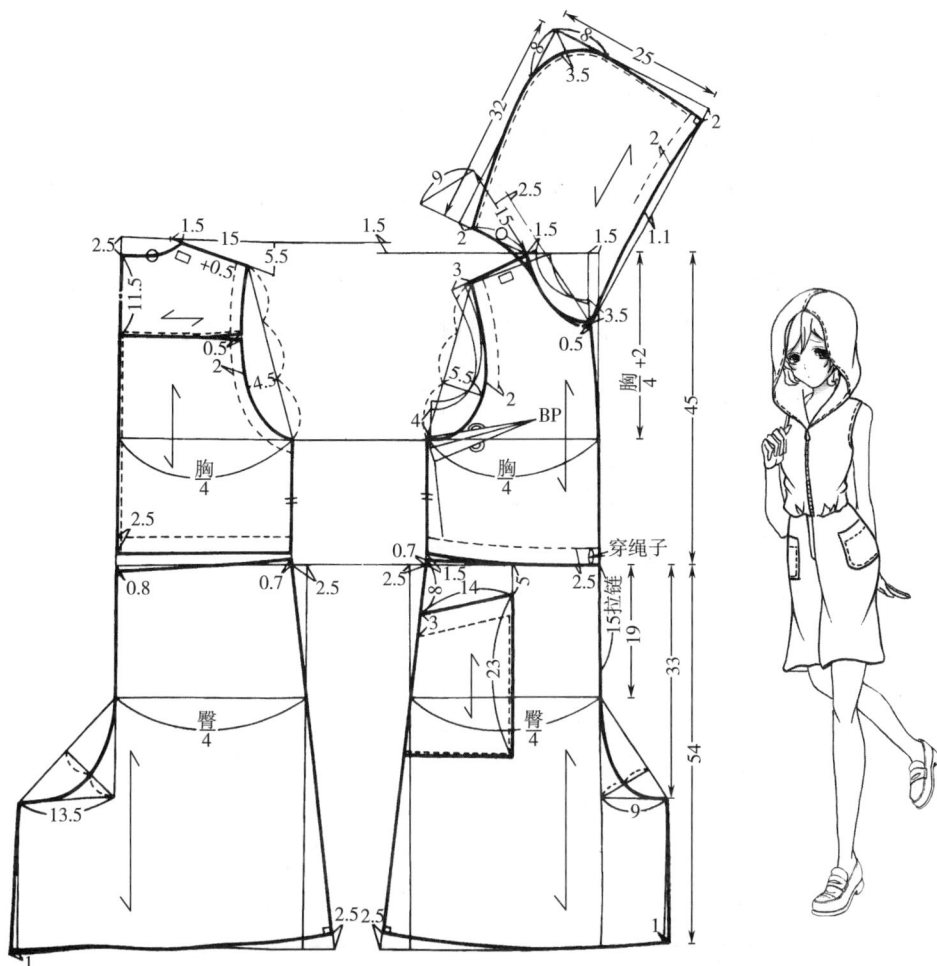

图1-1　服装立体形态与平面展开的结构图的对应

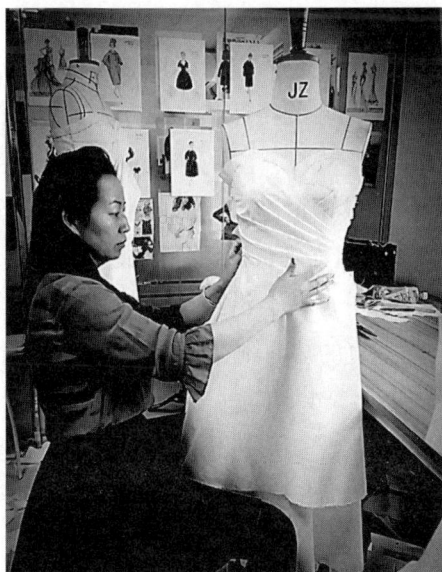

图1-2　立体裁剪

2. 服装纸样

广义的服装纸样是指所有针对立体形态服装而设计形成的纸样，既包括按照不同比例绘制的服装平面结构图，也包括在结构图基础上形成的服装样板。狭义的服装纸样也称服装样板，是在服装平面结构图的基础上进行周边放量、定位、文字标记等处理，形成的适应服装批量生产需要的样板。

服装样板具体操作是将服装平面结构图按照 1：1 的比例绘制在纸上，并按规定画出各种技术符号（这些符号重在满足工艺缝制要求），裁切后就得到了服装纸样（样板）。完成的服装纸样应该包括缝份、纱向、剪口、文字标注、省等信息（图1-3）。

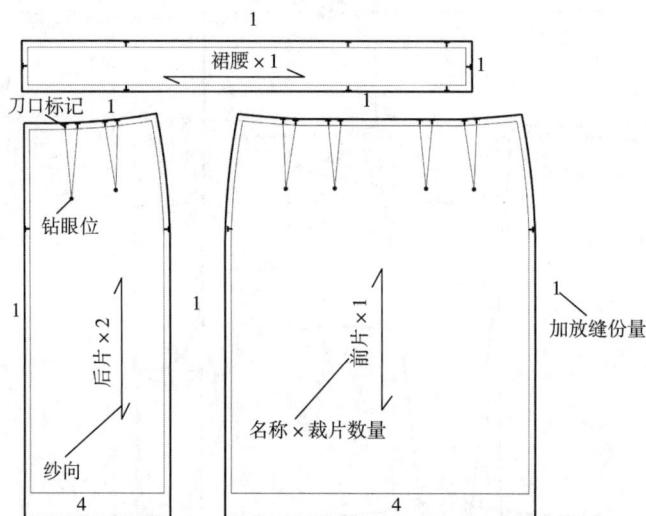

图1-3 直筒裙纸样

（1）缝份

为了将衣片缝在一起，需要为衣片加入缝份。服装生产中常用的缝份值是1cm，服装底边缝份值一般为3～4cm。此外，因面料的特性和缝制方法，缝份值大小也会适当调整。

（2）纱向

面料是有经纱和纬纱方向的，其中沿经纱的方向是经向，也就是沿布边的方向（布边是指布料两边坚固的梭织边缘），是面料强度最大、弹性最小的方向。与经向垂直的方向是纬纱方向，纬纱比经纱稍有弹性。大部分服装会沿经纱方向裁剪，经纱从上到下贯穿服装，在长度上提供一定的稳定性，而与之垂直的纬向则在服装围度上有一定的伸展。

折叠面料，使面料经纱方向和纬纱方向重合，形成的45°的折角，这个方向就是正斜向。斜纱的特性是具有很强的拉伸性，易于变形，悬垂性好。当设计要求既体现形体曲线又不想加省道时，通常采用斜裁，即使服装的长度方向与斜纱的方向重合。

（3）剪口

也称刀口，是服装纸样上的定位标记，利于服装缝制时的对位操作（图1-3）。一般来说，纸样上的剪口长度不大于缝份的 1/2，即不大于 0.5cm，剪口宽度能容纳画粉宽度则可，为 0.2~0.3cm。

（4）文字标注

服装纸样的文字标注主要是标明样板的类别、数量、位置等。主要有服装的号型、服装的规格、样板的类别、名称、裁片的数量，以及使用的丝缕方向（纱向）等。

（5）省

二维的平面布料包裹在人体上，会产生许多余量，要满足立体造型的要求，必须将人体上多余的不合身部分折叠处理掉，而去掉的部分就称为"省"（图 1-4）。

图 1-4　省在纸样和服装上的对比

3. 服装原型

世界上各种有形物体都具有不同的形态，能够反映其特征的基本形状，称为原型。能够反映人体基本信息的服装样板，称为服装原型。主要包括裙原型（图 1-5）、裤原型、衣身原型等。服装原型是进行服装结构制图和变化的基础，在原型的基础上，可以衍生出多种不同款式服装的结构设计。绘制原型时只需要制作人体一半造型，因为可假设人体是完全对称的。

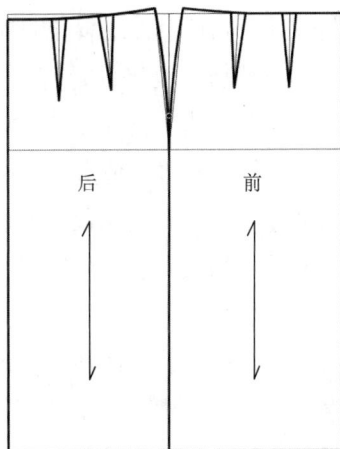

图 1-5　裙原型

🌱 举一反三

服装平面裁剪和服装立体裁剪是服装结构设计的两种方法，在实际的服装制板操作中都得到了广泛的应用。

⚛ 引导性问题 1

平面裁剪和立体裁剪分别有哪些优势?

平面裁剪是以人体所测量的尺寸和一定的经验规划计算方法为基础来设计服装平面结构图的服装结构设计方法。立体裁剪是以人模或人体为基础，从人模或人体上裁剪下来的符合人体曲线要求的原型衣片，并由此获得服装平面结构图的服装结构设计方法。

平面裁剪主要的优势如下。

①平面裁剪是实践经验总结后的升华，具有较强的理论性、系统性。

②平面裁剪依据经验，尺寸较固定，比例分配相对合理，具有较强的可操作性和操作稳定性。

③平面裁剪对于一些定型的服装产品，能够有效提高制板的效率。如西装、衬衫、夹克、职业装等常规服装。

④平面裁剪在服装松量的控制上，已经积累了丰富的经验，有据可依，便于初学者掌握与运用。

立体裁剪的优势如下。

①立体裁剪直接以人体为基础进行裁剪，可以准确地把握服装的款式造型，达到设计师心中的服装形象要求。

②立体裁剪过程立竿见影，便于设计师充分根据直观感受随时调整比例和细节，并根据变化抓取更多的灵感。

③相比于平面裁剪的操作过程，立体裁剪操作更加随意，设计师可以利用这种方式快速地表现构思和创意。

④立体裁剪操作可以边设计、边裁剪、边改进，随时观察效果并纠正问题，打破了平面裁剪将设计、制板过程割裂开的局限性，使设计、制板的操作过程更好地融合。

⑤立体裁剪不受平面计算公式的限制，是按照设计需要在人体模特上直接进行裁剪创作，能够实现更为丰富、多变、夸张的造型，非常适合表现平面裁剪无法和很难完成的结构造型。如不规则皱褶、垂褶、波浪等形式的服装造型。

服装平面裁剪和立体裁剪各有优势，平面裁剪尺寸准确，经验公式也经过了大量实践验证，具有较好的操作性，能够提高制板效率，对于服装的大批量工业化生产来说，平面裁剪还是主导的加工技术。立体裁剪操作过程繁复这一特点，使其不能作为主导的服装加工技术被充分应用。而且，立体裁剪技术涉及的许多艺术设计相关的知识体系，也成为制约其不能在服装工业化生产中成为主导加工技术的因素。因此，在我国的服装业，立体裁剪更多地应用于服装高级定制，以及服装企业的概念产品开发过程中。其中，立体裁剪作为制板手段，用于服装上一些特殊的局部造型的样板制作上。

引导性问题2

在婚纱礼服类服装的制板中，如何应用平面裁剪和立体裁剪？

婚纱礼服类服装（也称婚纱礼服），往往具有很强的造型感，特别是一些局部的造型装饰，如褶皱、波浪、扭结、垂褶等，难以或不易用平面裁剪的方法来实现，所以对于这些造型，就使用立体裁剪的方法来获得其服装纸样。但是，就婚礼服整体的基本造型来看，其衣身、下裙基本造型的尺寸、计算公式等已经很成熟，用平面裁剪的方法制板更为方便、快捷和准确，因此，婚纱礼服衣身、下裙基本造型的纸样使用平面裁剪的方法制得。也就是说，在婚纱礼服类服装的设计、生产实践中，需要将立体裁剪和平面裁剪这两种结构设计方法结合起来应用，从而获得更为精确、完美的服装纸样和更高的生产效率。

巩固训练

1. 能够用自己的语言描述服装结构设计、服装平面裁剪、服装立体裁剪、服装纸样、服装样板等基本概念。

2. 能够认识服装样板设计图中的放缝、纱向、剪口、文字标注等专业符号。

3. 尽可能理解服装原型的概念。

学习评价

项目	评分要点	分值	自评	互评	师评	企业评价	备注
基本概念掌握	理解、描述	50					
服装纸样识读	正确、完整	30					
服装原型	理解	20					
合计		100					

任务二 服装结构与人体构成

任务导入

识读与服装结构相关的人体构成基准点、基准线等关键要素。

任务要求

1. 能够在图、人台、人体等载体上清晰识别人体构成关键要素——基准点。

2. 能够在图、人台、人体等载体上清晰识别人体构成关键要素——基准线。

✖ **任务实施**

服装穿着在人体上，人体构成是服装结构设计的基础。对人体构成的研究目的是使服装结构更具合理性、科学性，适合于人体的结构特征。与服装结构相关的人体构成内容一般包括长度、围度、宽度、横截面、纵切面、服装三维空间结构原理，以及人体活动的舒展幅度等。这些内容与人体构成的关键要素——基准点、基准线密切相关，为此，首先需要了解人体与服装相关的主要基准点、基准线及形态特征。

1. 与服装结构相关的人体主要基准点

人体主要基准点是服装结构设计中人体测量的依据。基准点会选择明显、固定、容易测量及不会因时间、生理变化而改变的部位，一般选在骨骼的端点、突出点和肌肉的沟槽等部位，与服装结构相关的主要基准点如图1-6所示。

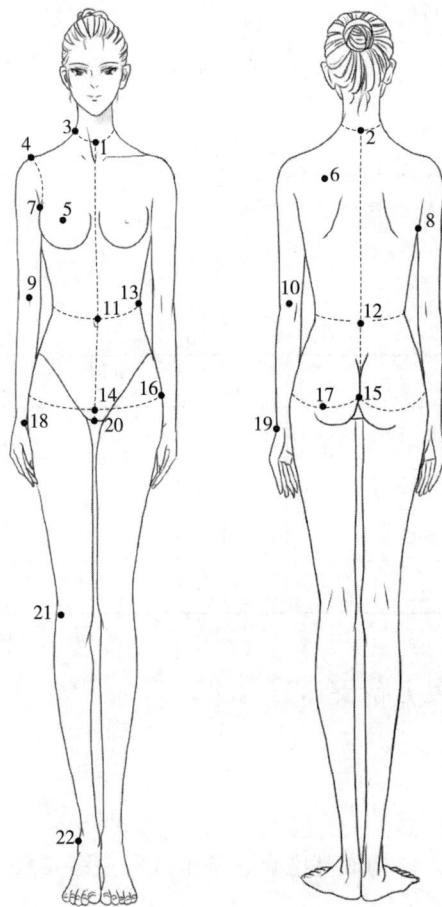

图1-6　与服装结构相关的主要基准点

1—颈窝点　2—颈椎点　3—颈肩点　4—肩端点　5—乳高点　6—背高点　7—前腋点　8—后腋点

9—前肘点　10—后肘点　11—前腰中点　12—后腰中点　13—腰侧点　14—前臀中点　15—后臀中点

16—臀侧点　17—臀高点　18—前手腕点　19—后手腕点　20—会阴点　21—髌骨点　22—外踝骨点

（1）颈窝点

也称前颈点，颈根曲线的前中心点，前领圈的中点，如图1-6中的1所示。

（2）颈椎点

也称后颈点，颈后第七颈椎棘突尖端之点。当颈部向前弯曲时，该点会突出，较易找到，是测量背长的基准点，如图1-6中的2所示。

（3）颈肩点

也称颈侧点，在颈根的曲线上，从侧面看位于颈侧部中央稍后（颈后3/4处）与肩部中央的交界处，是测量人体前后腰节长、服装衣长的起始点，也是服装领肩定位的参考依据，如图1-6中的3所示。

（4）肩端点

也称外肩点，位于人体肩关节的峰点稍侧移处，是肩与手臂的转折点。肩端点是衣袖缝合对位的基准点，也是量取肩宽和袖长的基准点，如图1-6中的4所示。

（5）乳高点

也称乳点、胸高点，即BP点，是人体胸部最高的位置，是决定胸围的基准点，是女性服装构成最重要的基准点之一，如图1-6中的5所示。

（6）背高点

也称肩胛点，位于人体背部左右两边的最高处（肩胛骨凸点），是确定上装后肩省省尖方向的参考点，如图1-6中的6所示。

（7）前腋点

位于手臂根部的曲线内侧位置。放下手臂时，手臂与躯干在腋下结合的起点。是测量前胸宽的基准点，如图1-6中的7所示。

（8）后腋点

位于手臂根部的曲线外侧位置，手臂与躯干在腋下结合的终点，是测量人体后背宽的基准点，如图1-6中的8所示。

（9）前肘点

位于人体上肢肘关节前端，与后肘点相对，是确定服装前袖弯线凹势的参考点，如图1-6中的9所示。

（10）后肘点

尺骨上端向外最突出的点，上肢自然弯曲时，该点很明显地突起，是测量上臂长的基准点，也是确定服装后袖弯凸势、袖肘省尖方向的参考点，如图1-6中的10所示。

（11）前腰中点

位于人体前腰部正中央处，是前左腰与前右腰的分界点，如图1-6中的11所示。

（12）后腰中点

位于人体后腰部正中央处，是后左腰与后右腰的分界点，如图1-6中的12所示。

（13）腰侧点

位于人体最细处的腰曲线上，侧面看在前后身中央稍微偏后的位置，是前腰与后腰的分界点，也是测量服装裤长或裙长的起始点。此基准点不是以骨骼端点为标志，所以不易确定，如图1-6中的13所示。

（14）前臀中点

位于人体前臀部正中央处，是前左臀与前右臀的分界点，如图1-6中的14所示。

（15）后臀中点

位于人体后臀部正中央处，是后左臀与后右臀的分界点，如图1-6中的15所示。

（16）臀侧点

在大腿骨的大转子位置，是前臀和后臀的分界点，是裙、裤装侧面最丰满处，如图1-6中的16所示。

（17）臀高点

位于人体后臀部左右两侧最高处，是确定服装臀省省尖方向的参考点，如图1-6中的17所示。

（18）前手腕点

位于人体手腕的前端处，它是测量服装袖口大小的基准点，如图1-6中的18所示。

（19）后手腕点

位于人体手腕的后端处，它是测量人体手臂长的终止点，如图1-6中的19所示。

（20）会阴点

位于人体两腿的交界处，是测量人体下肢长的基准点，如图1-6中的20所示。

（21）髌骨点

位于人体膝关节的髌骨（膝盖骨）上，是确定人体胸高纵线的依据，是测量齐膝服装长度的参考点，如图1-6中的21所示。

（22）外踝骨点

位于人体脚腕外侧中央，这是测量人体下肢长的终止点，也是确定及踝服装长度的参考点，如图1-6中的22所示。

2. 与服装结构相关的人体主要基准线

人体主要基准线也是服装结构设计中人体测量的依据，包括横向的围度线和纵向的长度线。一条基准线往往包含多个重要的基准点。与服装结构相关的人体主要基准线如图1-7所示。

（1）颈围线

在颈中部转一周形成的基准线，如图1-7中的1所示。

（2）颈根围线

通过颈肩点、颈椎点、颈窝点，在颈根部转一周形成的基准线，如图1-7中的2所示。

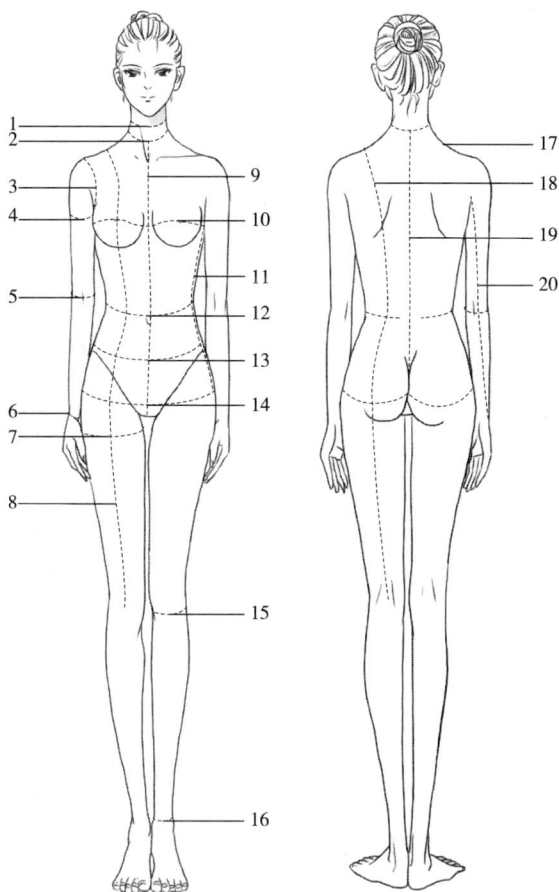

图 1-7 与服装结构相关的主要基准线

1—颈围线 2—颈根围线 3—臂根围线 4—臂围线 5—肘围线 6—手腕围线 7—腿围线

8—胸高纵线 9—前中心线 10—胸围线 11—正侧线 12—腰围线 13—腹围线 14—臀围线

15—膝围线 16—脚踝围线 17—肩中线 18—背高纵线 19—后中心线 20—后肘弯线

（3）臂根围线

从肩端点穿过腋下转一周形成的基准线，如图 1-7 中的 3 所示。

（4）臂围线

上臂最粗处转一周形成的基准线，如图 1-7 中的 4 所示。

（5）肘围线

经过肘关节水平转一周形成的基准线，如图 1-7 中的 5 所示。

（6）手腕围线

经过腕关节手腕点水平转一周形成的基准线，如图 1-7 中的 6 所示。

（7）腿围线

在大腿根部水平转一周形成的基准线，如图 1-7 中的 7 所示。

（8）胸高纵线

经过乳高点、髌骨点的人体前纵向顺直线，是服装公主线定位的参考依据，如图1-1-2中的8所示。

（9）前中心线

人体前身的左右对称线，即经过颈窝点、前胸中点、前腰中点、前臀中点形成的纵向基准线，如图1-7中的9所示。

（10）胸围线

过乳高点沿胸廓水平转一周形成的基准线，如图1-7中的10所示。

（11）正侧线

经过腋下、腰侧点、臀侧点在人体侧面形成的纵向基准线，如图1-7中的11所示。

（12）腰围线

经过腰侧点沿腰部水平转一周形成的基准线，如图1-7中的12所示。

（13）腹围线

在腰围线、臀围线中间位置水平转一周形成的基准线，如图1-7中的13所示。

（14）臀围线

过臀侧点沿臀部水平转一周形成的基准线，如图1-7中的14所示。

（15）膝围线

过髌骨点水平转一周形成的基准线，如图1-7中的15所示。

（16）脚踝围线

经过外踝骨点水平转一周形成的基准线，如图1-7中的16所示。

（17）肩中线

过颈肩点和肩端点形成的纵向基准线，如图1-7中的17所示。

（18）背高纵线

经过背高点、臀高点，向下至膝的人体后纵向顺直线，是服装后身公主线、直形分割线定位的参考依据，如图1-7中的18所示。

（19）后中心线

人体后身的左右对称线，即经过颈椎点、后背中点、后腰中点、后臀中点形成的纵向基准线，如图1-7中的19所示。

（20）后肘弯线

由后腋点经后肘点至后手腕点的手臂后纵向顺直线，它是服装后袖弯线定位的参考依据，如图1-7中的20所示。

🌱 举一反三

学习服装结构设计与制板，除了需要了解人体主要的基准点、基准线，还要了解与服装造型密切相关的人体主要部位的形态特征。

引导性问题

人体主要部位的形态有哪些特征？

与服装相关的人体主要部位包括颈部、肩部、胸部、腰部、腹部、臀部、肘部、膝部等，这些部位的表面形态或呈球面，或呈双曲面，或呈凹面，如图1-8所示。其中脖颈表面、肩部表面、手臂和躯干的交界面、腰部表面、前肘面、膝盖后窝面、会阴面、臀底表面等呈双曲面；胸表面、胯表面、腹部表面、臀中表面、肩和手臂相交面、肩胛骨面、肘表面、膝盖表面等呈球面；颈窝表面、乳间表面、肩胛骨间表面、躯干和下肢的交界面等呈凹面。

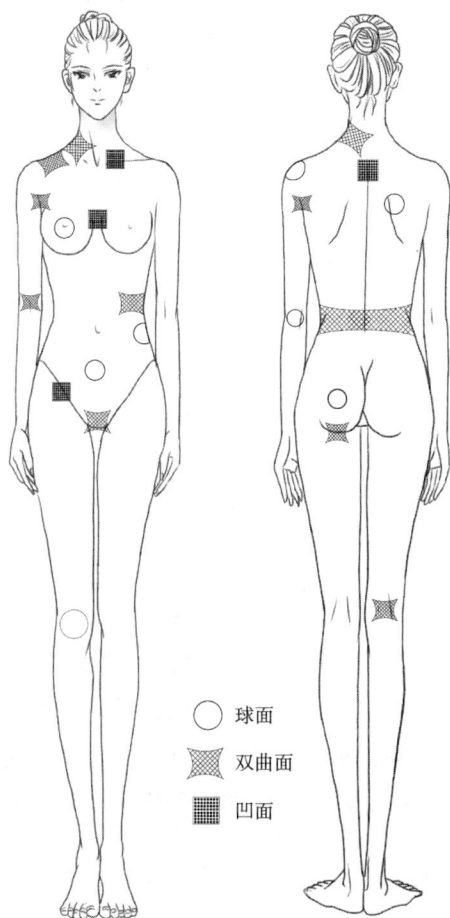

○　球面

▨　双曲面

▦　凹面

图1-8　与服装相关的人体主要部位的形态特征

巩固训练

1. 以人台为载体，进行与服装结构相关的人体构成主要基准点的识别训练。
2. 以人台为载体，进行与服装结构相关的人体构成主要基准线的识别训练。
3. 以人台为载体，描述与服装结构相关的人体主要部位的形态特征。

13

学习评价

项目	评分要点	分值	自评	互评	师评	企业评价	备注
基本概念掌握	理解、描述	30					
基准点识别	完整、准确	30					
基准线识别	完整、准确	30					
主要部位形态完整、准确		10					
合计		100					

任务三　人体测量

任务导入

以人体为载体，按规范进行人体测量。

任务要求

1. 能对被测者传达人体测量的正确站姿和坐姿。
2. 会使用工具按规范测量被测者的长度、围度、宽度尺寸，并进行快速记录。

任务实施

在服装结构设计时，为了使人体着装时更加合适，就必须要了解人体的比例、体型、构造和形态等信息，所以，对人体尺寸的测量是进行服装结构设计的前提。目前，人体测量工具很多，如软尺、角度计、身高计、三维人体扫描仪等，测量目的或是针对大批量的工业生产，或是针对单件和小量的服装定制。服装定制近年来发展迅速，是未来服装发展的必然趋势，针对服装定制的人体测量一般是一对一进行长度、围度和宽度的测量。

1. 人体测量操作规范

（1）测量工具

测量工具为150cm软尺、腰带、尺寸记录单、笔。

（2）测量步骤

①被测体者穿上紧身衣，在腰部最细处系上腰带，以自然的姿势站立。

②测体者站在被测者的斜右前方，距离被测者0.6~1m，有条不紊、迅速地正确测体，同时观察被测者的体型特征。

③测量长度尺寸时，软尺须自然下垂量取；测量围度尺寸时，应以水平净体（被测体者穿一件内衣）量取，然后根据款式造型再添加放量。

2. 人体测量方法

人体长度、围度、宽度测量操作如图1-9所示。

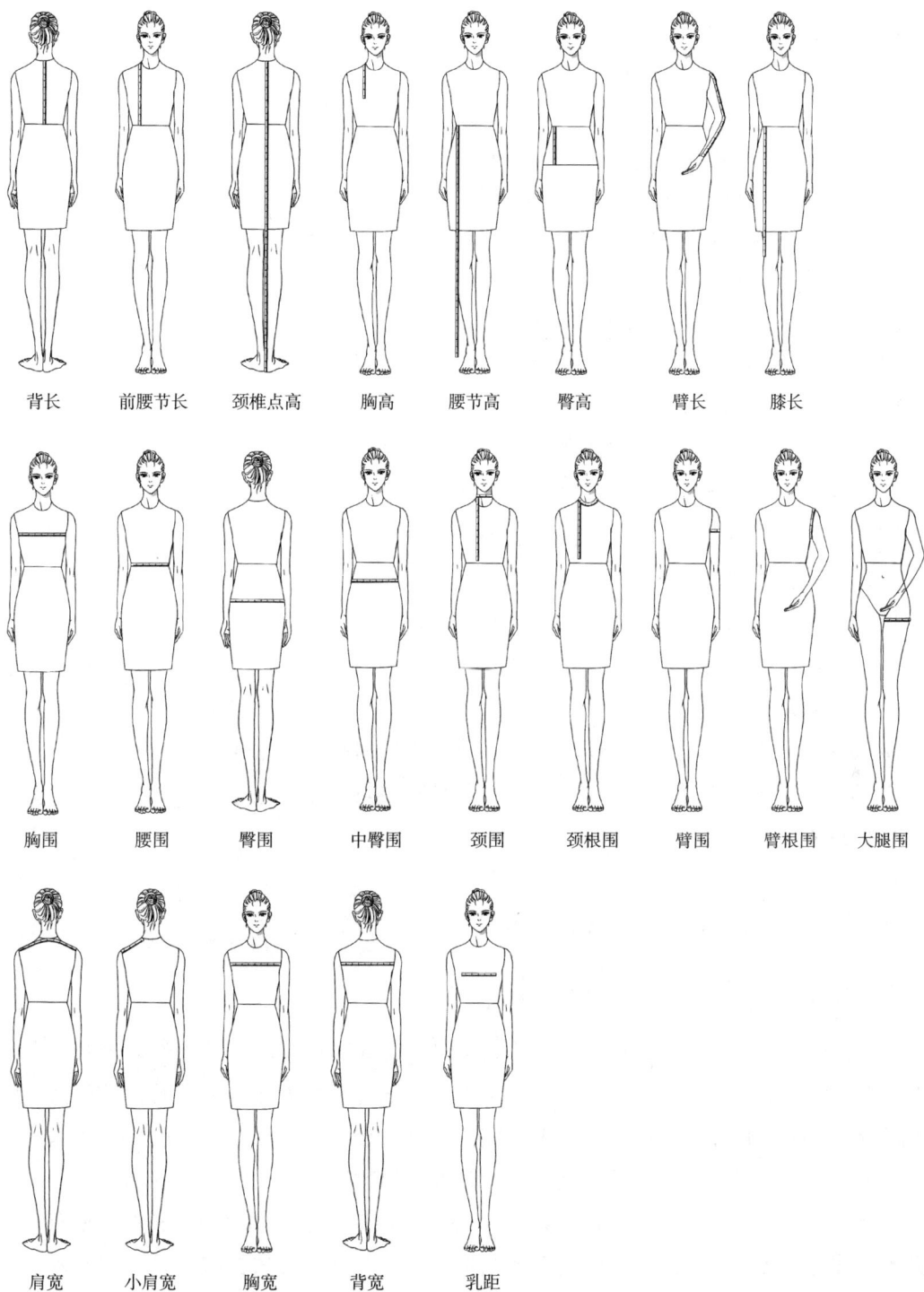

背长	前腰节长	颈椎点高	胸高	腰节高	臀高	臂长	膝长

胸围	腰围	臀围	中臀围	颈围	颈根围	臂围	臂根围	大腿围

肩宽	小肩宽	胸宽	背宽	乳距

图1-9　人体长度、围度、宽度测量

第一排是长度尺寸示意；第二排是围度尺寸示意；第三排是宽度尺寸示意

（1）人体长度测量

①背长：由颈椎点垂直向下量至腰围线的长度。

②前腰节长：由颈肩点经过乳高点量至腰围线的长度。

③颈椎点高：从颈椎点到地面的长度。

④胸高：由颈肩点量至胸高点的长度。

⑤腰节高：从腰围线垂直量到地面的长度，是设计裤长的依据。

⑥臀高：从腰围线向下量至臀部最丰满处的长度。

⑦臂长：从肩端点向下量至手腕点的长度。

⑧膝长：从腰围线量至髌骨点的长度。

（2）人体围度测量

①胸围：过乳高点沿胸部最丰满处水平围量一周的围度尺寸。

②腰围：经过腰侧点沿腰部最细处水平围量一周的围度尺寸。

③臀围：经过臀侧点沿臀部最丰满处水平围量一周的围度尺寸。

④中臀围：也称腹围，是腰围和臀围中间位置水平围量一周的围度尺寸。

⑤颈围：在颈中部围量一周的围度尺寸。

⑥颈根围：通过颈肩点、颈椎点、颈窝点在颈根部围量一周的围度尺寸。

⑦臂围：上臂最粗处围量一周的围度尺寸。

⑧臂根围：从肩端点穿过腋下围量一周的围度尺寸。

⑨大腿围：在大腿根部水平围量一周的围度尺寸。

（3）人体宽度测量

①肩宽：从人体背后，由左肩端点过颈椎点量至右肩端点的宽度。

②小肩宽：也称小肩大，是从颈肩点量至同侧肩端点的宽度。

③胸宽：从左前腋点量至右前腋点的宽度。

④背宽：从左后腋点量至右后腋点的宽度。

⑤乳距：从左乳高点量至右乳高点的宽度。

🌱 举一反三

人体测量的目的主要是了解人体尺寸大小，了解人体进行服装结构设计时的形态以及人体与服装形态之间的关系。人体测量方法很多，从是否与人体接触来看，可分为接触式人体测量和非接触式人体测量。近年来，随着计算机技术的发展，非接触式人体测量技术得到了飞速发展，对于批量化的服装生产（要求测量数据有较大的适合度和覆盖面，必须进行大量的人体测量）和我国国家标准GB/T 1335《服装号型》的完善，具有重要意义。作为服装领域的专技人员，需要对服装人体测量的各种工具、方法，特别是最新技术和工具设备有所了解。

引导性问题

服装人体测量的测量工具、方法以及最新技术发展状况如何?

如前所述,服装人体测量分为接触式人体测量和非接触式人体测量。接触式人体测量的工具有软尺、角度计、身高计、杆状计、触角计、可变式人体截面测量仪等;非接触式人体测量的工具有人体轮廓线投影仪、三维人体扫描仪、三维人体轮廓仪等。不同的工具对应不同的测量方法。

(1)软尺

接触式人体测量工具。质地柔软,伸缩性小,是扁平状的测量工具。软尺尺寸稳定,长度为150cm,用毫米精确刻度。用于测量人体体表长度、宽度、围度(图1-10)。

(2)角度计

接触式人体测量工具。刻度用度表示的测量工具。用于测量肩部斜度、背部斜度等人体各部位角度(图1-11)。

图1-10 软尺

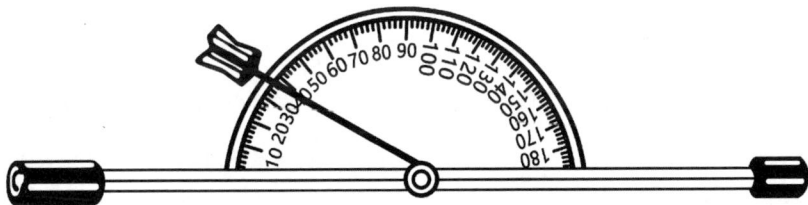

图1-11 角度计

(3)身高计

接触式人体测量工具。身高计由一个用毫米刻度、垂直安装的管状尺子和一把可活动的横臂(游标)组成,可根据需要上下自由调节,用于测量人体的身高等各种纵向长度(图1-12)。

(4)杆状计

接触式人体测量工具。由一个用毫米刻度的管状尺子和两把可活动的较长直型尺臂构成的活动式测量器。用于测量人体表面较大部位宽度、厚度的活动式测量器(图1-13)。

(5)触角计

接触式人体测量工具。由一个用毫米刻度的管

图1-12 身高计

状尺子和两把可活动的触角状尺臂构成的活动式测量仪，其固定的尺臂与活动的尺臂是对称的触角状，适合于测量人体曲面部位宽度和厚度，如胸部正中厚度（图1-14）。

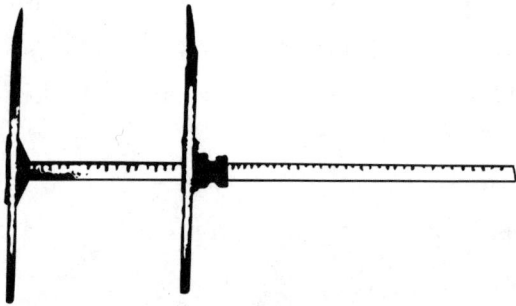

图1-13　杆状计

图1-14　触角计

（6）可变式人体截面测量仪

接触式人体测量工具。用于测量人体水平横截面和垂直横截面的工具。将并排的细小测定棒与人体表面水平接触，从而得到测定棒所形成的横截面形状，通过分析横截面的形态，可以了解人体体型特征。

（7）人体轮廓线投影仪

非接触式人体测量工具。被测体者站在仪器里面，摄影机从人体的前面、侧面拍摄1：10缩放比例的人体轮廓线图，可以获得人体各个面的轮廓线图片，用于观察分析人体体型特征。

（8）三维人体扫描仪

非接触式人体测量工具。被测体者站在仪器里，用激光测量人体，摄像机接收激光测量的结果，由计算机处理得到数据，可获得人体各部位测量的结果。测量时间8～20s（图1-15）。

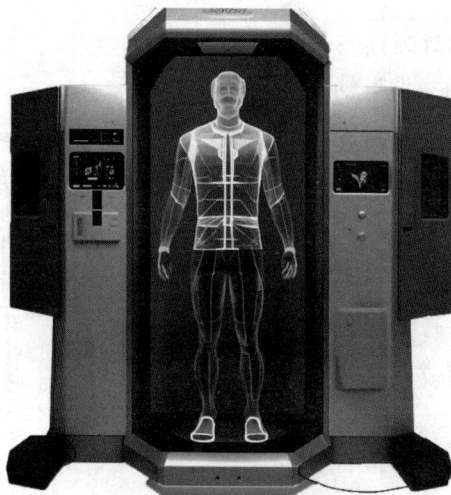

图1-15　三维人体扫描仪

（9）三维人体轮廓仪

非接触式人体测量工具。被测体者站在仪器里，使用光线，将人体轮廓投影，由计算机处理得到数据。进行三个位置：正面、侧面、背面的测量，这三个位置的测量结果将合成一组人体尺寸。

信息技术的发展，使各种人体测量工具与计算机技术结合，形成高效的人体测量信息系统。目前具有代表性的三维人体测量系统有美国TC2分层轮廓测量系统，它可在10s内完成人体4万多个点的扫描，并计算出人体特征参数，与真实尺寸误差在0.6mm以内；德国Tecmath人体扫描系统，可在20s内完成人体8万多个点的扫描，并计算出人体特征尺寸，与真实尺寸误差在0.2mm以内，是目前使用较多的测体设备；英国Cyberware全身扫描仪，具有4个扫描头，各扫描头在移动中从多个视角扫描，只需10s，随后拟合出人体模型；上海工程技术大学与上海纺织集团合作研发的"服装智能定制1.0"，是基于Kinect摄像技术的三维人体扫描系统，可在5s内捕获待测者点云数据，并经点云三角化及ICP算法计算人体特征数据，生成彩色三维人体模型并自动获取工业服装生产所需体型参数。目前该系统已应用于云南保山汉服小镇等地。

✏️ 巩固训练

1. 以人台为载体，进行服装人体测量训练，并了解标准人体各部位数据。

2. 两名同学一组，相互规范地进行人体测量，并了解人体的各部位数据。

📑 学习评价

项目	评分要点	分值	自评	互评	师评	企业评价	备注
基本概念掌握	理解、描述	20					
人台为载体的人体测量	准确、操作正确	40					
人体为载体的人体测量	站姿规范、使用工具操作规范、准确，数据记录完整	40					
合计		100					

任务四　服装号型系列设置

⤵️ 任务导入

了解国家标准规定的服装号型系列相关标准和数据，并进行人体类型判断。

📋 任务要求

1. 能依据国家标准和人体测量数据进行人体类型判断。

2. 能描述国家标准服装号型系列的设置原则。

3. 能描述国家标准中间标准女性人体主要控制部位的净体数值。

任务实施

我国服装号型国家标准的发展历经多次修订与完善。1981 年，首次颁布 GB 1335—1981《服装号型》国家标准，初步建立服装尺寸规范体系。1991 年，国家技术监督局在科学调研基础上，发布修订版 GB/T 1335—1991，优化人体数据采集与号型划分，提升准确性并接轨国际标准。1997 年，结合国内外实践经验，再次修订标准，调整号型设置与规格尺寸，进一步适应服装工业化生产需求。2008 年，发布 GB/T 1335—2008《服装号型》，于 2009 年 8 月 1 日实施，替代1997年版标准。新版本通过更广泛的人体测量样本提升了数据代表性，为服装生产、电商销售及定制化服务提供了更科学的技术支撑，主要包含以下内容。

1. 中国人体型分类

服装号型与人体体型密切相关，因此，国家标准规定，男女服装以人体胸围与腰围的差数为依据，将中国人体型划分为Y、A、B、C四种类型（表1-1）。

表1-1　中国人体型分类

体型		Y	A	B	C
胸腰差/cm	女	24 ~ 19	18 ~ 14	13 ~ 9	8 ~ 4
	男	22 ~ 17	16 ~ 12	11 ~ 7	6 ~ 2

Y型：胸一般、腰较小体型，称运动员体型，女体胸腰差为24 ~ 19cm；

A型：胖瘦适中的普遍体型，又称标准体型，女体胸腰差为18 ~ 14cm；

B型：微胖体型，又称丰满体型，女体胸腰差为13 ~ 9cm；

C型：胖体型，女体胸腰差为8 ~ 4cm。

其中A型是总数中人数最多，覆盖面最大的人群；B型、Y型占相当比例，C型人群比例要小一些。这种划分方法经实践检验，具有科学性和实用性，涵盖面相当广泛。

2. 服装号型系列

服装号型是服装结构设计、制板时制订规格尺寸的依据。“号”指人体的身高，它是设计和选购服装长短的依据。“型”指人体的上体胸围和下体腰围，它是设计和选购服装肥瘦的依据。

(1) 服装号型的表示方法

服装号型的表示方法为：号 / 型，后接体型分类代号。如女上装160 / 84A，其中，“160”代表号，表示身高160cm，“84”代表型，表示净胸围84cm，A代表体型类别。再如下装160/68A，其中，“160”代表号，表示身高160cm，“68”代表型，表示净腰围68cm，A代表体型类别。

（2）服装号型系列的中间体

国家服装号型系列设置了中间体，这是根据大量的实测数据，通过计算求出平均值获得的，它反映了我国男女成人各类体型的身高、胸围、腰围等部位数据的平均水平，具有一定的代表性，这是在我国人口中所占比例最高的人体体型。成人号型系列中的女子中间体为身高160cm的女性人体，男子中间体为身高170cm的男性人体。在此基础上，成年女子中间标准体为身高160cm，净胸围84cm，净腰围66cm或68cm，体型分类为A型的人体，其号型表示方法为：上装160/84A，下装160/66A或160/68A。

（3）服装号型系列及女性人体的控制部位的数值

号型系列的设置以各体型的中间体为中心，向两边依次递增或递减；身高以5cm跳挡；胸围以4cm跳挡；腰围以4cm、2cm跳挡；身高与胸围搭配组成5·4号型系列，身高与腰围搭配组成5·4和5·2号型系列（其中5·2号型系列更为常用）。在A号型（标准人体）系列中，一个胸围数值搭配三个腰围数值。而在Y、B、C三种号型系列中，一个数值的胸围搭配两个数值的腰围，下面将列出女性服装号型各系列的控制部位数值。

控制部位数值是指人体主要部位的尺寸数值（即净体数值、净体尺寸），是设计服装规格（尺寸）的依据。国家标准系列控制部位数值表中所列出的主要控制部位尺寸包括：身高、颈椎点高、坐姿颈椎点高、全臂长、腰节高、胸围、颈围、总肩宽、腰围、臀围等尺寸。女性服装号型标准人体A型的系列控制部位数值见表1-2，即是女装5·4、5·2A号型系列，这是服装生产中最为常用的数值表，每一位制板专业人员都应该熟记。

表1-2 女装5·4、5·2A号型系列控制部位数值表　　　单位：cm

部位	数值																				
身高		145			150			155			160			165			170			175	
颈椎点高		124			128			132			136			140			144			148	
坐姿颈椎点高		56.5			58.5			60.5			62.5			64.5			66.5			68.5	
全臂长		46			47.5			49			50.5			52			53.5			55	
腰节高		89			92			95			98			101			104			107	
胸围		72			76			80			84			88			92			96	
颈围		31.2			32			32.8			33.6			34.4			35.2			36	
总肩宽		36.4			37.4			38.4			39.4			40.4			41.4			42.4	
腰围	54	56	58	58	60	62	62	64	66	66	68	70	70	72	74	74	76	78	78	80	82
臀围	77.4	79.2	81	81	82.8	84.6	84.6	86.4	88.2	88.2	90	91.8	91.8	93.6	95.4	95.4	97.2	99	99	100.8	102.6

🌱 举一反三

如前所述，在我国人口总数中，人数最多、覆盖面最大的是A型体人群，女性A型体约占我国女性人口总数的44%，其次是女性B型体，约占女性人口总数的34%，女性Y型体约占女性人口总数的15%，女性C型体约占女性人口总数的7%。作为服装设计与制板的专业人员，还需要了解B、Y、C型人体的系列控制部位数值。

引导性问题

了解Y型、B型、C型体的系列控制部位数值并讨论与A型体的不同与联系。

女装5·4、5·2Y号型系列控制部位数值见表1-3，女装5·4、5·2B号型系列控制部位数值见表1-4，女装5·4、5·2C号型系列控制部位数值见表1-5。

表1-3　女装5·4、5·2Y号型系列控制部位数值表　　　　单位：cm

部位	数值													
身高	145		150		155		160		165		170		175	
颈椎点高	124		128		132		136		140		144		148	
坐姿颈椎点高	56.5		58.5		60.5		62.5		64.5		66.5		68.5	
全臂长	46		47.5		49		50.5		52		53.5		55	
腰节高	89		92		95		98		101		104		107	
胸围	72		76		80		84		88		92		96	
颈围	31		31.8		32.6		33.4		34.2		35		35.8	
总肩宽	37		38		39		40		41		42		43	
腰围	50	52	54	56	58	60	62	64	66	68	70	72	74	76
臀围	77.4	79.2	81	82.8	84.6	86.4	88.2	90	91.8	93.6	95.4	97.2	99	100.8

表1-4　女装5·4、5·2B号型系列控制部位数值表　　　　单位：cm

部位	数值																
身高	145			150			155		160		165			170			175	
颈椎点高	124.5			128.5			132.5		136.5		140.5			144.5			148.5	
坐姿颈椎点高	57			59			61		63		65			67			69	
全臂长	46			47.5			49		50.5		52			53.5			55	
腰节高	89			92			95		98		101			104			107	
胸围	68		72		76		80		84		88		92		96		100		104
颈围	30.6		31.4		32.2		33		33.8		34.6		35.4		36.2		37		37.8
总肩宽	34.8		35.8		36.8		37.8		38.8		39.8		40.8		41.8		42.8		43.8
腰围	56	58	60	62	64	66	68	70	72	74	76	78	80	82	84	86	88	90	92	94
臀围	78.4	80	81.6	83.2	84.8	86.4	88	89.6	91.2	92.8	94.4	96	97.6	99.2	100.8	102.4	104	105.6	107.2	108.8

表1-5　女装5·4、5·2C号型系列控制部位数值表　　单位：cm

部位	数值																					
身高	145		150		155		160		165			170		175								
颈椎点高	124.5		128.5		132.5		136.5		140.5			144.5		148.5								
坐姿颈椎点高	56.5		58.5		60.5		62.5		64.5			66.5		68.5								
全臂长	46		47.5		49		50.5		52			53.5		55								
腰节高	89		92		95		98		101			104		107								
胸围	68	72	76		80		84		88		92		96		100		104		108			
颈围	30.8	31.6	32.4		33.2		34		34.8		35.6		36.4		37.2		38		38.8			
总肩宽	34.2	35.2	36.2		37.2		38.2		39.2		40.2		41.2		42.2		43.2		44.2			
腰围	60	62	64	66	68	70	72	74	76	78	80	82	84	86	88	90	92	94	96	98	100	102
臀围	78.4	80	81.6	83.2	84.8	86.4	88	89.6	91.2	92.8	94.4	96	97.6	99.2	100.8	102.4	104	105.6	107.2	108.8	110.4	112

巩固训练

1. 根据前期人体测量数据进行自身人体类型判断。

2. 熟记国家标准中间标准女性人体主要控制部位的净体数值。

3. 对比女性A型人体主要控制部位的净体数值来了解Y、B、C型的数值。

学习评价

项目	评分要点	分值	自评	互评	师评	企业评价	备注
基本概念掌握	理解、描述	30					
人体类型判断	准确	20					
女性A型人体主要控制部位数据	熟记、完整、准确	40					
女性Y、B、C型人体主要控制部位数据	了解、比较	10					
合计		100					

任务五　服装结构制图基础

任务导入

了解服装制图、制板的线条、符号、名称及常用表示、工具等服装结构制图的基本知识。

▤ 任务要求

1. 认识服装结构图中的各类线条并能够表述其含义。

2. 认识服装结构图中的各类制图符号并能够表述其含义。

3. 熟记服装各主要部位的名称及其字母代号。

4. 认识服装制图、制板工具，并了解其使用方法。

✖ 任务实施

1. 服装结构制图的线条与符号

服装结构图俗称裁剪图，是根据人体主要部位尺寸及服装成品规格所绘制的服装结构平面图，是制订标准样板的依据。服装结构图由基础线、结构线和轮廓线组成，其绘制方法有一定的规律可循，制图线条和符号名称也有统一的规定，见表1-6和表1-7。

表1-6　服装制图线条表

序号	名称	形式	粗细/mm	用途
1	细实线	——————————	0.3	基础线、尺寸线、尺寸界线
2	粗实线	——————————	0.9	轮廓线，宽度是细实线的3倍
3	点划线	▬·▬·▬·▬·▬·	0.9	对折线（对称部分），宽度同粗实线
4	虚线	- - - - - - - - -	0.9	层叠轮廓影示线
5	双点划线	—··—··—··—	0.3	不对称部位的折转线

表1-7　服装制图符号表

序号	名称	形式	用途
1	等分线		将某一部分划分为若干相等距离的线段
2	褶位	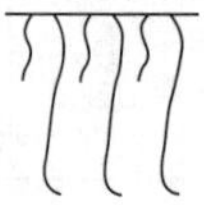	表示裁片需要收褶工艺
3	裥位	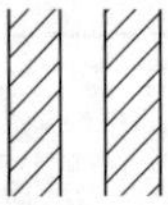	表示这一部位有规则折叠，斜线方向表折叠方向
4	塔克线	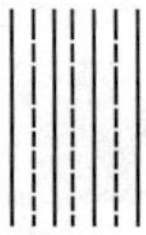	表示需要缉塔克的部位，细实线表示塔克的梗起部位

序号	名称	形式	用途
5	经向		表示两端箭头对准面料经向
6	倒顺		表示箭头的方向应与毛绒的顺向相同
7	对条		表示该部位对齐条纹裁剪
8	对格		表示该部位对齐格纹裁剪
9	对花		表示该部位对齐纹样裁剪
10	对折		表示该部位对折布料裁剪
11	花边		表示该部位装花边
12	省略		省略裁片某部位。经常用于长度较大而结构图无法全部画出的部位
13	缩缝		表示裁片某一部位需要用缝线抽缩
14	拉伸		表示裁片某一部位需要熨烫拉伸
15	明线		表示裁片表面缉缝线
16	扣眼		表示产品扣眼的位置与大小
17	纽扣		表示产品纽扣的位置
18	眼刀		表示在相关裁片需要对外的部位所做的标记

2. 服装各主要部位专业名称与代号

服装各部位都有其专业的名称，为了方便表现，在服装结构制图时常常用专业名称的英文首字母来表示该部位。服装各主要部位专业中文名称、英文名称及字母代号见表1-8。

表1-8　服装各主要部位专业中文名称、英文名称及字母代号

中文名称	英文名称	字母代号
胸围	bust	B
腰围	waist	W
臀围	hip	H
腹围	middle hip	MH
颈围	neck	N
线、长度	line	L
肘线	elbow line	EL
乳高点	bust point	BP
膝线	knee line	KL
颈肩点	side neck point	SNP
肩端点	shoulder point	SP
前颈窝点	front neck point	FNP
后颈锥点	back neck point	BNP
袖窿弧长	arm hole	AH
背长	back length	BAL
后背宽	back width	BW
前胸宽	front bust width	FW
袖口宽	cuff width	CW

3. 服装制图、制板工具

　　完备的工具对服装制图和制板非常重要。学习服装结构设计与制板，首先要了解、熟悉并准备好必备的制图、制板工具，见表1-9。

表1-9　服装制图、制板工具

序号	名称	说明
1	纸 	制板所用的纸张有厚薄、软硬之分，要求平整、光洁、伸缩性小、不易变形。常用的制板纸有牛皮纸、道林纸、半透明拷贝纸、黄板纸等。其中，黄板纸厚实、硬挺，适合制作长期使用的服装纸样；牛皮纸等较薄，适合制作小批量、变化大的服装纸样

序号	名称	说明
2	笔 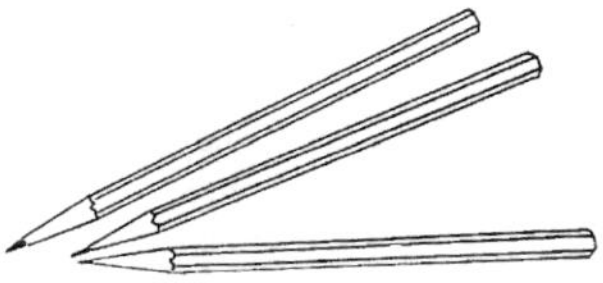	笔在制图、制板时使用。常用的有铅笔、针管笔等。绘图铅笔是直接用于绘制结构图的工具。1∶5结构缩图一般用标号为HB或H的绘图铅笔，1∶1的结构图，则需要用标号为2B的绘图铅笔或0.5～0.7铅芯的自动铅笔
	直尺 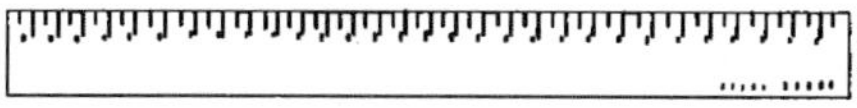	直尺是服装制图、样板制作的必备工具，一般采用不易变形的材料制作，如有机玻璃的直尺。直尺的刻度须清晰，长度取60cm和100cm的较适宜
	三角尺 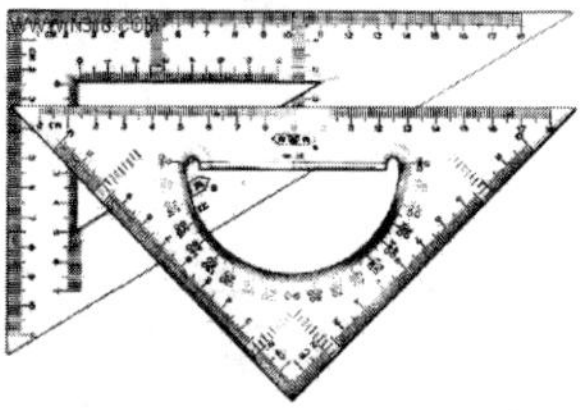	三角尺主要用于结构图中垂直线的绘制。规格不同的三角尺分别用于大图和缩图之用
3	放码尺 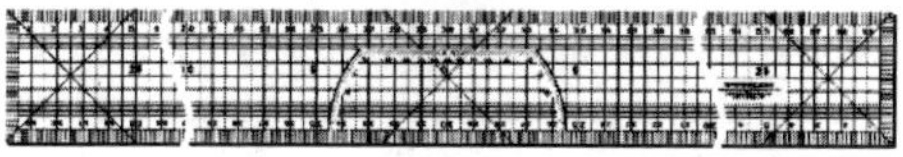	放码尺用来放样或画线等
	多用曲线尺 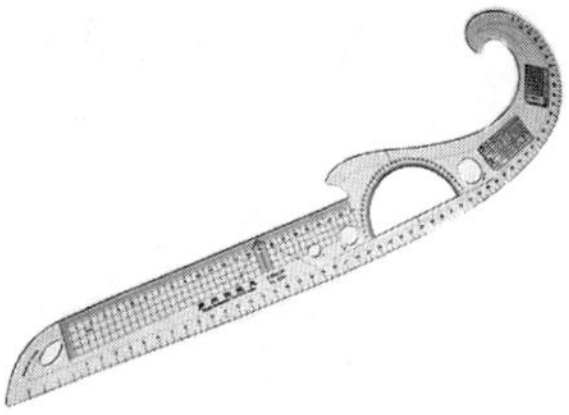	用来绘制服装的曲线部分，设计者需备有大小不同规格的整套曲线尺，用来绘制结构制图中的袖窿、领圈等各类曲线和弧线
	卷尺 	一般为测量尺寸所用，但在结构制图中也有所应用。如复核各曲线、拼合部位的长度等，以判定适宜的配合关系
	比例尺 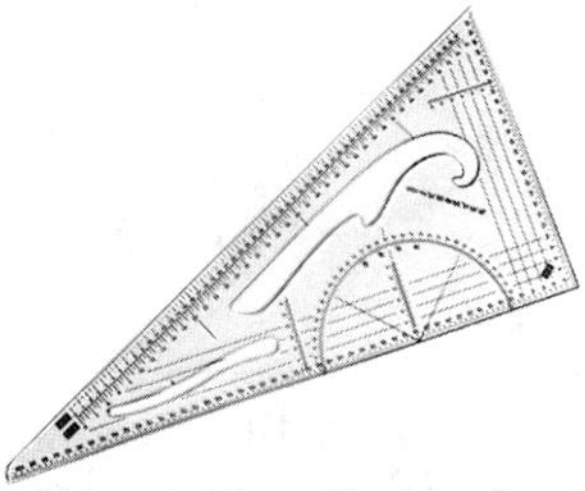	结构制图中绘制不同比例结构缩图

序号	名称	说明
4	曲线板 	用来绘制结构制图中的曲线和弧线
5	量角器 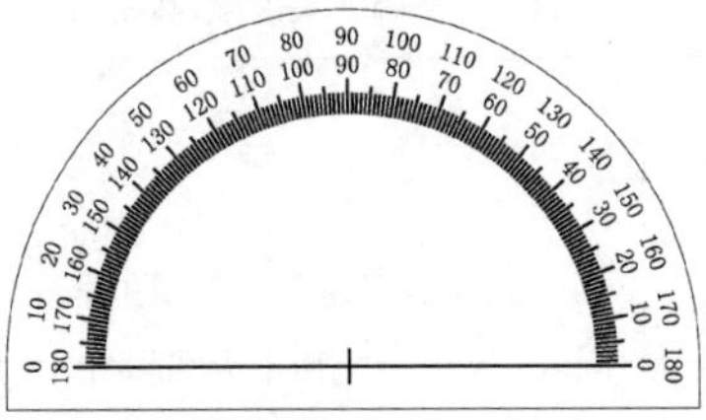	用来测量或绘制某些部位的各种角度
6	剪刀 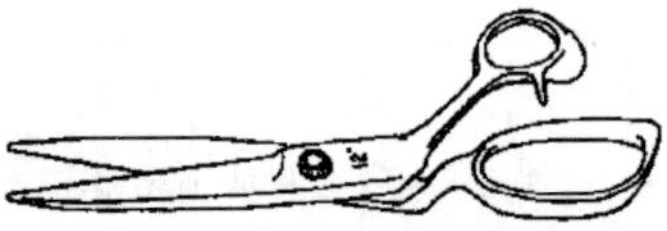	剪刀应选择缝纫专用的剪刀，它是样板制作、裁剪必备的工具。有24cm（9英寸）、28cm（11英寸）和30cm（12英寸）等几种规格。剪纸和剪布的剪刀要分开使用，特别是剪布料的剪刀要专用
7	描线器 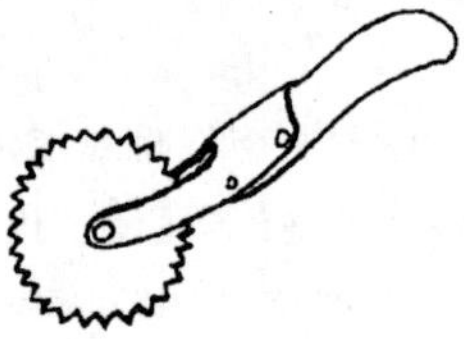	也称点线器，滚轮，通过齿轮在线迹上滚动来复制纸样
8	对位器 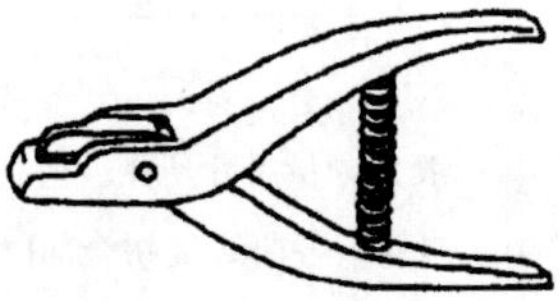	纸样制成后需要确定做缝的对位记号，一般用剪刀剪出个三角缺口，称剪口。在工业化生产中常用对位器来完成
9	锥子 	用于纸样中间的定位。如袋位、省位、褶位等，还用于复制纸样
10	橡皮	服装绘图一般使用绘图橡皮，由橡胶制成，软硬适中，能有效擦除铅笔线条，不易划破图纸
11	其他	号码章、订书机、圆规、胶带等

🌱 举一反三

服装制板是一项技术性很强，知识涉及面较广的综合性技艺。在学习之初，除了要了解基本的线条、符号、主要控制部位名称、代号、工具等基本知识外，还要对服装结构设计过程（或称为服装制图设计步骤）有一个大致的认识。

💠 引导性问题

服装制图设计一般包含哪些步骤？

在正式打板前，必须先进行服装制图设计，业内也常称其为服装纸样设计、服装结构设计。一般分为类型判断、款式特征分析、规格尺寸设计、结构制图（制图画样）几个步骤。

（1）类型判断

类型判断是指对服装外型风格的总体把握。一般把服装分为贴身型、合身型、较合身型、宽松型四种类型，如图1-16所示。对服装类型判断准确，有助于确定服装纸样的主题风格及放松量。

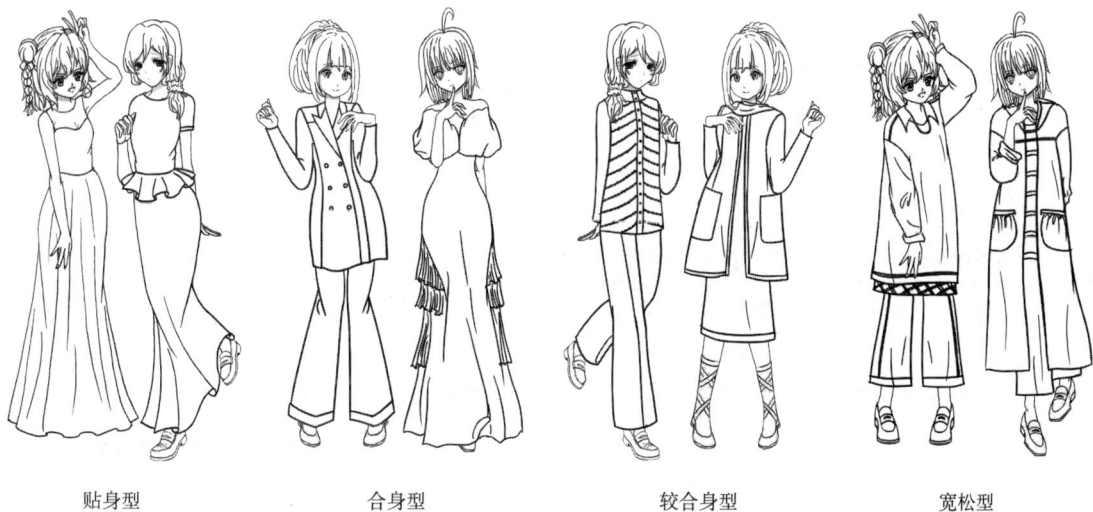

贴身型　　　　　　　合身型　　　　　　　较合身型　　　　　　宽松型

图1-16　服装类型

（2）款式特征分析

款式特征分析是指对款式构成要素的细化认识，包括对轮廓、线条、块面空间的逐一分析，以便使制成的样板图形恰当，线条美观，成型科学。

（3）规格尺寸设计

依据款式的造型选择服装号型及面料材料，并进行服装规格（尺寸）设计，包括长度、围度、宽度等各部位尺寸。尺寸数值和比例是直接控制结构图形的，除大的规格尺寸外，许多局部和细部的尺寸和比例则须通过对款式效果图的仔细观察、认真琢磨、反复比较才能一一确定，并将其作为制图画样时的依据。

（4）结构制图

在进行了类型判断、款式特征分析和规格尺寸设计之后，即可进入制图画样阶段，即结构制图（一般是绘制缩小比例的平面结构图）。在制图时，不能只强调具体尺寸，必须以形为主，形又必须依据人体结构型态及面料的性能确定，这样制出的平面结构图才具有合理性、科学性。

当结构制图完成后，标志着服装制图设计已经完成，关于服装结构的思索、研究、处理就都在绘制的结构缩图中确定下来了，接下来就可以进行服装的样板制作了（一般称为打板）。样板制作包括打样（绘制1∶1比例的结构图），放缝，面、里、衬样板及工艺样板制作等。

巩固训练

1.结合表1-6和表1-7来识读服装结构图中的各类线条和制图符号。

2.熟记服装各主要部位的名称及其字母代号。

学习评价

项目	评分要点	分值	自评	互评	师评	企业评价	备注
基本概念	理解、描述	15					
线条、符号	识读准确，了解应用	25					
专业名称和代号	识读准确，熟练表示	25					
工具	了解应用情境和基本操作	25					
服装结构设计步骤	了解，描述	10					
合计		100					

大国工匠

工匠精神与服装定制

工匠精神是一种品质，是对工作执着、热爱的职业精神，是对所做事情和产品精雕细琢、精益求精的工作态度，是对工作的敬畏、热爱和奉献的工作境界。工匠精神的核心就是对作品的敬畏，对工作的热爱，对技艺的极致追求。工匠选用极致的材料、用心的设计、极致的手工，控制每道工序品质，把握住极致的匠心，从而产生富有灵魂的产品。工匠精神的传承依靠言传身教自然传承，无法以文字记录和程序指引，体现了旧时代师徒制度与家族传承的历史价值。

在服装专业领域中，工匠精神体现为对细节的极致追求、对技艺的不断磨砺以及对传统与创新的完美结合。从有裁缝开始，服装都是根据个人量体裁衣，然后根据尺寸定做，每一件服装都是独一无二的。自从20世纪中叶出现"成衣"，裁缝便淡出服装制作舞台。近年来，服装定制开始成为企业转型及消费者需求的新方向。一件定制服装，不仅是一件质量上乘的漂亮衣服，其背后更是包含了设计师对品牌的诠释，还有无数匠人数百小时的精心制作，最后穿在顾客身上，俨然已经成为凝结了品牌设计理念以及精湛手艺的"艺术品"。它既是对工业化、标准化产品的一种反思，也是对个性化乃至个体审美情趣、人格尊严的肯定。

服装定制的高水平服装，每个细节都需要经过精耕细作，力求带给顾客独一无二的着装感受，这正是工匠精神在服装定制中的具体表现。被誉为"最后的上海裁缝"的97岁匠人褚宏生，80年时间里只专注做一件事——手工定制旗袍。在褚宏生老先生这里，一件纯手工绣花旗袍需要花费数月甚至1年的时间才能完成，即使是一件没有任何绣花的旗袍，从量体到缝制完成也需要7天的时间。褚宏生认为，旗袍的精髓在于手工细密的针脚，机器缝制出来的衣服太过于生硬，体现不出女性柔美的气质，而精湛的手工缝制技艺，绝非一日之功。褚宏生的旗袍曾被评价为像女性的皮肤一样柔滑。在工匠们的眼里，只有对质量的精益求精、对工艺的一丝不苟、对完美的孜孜追求。

作为品质的保证，定制服装耗费的工时更长，必须经过与设计师的沟通、挑选款式、选择面料、量身、裁剪、试衣、缝制、再试衣、细部修正等复杂工序才能完成。特别是高级定制的服装，更是需要集中精力对每一个细节都进行十二分的把控。如高级定制西装，仅面料的选择就极其苛刻，轻、薄、软、垂是对一件定制西装面料的基本要求。即便是纽扣的选用也必须精益求精，如贝壳扣、珍珠扣、牛角扣等。高级定制西装尺寸的精确也是裁剪的极致要求，是工匠精确裁剪出西装板型的灵魂，能使服装完美地适合定制人的身材体型并起到修饰作用。而且，高级定制中，顾客的尺寸会被保留三个月，超过三个月则量体师会重新测量，以防止顾客因体型发生变化而引起板型不适。总之，传统的"慢工出细活"在服装定制中被演绎得淋漓尽致，匠人的工匠精神以及传统工艺对精雕细琢的强调，成为服装定制赖以生存的法宝以及必须恪守的原则。

◯ 项目二 / 半身裙结构设计与样板制作

码2-1　项目二课件

📖 项目描述

在人体腰节线以下穿着的服装统称为下装，主要包括裙装和裤装。婚纱礼服类服装，多以腰节线以上的衣身和腰节线以下的裙身连在一起的款式为主，因此腰节线以下的裙装结构在婚纱礼服类服装的制板中是非常重要的。本项目学习以企业开发项目中半身裙的制板工作任务为载体，要求学生能够完成企业新品开发项目不同款式半身裙单品的制板工作任务。

⚛ 思维导图

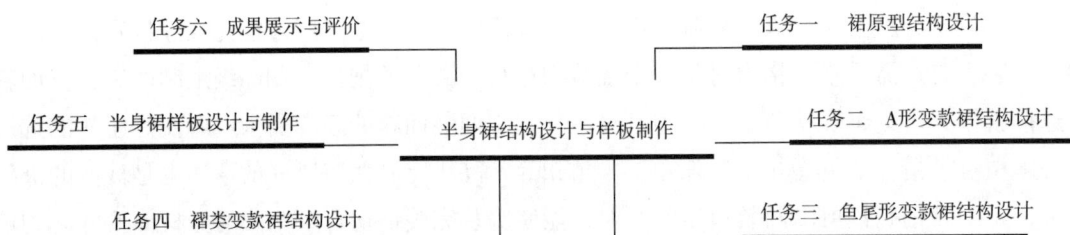

📚 学习目标

学习目标		
学习目标	知识目标	1. 了解裙装分类和结构设计的基本方法
		2. 理解裙装结构设计原理
		3. 解析裙装结构设计特点及其与款式类型的相关性
		4. 了解裙装制板方法与操作规程
	能力目标	1. 能完成裙原型的结构设计
		2. 能依据裙原型完成变化款半身裙的结构设计
		3. 能完成变化款半身裙的样板制作
		4. 能使用服装结构、制板常用术语进行交流
	素质目标	1. 培养精益求精的工作作风
		2. 培养勤于动脑、善于动手的学习、工作习惯
		3. 培养自主学习能力与知识应用能力
		4. 培养操作归位、干净整洁、善于协作的职业素养

任务一　　裙原型结构设计

↪ 任务导入

完成婚纱礼服用裙原型的结构设计。

🎫 任务要求

1. 能描述半身裙装的分类方法和相关结构的数据。
2. 能识读半身裙的主要结构的专业名称。
3. 能进行裙原型的类型判断。
4. 能进行裙原型的款式特征分析。
5. 能进行裙原型的规格尺寸设计。
6. 能进行裙原型的结构制图。

✵ 任务实施

1. 半身裙分类

下装半身裙的款式变化丰富，分类方法也五花八门。从服装结构设计与制板的实际出发，可按长度、廓型、裙腰位置来分类。

（1）按长度分类

按裙装的长短，半身裙可分为曳地裙、长裙、中庸裙、齐膝裙、短裙和超短裙，如图2-1所示。这些裙装的长度计算公式如下。

超短裙长＝0.3号-6cm

短裙长＝0.3号+6cm

齐膝裙长＝0.4号-6cm

中庸裙长＝0.4号+6cm

长裙长＝0.5号

曳地裙长=0.6号

（2）按廓型分类

按裙装的廓型，半身裙可分为方形裙、三角形裙、倒三角形裙，如图2-2所示。

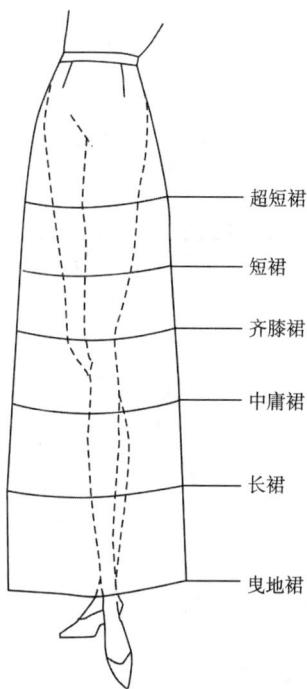

图2-1　裙长示意图

33

方形裙（直筒裙）　　　　三角形裙（A字裙）　　　倒三角形裙（碎褶鼓裙）

图2-2　裙廓型示意图

（3）按裙腰位置分类

按裙腰位置，半身裙分为束腰裙、无腰裙、连腰裙、低腰裙、高腰裙，如图2-3所示。其中束腰裙腰头宽2～3cm，无腰裙在腰线上方0～1cm，连腰裙腰头宽3～4cm，低腰裙在腰线下方3～4cm，高腰裙在腰线上方7～8cm。

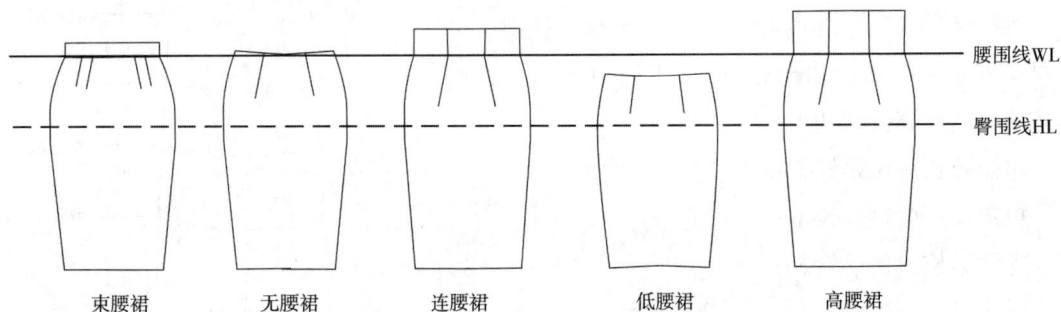

腰围线WL

臀围线HL

　束腰裙　　　　　无腰裙　　　　　连腰裙　　　　　低腰裙　　　　　高腰裙

图2-3　裙腰位置示意图

2. 半身裙装主要结构的专业名称

学习半身裙装的结构设计，首先需要熟悉裙装主要结构的专业名称，包括腰围线（也称腰节线、腰口线）、臀围线、底边线（也称为底摆线）、侧缝线、前中心线（简称前中线）、后中心线（简称后中线）、前中省、后中省等，这样才有利于交流和借鉴。以直筒齐膝裙为例，半身裙主要结构的专业名称如图2-4所示。

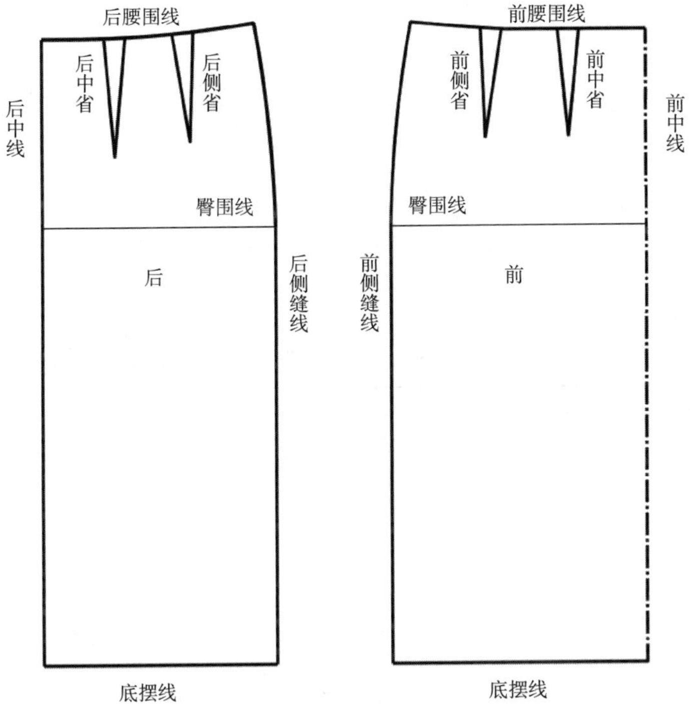

图2-4　半身裙主要结构的专业名称

3. 裙原型结构设计

原型，可以看作最基础的、不带任何款式变化的平面结构基本型。在学习服装结构设计时，应将原型作为一种工具，使用时，在原型的基础上进行基于款式（如造型、合身度、长度、细节等）的适度变化，以绘制其他款式服装的纸样（平面结构图）。正确使用原型纸样，不需要对每一个新款都从最开始的线条画起，而是在原型纸样基础上，依据服装款式进行深化绘制，从而提高样板设计的效率。

如前所述，服装根据与人体的贴合程度可以分为贴身、合身、较合身、宽松四类。对于裙装来说，一般贴身型裙装的臀围加放0~2cm，合身型裙装的臀围加放2~4cm，较合身型裙装的臀围加放4~10cm，宽松型裙装臀围加放10cm以上。而不论哪种裙装的腰围，都是合身的尺寸，一般腰围加放0~2cm。

婚纱礼服类服装的衣身部分以贴身款式居多，为方便制板时能够更快捷地完成从原型到具体款式之间的结构转化，婚纱礼服用的原型往往设计为贴身结构的原型，主要表现为腰节线以下结构的裙原型（贴身裙原型）、腰节线以上结构的衣身原型（贴身衣身原型）以及袖原型（贴身袖原型）等。本项目学习婚纱礼服用裙原型的结构，其他原型将在后面的学习项目中依次介绍。

婚纱礼服用裙原型是婚纱礼服的下裙结构设计与打板的基础，而从它本身来说，呈现的形态是一款贴身的直筒齐膝裙，可以看作最基础的一款贴身裙装。

（1）婚纱礼服用裙原型的类型和款式特征分析

如前所述，婚纱礼服用裙原型的类型为贴身型，其着装效果如图2-5所示。对于婚纱礼服款式特征的分析，主要从服装类型、轮廓结构、部件附件、裙腰位置、服装风格、所用面料等多方面来考虑。婚纱礼服用裙原型的长度齐膝，腰部、臀部都随身形贴身，下摆与臀同宽，是款式最为简洁的贴身齐膝直筒裙。表2-1系统地归纳了裙原型——贴身直筒齐膝裙的类型和款式特征。

表2-1 婚纱礼服用裙原型款式特征分析表

项目	特征	款式特征分析	款式着装图
服装类型	贴身型	本款裙臀围与腰围至下摆几乎成一条直线，外形似筒状。臀腰处贴身，正常腰位，绱腰，后中装拉链，前片、后片分别设有左右对称的四个腰省。面料可选用棉、毛、化纤、混纺等中高档面料，是经典款式的裙装，适合青年、中年女性穿用

图2-5　裙原型着装效果 |
轮廓结构	H型，臀围、下摆同宽，长度齐膝		
部件附件	前后片各有左右对称的4只腰省		
裙腰位置	中腰裙，正常腰位，腰宽3cm		
服装风格	正式场合穿用的经典女装		
所用面料	棉、毛、化纤、混纺面料均可		

（2）婚纱礼服用裙原型的规格设计

在进行服装规格设计时，首先要确定服装的号型。因中间标准体是人群中占比最多的群体，所以在样板设计时，大多从中间标准体号型来展开，即女体160/66A或160/68A，代表的是身高160cm，净腰围66cm或68cm的女性A型标准人体。本书采用160/66A号型。裙原型是膝上贴身裙，其尺寸设计依据如下。

腰围W=净腰围W^*+0～2cm；

臀围H=净臀围H^*+1～2cm；

裙长L= 0.4号–6=58cm。

裙原型规格尺寸设计说明表见表2-2。裙原型规格尺寸表见表2-3。

表2-2　裙原型规格尺寸设计说明表

项目	公式	设计依据
号型	160/66A	标准
裙长 L	0.4号 $-6=58$ cm	齐膝裙
腰围 W	净腰围 $W^*+0=66$ cm	160/66A体的净腰围为66cm，正常腰位
臀围 H	净臀围 $H^*+2=92$ cm	160/66A体的净臀围为90cm，贴身裙装

表2-3　裙原型规格尺寸表

部位	号型	腰围 W	臀围 H	裙长 L
尺寸	160/66A	66cm	92cm	58cm

（3）婚纱礼服用裙原型的结构制图

服装结构制图要遵循科学的绘图顺序。一般制图过程采用先横后纵，先后片再前片（或先前再后，或前后同时），先直线再弧线，先框架再细部，先主要部件再小部件的原则。

裙原型结构设计要点如下。

①腰至臀的高度为18cm；

②裙原型臀腰差 $=92-66=26$ cm，前后共设左右对称的8只腰省。一般，当臀腰差小于或等于24cm时，前后共设4只腰省，而大于或等于24cm，前后共设8只腰省。

婚纱礼服用裙原型结构图如图2-6所示。结构制图过程如下。

①绘制裙下平线（底边线）、后中线，在后中线上截取 $L-3$（腰宽）$=55$ cm，并绘制裙上平线（腰节线）。

②在底边线上截取 $H/2=46$ cm绘制前中线。

③距离腰围线18cm，绘制平行的臀围线。

④在臀围线上截取前臀大 $=H/4+1=24$ cm（后臀大 $=H/4-1=22$ cm）绘制侧缝线。

⑤腰围线上截取前腰大 $=W/4+1=17.5$ cm（后腰大 $=W/4-1=15.5$ cm）。

⑥将前臀大－前腰大在腰节线的剩余部分分为三等份，一份为侧缝内收量，另外两份分别为两个省量。

⑦侧缝腰节线处起翘0.7cm，画顺前侧缝线和前腰口弧线。侧缝线从臀到腰的曲线呈略外凸的形态。

⑧将腰口线分为三等份，在等分点绘制省中线，省中线与腰口线该点的切线方向垂直。

⑨以省中线为对称线，绘制前中省，省长10cm、省大1/3（前臀大－前腰大）；绘制前侧省，省长10cm、省大1/3（前臀大－前腰大）。

⑩绘制后裙的后侧缝线、后腰口弧线、后中省、后侧省。方法同前裙。后中省省长11cm、省大1/3（后臀大－后腰大），后侧省省长10cm、省大1/3（后臀大－后腰大）。

⑪绘制裙腰，腰长为66+3（叠门量）$=69$ cm，腰宽3cm。裙腰为双层，对折线用点划线表

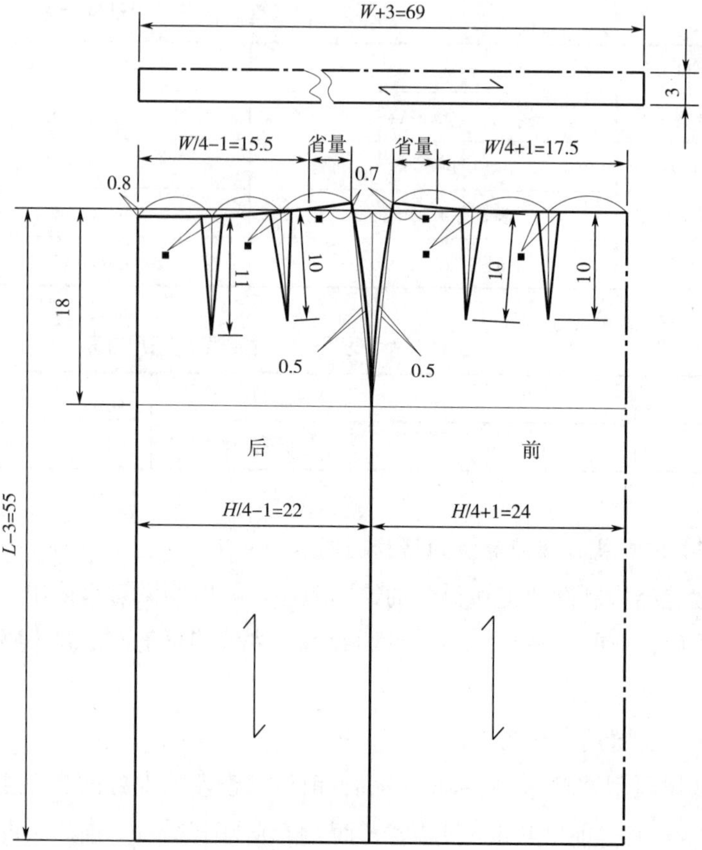

图2-6　裙原型的结构图

码2-2　婚纱礼服用
裙原型的结构制图

示。当绘制结构图时，有时为了图面整洁，裙腰长度不按
实际尺寸绘制，中间用断开线断开示意，尺寸标注仍然为
标准裙腰的长度尺寸。

举一反三

引导性问题1

如果半身裙的款式是如图2-7所示的贴身一步裙，其
结构如何在裙原型基础上进行变化？

本款一步裙是经典的半身裙，不仅腰、臀处贴身，在
下摆处也通过适度的结构形成从臀到下摆的内收，使整体
外形呈现纺锤造型，使穿着者走动时呈现优雅的小步步
态。正常腰位，无腰款式，后中装拉链，前后裙各设左右
对称的两个腰省，前后下摆各设左右对称的两个下摆省，
以形成下摆内收的贴身造型。

图2-7　贴身一步裙着装图

贴身一步裙的结构设计要点如下。

（1）规格尺寸

贴身一步裙的腰、臀尺寸与裙原型相同（W=66cm，H=92cm），裙长在膝上10cm左右，即裙长 L= 0.4 号 -6-10（比齐膝裙的长度短10cm）=48cm，采用国家标准中间标准体160/66A号型，其规格尺寸见表2-4。

表2-4　贴身一步裙规格尺寸表

部位	号型	腰围 W	臀围 H	裙长 L
尺寸	160/66A	66cm	92cm	48cm

（2）腰省结构变化

腰、臀结构以裙原型为基础绘制，但腰省数量比裙原型减半，成为前后裙各设左右对称的两个腰省，因此需要进行省的合并，可以将侧缝内收量、单独的腰省量都适当增大，以保证规格尺寸达到要求，贴身一步裙结构如图2-8所示。

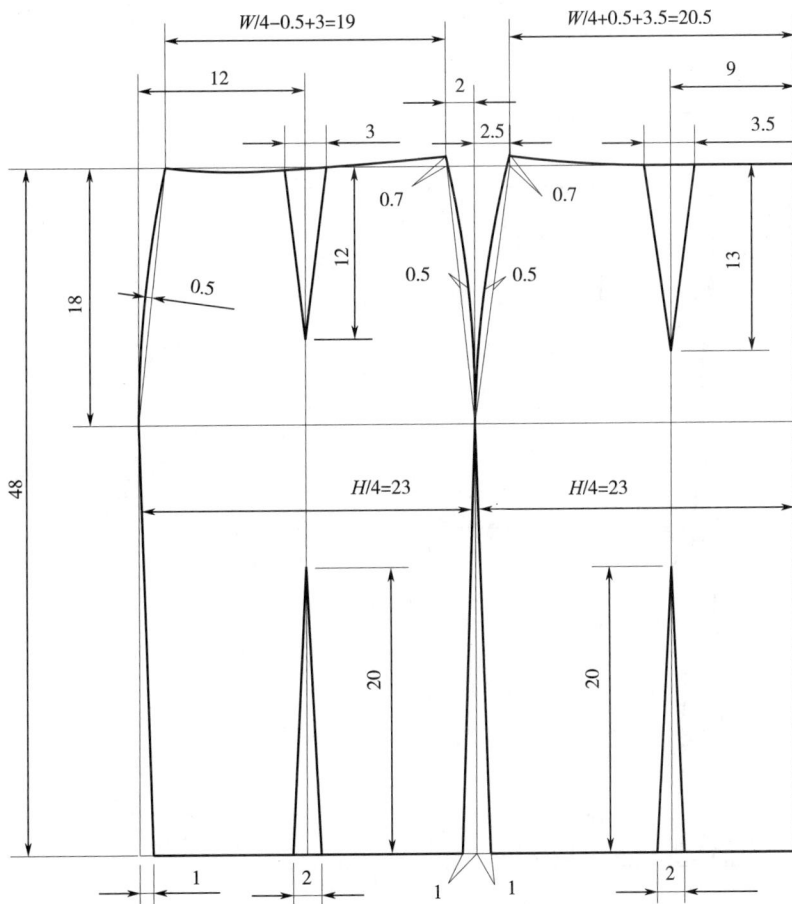

图2-8　贴身一步裙的结构图

码2-3　贴体一步裙的
结构制图

（3）下摆结构变化

贴身一步裙下摆通过内收侧缝内收1cm、后中内收1cm，以及增加下摆省来实现，下摆省长20cm左右，前下摆省省大2cm，后下摆省省大2cm。

引导性问题2

如果半身裙的款式是如图2-9所示的小A裙，其结构如何在裙原型基础上进行变化？

小A裙与裙原型大部分结构相同，腰、臀、裙长尺寸不变（W=66cm，H=92cm，L=58cm），省数量和结构处理方式不变，正常腰位，绱腰，只是在侧缝位置外展2.5～5cm左右。同时，由于外展引起的侧缝变长、侧缝与底边不垂直现象，则通过底边起翘0.5～1cm来修正。小A裙结构图如图2-10所示。

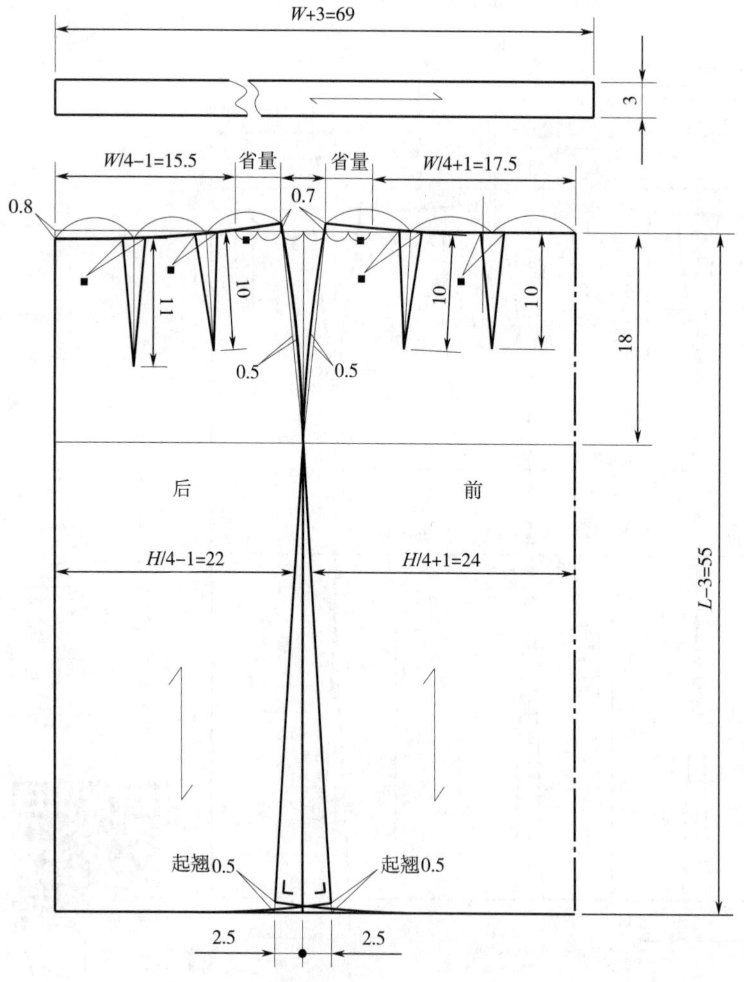

图2-9　小A裙着装图

图2-10　小A裙结构图

✏ 巩固训练

1. 使用制图工具按 1∶1 比例绘制裙原型结构图。要求有完整的尺寸标注。注意线条流畅、均匀，粗细得当，并绘制规格尺寸表。

2. 使用比例尺等制图工具按 1∶5 比例绘制贴身一步裙、小 A 裙的结构图。要求有完整的尺寸标注。注意线条流畅、均匀，粗细得当，并绘制规格尺寸表。

3. 使用服装 CAD 软件，完成裙原型、贴身一步裙、小 A 裙的结构制图。

📋 学习评价

项目	评分要点	分值	自评	互评	师评	企业评价	备注
专业术语应用	准确、熟练	5					
款式特征分析	准确、关键点到位	10					
规格尺寸设计	与款式契合，科学合理，有规格表	20					
结构制图	正确、规范	35					
尺寸标注	完整，有规律性	15					
图面整洁	构图合理，线条流畅、均匀，粗细得当，图面整洁	15					
合计		100					

任务二　A 形变款裙结构设计

➡ 任务导入

依据裙原型完成 A 形变款半身裙的结构设计。

📑 任务要求

1. 了解裙装结构变化的主要表现。

2. 理解 A 形变款裙的结构设计原理。

3. 能进行 A 形变款半身裙的类型判断和款式特征分析。

4. 能进行 A 形变款半身裙的规格尺寸设计。

5. 能进行 A 形变款半身裙的结构制图。

✖ **任务实施**

1. 裙装结构变化的主要表现

裙装的结构设计变化主要表现为：轮廓外型的变化，分割引起的变化，褶裥引起的变化。

（1）轮廓外型的变化

主要表现为裙摆阔度的变化，可分为紧身裙、小A字裙、斜裙、半圆裙和整圆裙，如图2-11所示。

| 紧身裙 | 小A字裙 | 斜裙 | 半圆裙 | 整圆裙 |

图2-11　半身裙轮廓外型的变化

（2）分割引起的变化

分割是裙装设计中常用的表现手法。分割线有装饰性的，也有功能性的。分割线的设计是以服装穿着舒适、方便、造型美观为前提的，如图2-12所示。

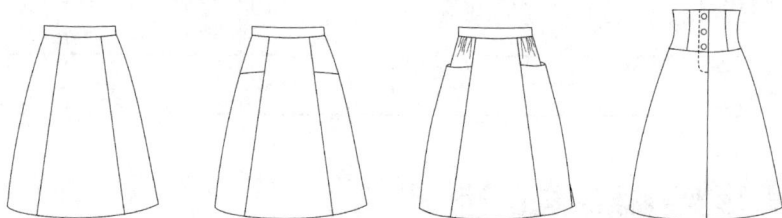

图2-12　半身裙分割线的变化

（3）褶裥引起的变化

褶裥具有多层性的立体效果，具有运动感与装饰性。褶裥的使用可以使裙装的变化更为丰富多彩，如图2-13所示。

图2-13　半身裙褶裥的变化

2. A形变款裙的结构设计

A形裙的造型是从腰到臀到下摆逐渐增大。如任务一所述的小A裙，是通过使裙原型的侧缝外展来实现的。如果需要更大下摆造型的A形裙，且需要裙下摆的波浪自然均匀，只通过外展侧缝是得不到理想效果的，而需要对裙原型进行切展变换。下面就以A形变款裙——齐膝斜裙为例来展开任务。

（1）齐膝斜裙的类型和款式特征分析

齐膝斜裙着装图如图2-14所示。这是一款腰部贴身、无省，臀部略宽松，下摆呈小波浪的经典斜裙。其款式特征分析表见表2-5。

表2-5　齐膝斜裙款式特征分析表

项目	特征	款式特征分析	款式图或着装图
服装类型	腰部贴身，臀部略宽松	本款为腰部贴身、臀部略宽松、下摆较大的A形齐膝斜裙，正常腰位，缩腰，腰处无省，侧缝装拉链。于正式与休闲场所皆可穿着，面料可选用棉、麻、丝、毛、化纤、混纺等有一定悬垂感的面料	 图2-14　齐膝斜裙着装图
轮廓结构	A形，下摆外展，长度齐膝		
部件附件	裙腰部无省		
裙腰位置	正常中腰裙，缩腰，腰宽3cm		
服装风格	正式与休闲场所皆可穿着		
所用面料	棉、麻、丝、毛、化纤、混纺等有一定悬垂感的面料均可		

（2）齐膝斜裙的规格设计

齐膝斜裙的规格尺寸设计说明表见表2-6。规格尺寸表见表2-7。

表2-6　齐膝斜裙规格尺寸设计说明表

项目	公式	设计依据
号型	160/66A	女体中间标准体
裙长L	0.4号$-6=58$cm	齐膝裙
腰围W	净腰围$W^*=66$cm	中间标准体净腰围W^*是66cm

续表

项目	公式	设计依据
臀围$H_{原型}$	$H_{原型}=H^*+2=92cm$	斜裙臀围处宽松，不需要控制成品臀围尺寸，而是控制相对应的裙原型臀围尺寸。中间标准体净臀围H^*是90cm

表2-7 齐膝斜裙规格尺寸表

部位	号型	腰围W	臀围$H_{原型}$	裙长L
尺寸	160/66A	66cm	92cm	58cm

（3）齐膝斜裙的结构制图

齐膝斜裙的结构设计要点如下。

①以裙原型为基础进行斜裙制图。

②将裙原型腰省合并，使裙下摆自然张开，形成底摆外展的波浪轮廓。

齐膝斜裙的结构图如图2-15所示。结构制图过程如下。

码2-4 A形变款裙的结构制图

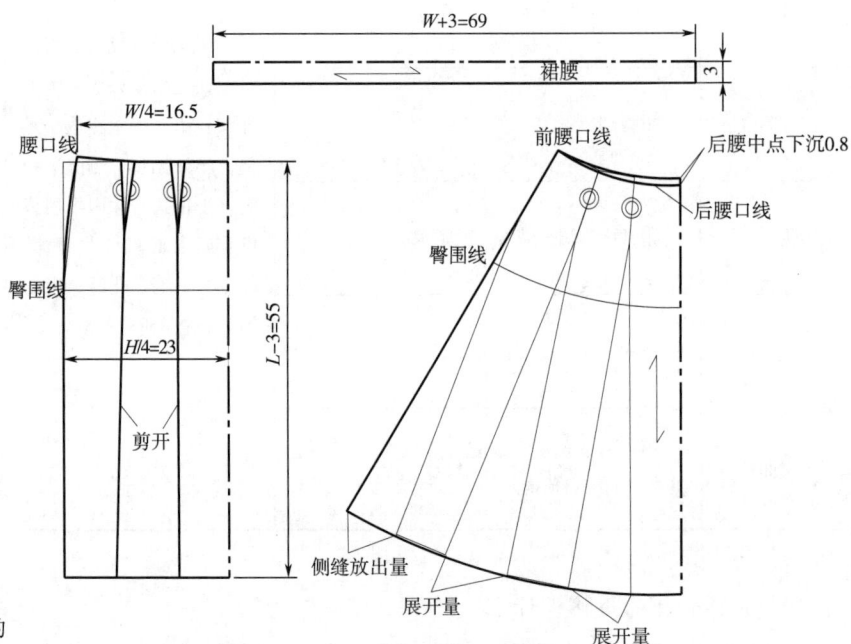

图2-15 齐膝斜裙的结构图

①绘制裙原型。注意调整裙原型前后片结构，使前后片腰围大、臀围大、下摆宽尺寸相等（一般，对于如斜裙这样下摆宽松款式的裙装，常设计前后片尺寸相等，即前腰大＝后腰大＝$W/4$，前臀大＝后臀大＝$H/4$，以使结构简化）。

②在腰省中线设置分割线。

③剪开分割线合并腰省，裙下摆同时自然展开，形成展开量。

④侧缝处放出单个下摆展开量的1/2～1倍，修正底边线，形成斜裙的外轮廓线。

⑤调整后中腰口较前中腰口下沉0.8cm，以更好地适应人体后腰内凹的特征。其转化过程如图2-16所示。

⑥绘制裙腰，腰长为66+3（叠门量）=69cm，腰宽3cm。裙腰为双层，对折线用点划线表示。

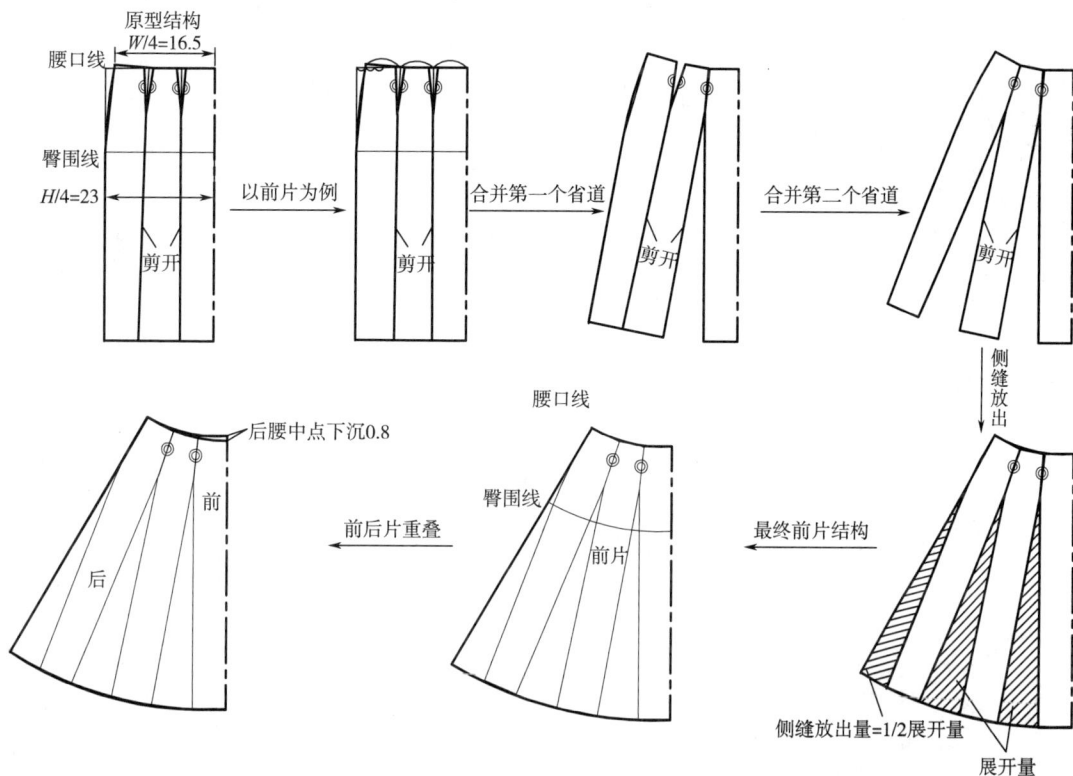

图2-16　从裙原型到斜裙的结构设计转化

这里需要注意纸样拼合符号。当腰省合并操作需要将纸样拼合，纸样拼合符号为两个半同心圆，当拼合完成的时候，这两个半同心圆就合并成为两个完整的同心圆。

🌱 举一反三

🔵 引导性问题1

将斜裙下摆进一步增大，呈现图2-17所示的着装状态，其结构如何变化？

将斜裙下摆进一步增大，腰尺寸不变，臀围、下摆尺寸同步增大，裙下摆的波浪也更为丰

图2-17　A形裙下摆围度变化的着装图

富。要实现这样的效果，必然要进一步增大斜裙下摆和侧缝的展开量，变化过程如图2-18所示。从图中可以看出，A形变款裙下摆展开越大，裙腰口线也越弯曲，即腰口线弧度也越大，最后腰口线形成了整圆形，下摆线也形成了整圆形。

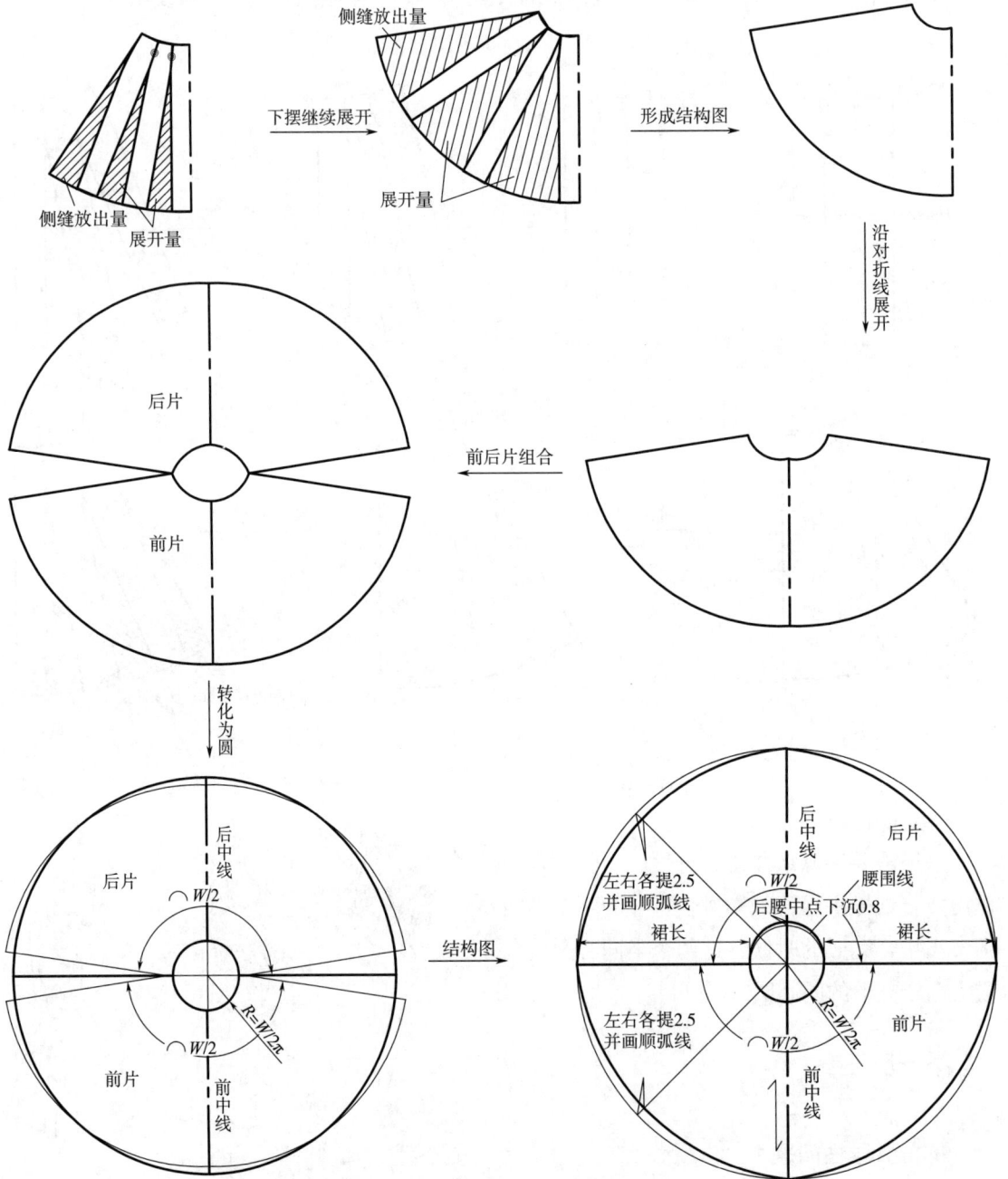

图2-18　从斜裙到太阳裙的结构变化

引导性问题2

将斜裙下摆进一步增大到完整的圆形，就得到常见的太阳裙，那太阳裙的结构图一定是一对同心圆吗？太阳裙的下摆是一个整圆结构吗？

太阳裙的结构图如图2-19所示。结构设计的关键点首先在于使腰围尺寸W与小圆周长相等，这样，小圆半径$R=W/2\pi$（$W=$中心小圆周长$=2\pi R$），大圆半径（确定底摆结构）=小圆半径$R+$裙长L。其次，从理论上来说，太阳裙的结构图是一对同心圆，太阳裙的下摆应该是一个整圆形的结构，太阳裙是斜裙的特殊状态。但由于面料的经纱、纬纱和45°斜纱的变形程度不同，45°斜纱最易变形，所以在绘制结构图时，需要对太阳裙下摆丝绺45°最易变形处进行上提修正。

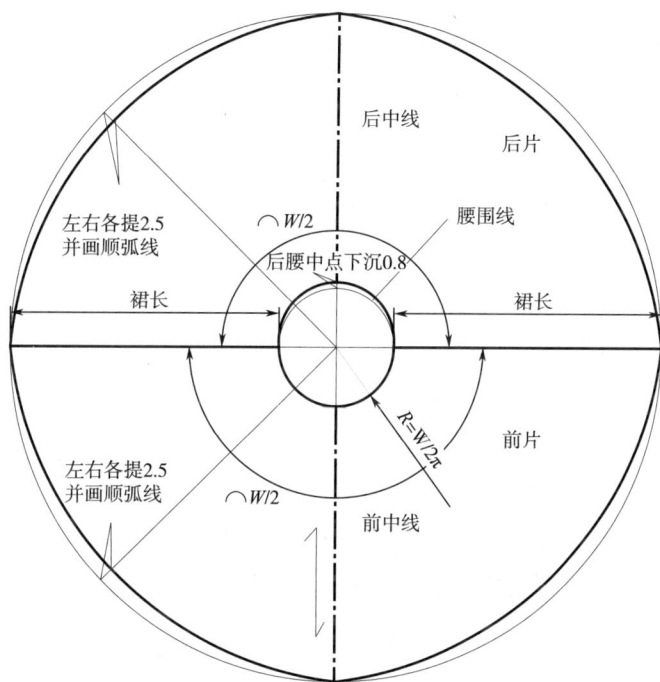

图2-19　太阳裙的结构图

巩固训练

1. 使用制图工具按1：1比例绘制齐膝斜裙结构图。要求有完整的尺寸标注。注意线条流畅、均匀，粗细得当，并绘制规格尺寸表。

2. 使用服装CAD软件，绘制任务二所述的半身裙结构制图。

学习评价

项目	评分要点	分值	自评	互评	师评	企业评价	备注
专业术语应用	准确、熟练	5					
款式特征分析	准确、关键点到位	10					
规格尺寸设计	与款式契合，科学合理，有规格表	20					
结构制图	正确、规范	35					
尺寸标注	完整，有规律性	15					
图面整洁	构图合理，线条流畅、均匀，粗细得当，图面整洁	15					
合计		100					

任务三　鱼尾形变款裙结构设计

任务导入

依据裙原型完成鱼尾形变款半身裙的结构设计。

任务要求

1. 理解鱼尾形变款裙的结构设计原理。
2. 能进行鱼尾形变款半身裙的类型判断和款式特征分析。
3. 能进行鱼尾形变款半身裙的规格尺寸设计。
4. 能进行鱼尾形变款半身裙的结构制图。

任务实施

鱼尾裙是婚纱礼服腰节线以下常见的裙款，腰、臀处贴身，自臀部向下摆略内收，并逐渐外展至底摆形成如鱼尾的造型。鱼尾裙结构需要在裙原型基础上进行分割和切展，一般有横向分割和纵向分割两种款式。下面以纵向分割鱼尾裙为例来实施任务。

1. 纵向分割鱼尾裙的类型和款式特征分析

纵向分割鱼尾裙是腰、臀处贴身，裙摆展开呈现鱼尾形的中腰位半身裙，前后裙身被纵向分割线分割成8片，上将腰省融入其中，下使下摆均匀外展，是分割线巧用的典范。一般采用较为厚实的棉、毛、混纺面料制作。纵向分割鱼尾裙的着装效果如图2-20所示，类型判断和款式特征分析表见表2-8。

表2-8　纵向分割鱼尾裙类型判断和款式特征分析表

项目	特征	款式特征分析	款式或着装图
服装类型	贴身型	本款裙腰臀处贴身，裙摆展开如鱼尾形，前后裙身被纵向分割线形成8片，将腰省融入其中，也使下摆均匀外展，是分割线巧用的典范。正常腰位，后中装拉链。正式场所穿着，一般采用较为厚实的棉、毛、混纺面料制作	
轮廓结构	腰臀贴身，下摆外展如鱼尾形，裙身分割为8片，长裙		
部件附件	腰省被合并入裙片		
裙腰位置	中腰裙，正常腰位，腰宽3cm		
服装风格	正式场所穿着		
所用面料	一般采用较为厚实的棉、毛、混纺面料		图2-20　纵向分割鱼尾裙的着装效果图

2. 纵向分割鱼尾裙的规格设计

纵向分割鱼尾裙是长度在腿肚以下的长裙，其长度设计为80cm，腰、臀贴身，与裙原型尺寸相同 W=66cm，H=92cm。规格尺寸设计说明表见表2-9，规格尺寸表见表2-10。

表2-9　纵向分割鱼尾裙规格尺寸设计说明表

项目	公式	设计依据
号型	160/66A	女体中间标准体
裙长 L	0.5号=80cm	长裙，长度在腿肚以下
腰围 W	净腰围 W^*=66cm	中间标准体净腰围 W^* 是66cm
臀围 H	$H=H^*+2=92$cm	中间标准体净臀围 H^* 是90cm

表2-10　纵向分割鱼尾裙规格尺寸表

部位	号型	腰围 W	臀围 H	裙长 L
尺寸	160/66A	66cm	92cm	80cm

3. 纵向分割鱼尾裙的结构制图

纵向分割鱼尾裙属于分割变化引起结构变化的裙装，其结构设计有以下要点。

①在裙原型基础上，根据款式调整腰部省道的数量和位置，设计分割线。

②在每一条分割线上融入腰省，下到膝上10～15cm处（取14cm）盖线处略内收，再自此向下摆两侧加入展开量，形成腰、臀部合身，裙摆展开似鱼尾造型的半身裙装。

纵向分割鱼尾裙的结构图如图2-21所示。其结构设计过程如下。

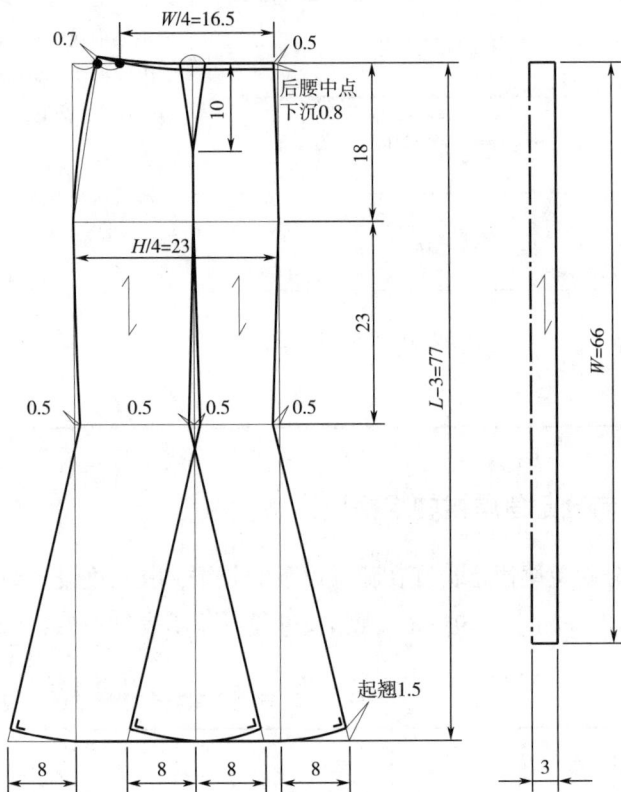

码2-5　纵向分割鱼
尾裙的结构制图

图2-21　纵向分割鱼尾裙的结构图

①复制裙原型（为了简便，可调整为前腰大=后腰大=$W/4$，前臀大=后臀大=$H/4$）。按鱼尾裙的长度自底边加长，减去腰宽3cm，总长为80-3=77cm。

②距离臀围线23cm平行绘制膝线。

③根据款式调整腰部省道的位置，并设计自省尖点垂直至下摆的分割线。

④纵向分割裙身，分割线上融入腰省，下至膝上14cm（臀下23cm）内收0.5cm，再至底边外展8cm（此数值根据款式可增减），形成八片式裙结构。

⑤调整后中腰口，较前中腰口下沉0.8cm，以便能够更好地适应人体后腰内凹的特征。

⑥绘制腰头结构，本款腰后中装隐形拉链，从中臀位一直通到腰头顶部，无3cm腰头叠门，所以腰长66cm，腰宽3cm。

纵向分割鱼尾裙的从裙原型到纵向分割鱼尾裙的结构转化过程如图2-22所示。

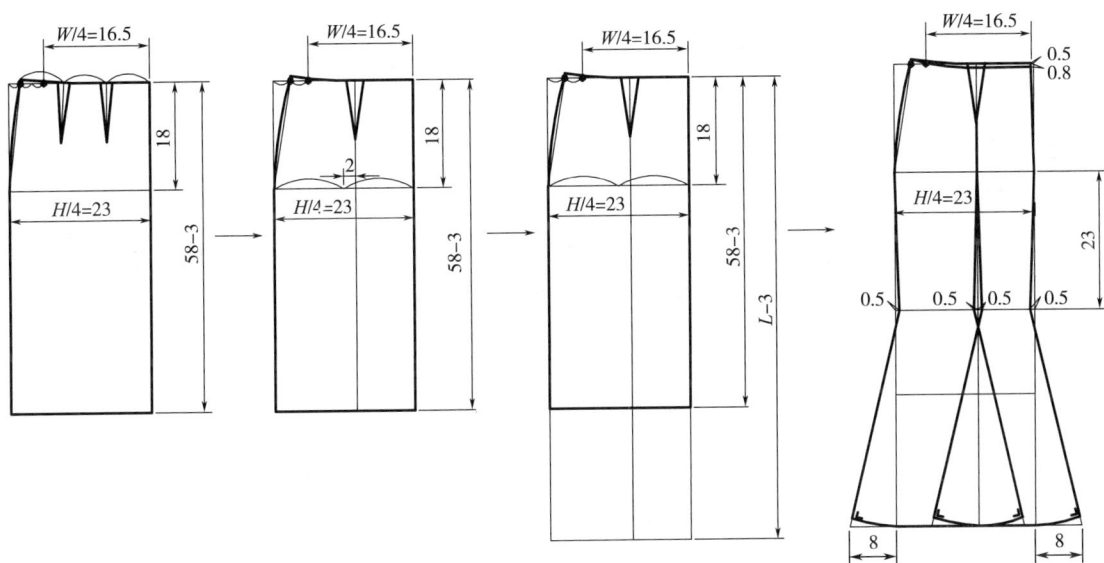

图2-22　从裙原型到纵向分割鱼尾裙的结构转化过程

举一反三

引导性问题

如果半身裙变化为图2-23所示的横向分割鱼尾裙，其结构如何变化？

横向分割鱼尾裙是腰、臀贴身，下摆如鱼尾状外展的半身长裙。正常中腰位，裙身分为上下两部分，上部裙身的造型与任务一所述的贴身一步裙相似，下部裙身表现为喇叭造型的裙摆，从而形成整体的鱼尾造型。

横向分割鱼尾裙的结构设计要点如下。

（1）规格尺寸

横向分割鱼尾裙的腰围、臀围、裙长尺寸与纵向分割鱼尾裙相同（W=66cm，H=92cm，L=80cm）。规格尺寸表见表2-11。

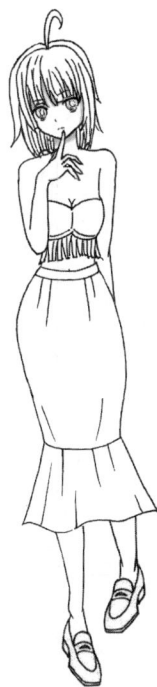

图2-23　横向分割鱼尾裙着装图

表2-11　横向分割鱼尾裙规格尺寸表

部位	号型	腰围W	臀围H	裙长L
尺寸	160/66A	66cm	92cm	80cm

（2）腰省和分割线

横向分割鱼尾裙的腰位、装腰方式与纵向分割鱼尾裙相同，但省的处理方式和分割线与纵向分割鱼尾裙不同。横向分割线在膝上10cm左右，将裙分为上下两部分。上部裙身呈纺锤形，前后身各有一对对称的腰省，塑造出从臀到腰的内收形态，分割线上也各有一对对称的省，塑造半身裙从臀到分割线处内收的形态。

（3）裙摆结构

下部裙身形成了喇叭造型的裙摆，其结构处理需要将横向分割线以下的裙结构进行等分、剪开、切展，以形成最终的整体鱼尾状造型。横向分割鱼尾裙的结构图如图2-24所示。

图2-24　横向分割鱼尾裙的结构图

✏️ 巩固训练

1. 使用制图工具按1∶1比例绘制纵向分割鱼尾裙结构图。要求有完整的尺寸标注。注意线条流畅、均匀，粗细得当，并绘制规格尺寸表。

2. 使用服装CAD软件，绘制任务三所述鱼尾裙的结构图。

码2-6　横向分割鱼尾裙的结构制图

学习评价

项目	评分要点	分值	自评	互评	师评	企业评价	备注
专业术语应用	准确、熟练	5					
款式特征分析	准确、关键点到位	10					
规格尺寸设计	与款式契合，科学合理，有规格表	20					
结构制图	正确、规范	35					
尺寸标注	完整，有规律性	15					
图面整洁	构图合理，线条流畅、均匀，粗细得当，图面整洁	15					
合计		100					

任务四　褶类变款裙结构设计

任务导入

依据裙原型完成褶类变款半身裙的结构设计。

任务要求

1. 理解褶类变款裙的结构设计原理。
2. 能进行褶类变款半身裙的类型判断和款式特征分析。
3. 能进行褶类变款半身裙的规格尺寸设计。
4. 能进行褶类变款半身裙的结构制图。

任务实施

褶裙是非常受欢迎的半身裙单品，其造型活泼，穿着舒适，依次排列的褶裥又使半身裙呈现出富有节奏的秩序美感。褶裙的褶裥包括不规律碎褶、顺风褶、阴阳褶等。在婚纱礼服类服装的下裙中，褶裙也是常见的品类。下面以中腰碎褶短裙为例来实施任务。

1. 中腰碎褶短裙的类型和款式特征分析

中腰碎褶短裙腰部贴身，臀部宽松，在腰围一圈通过工艺手段形成不规则而细碎的褶皱，使裙装臀部宽松，在视觉上产生良好的蓬松感，活泼、轻盈的外形使半身裙多见于休闲场所穿着。中腰碎褶短裙的着装效果如图2-25所示。类型判断和款式特征分析见表2-12。

表2-12　中腰碎褶短裙类型判断和款式特征分析

项目	特征	款式特征分析	款式或着装图
服装类型	腰部合身，臀宽松	本款裙腰部合身，臀部宽松，在腰围一圈通过工艺手段形成不规则而细碎的褶皱，使裙装获得良好的蓬松感、活泼、轻盈，适合于休闲场所穿着。正常腰位，侧缝装拉链，可使用不硬挺的棉、毛、丝、黏纤混纺等面料制作	
轮廓结构	腰部紧贴，抽褶产生蓬蓬裙效果，臀、下摆宽松。臀与下摆尺寸差别不大		
部件附件	无省，腰部一圈抽碎褶		
裙腰位置	中腰裙，正常腰位，腰宽3cm		
服装风格	活泼、动感，多见于休闲场所穿着		
所用面料	不硬挺的棉、毛、丝、黏纤混纺等面料均可		图2-25　中腰碎褶短裙着装图

2. 中腰碎褶短裙的规格设计

中腰碎褶短裙属于正常腰位的超短款裙，一般裙长用0.3号-6cm的经验公式来确定，根据着装效果，也可以在这个长度上适当增加或剪短。中腰碎褶短裙的腰围尺寸合身，可以在净尺寸上适当加放0~2cm的加放量，本款加放2cm。碎褶短裙臀围处宽松，不需要控制成品臀围尺寸，臀围结构由原型而来。规格尺寸设计说明表见表2-13，规格尺寸表见表2-14。

表2-13　中腰碎褶短裙规格设计尺寸说明

项目	公式	设计依据
号型	160/66A	女体中间标准体
裙长 L	0.3号-6=42cm	超短裙
腰围 W	净腰围 W^*+2=68cm	中间标准体净腰围 W^* 是66cm，加放0~2cm，本款取2cm
臀围 $H_{原型}$	净臀围 H^*+2=92cm	碎褶裙臀围处宽松，不需要控制成品臀围尺寸，而是控制相对应的原型臀围尺寸

表2-14　中腰碎褶短裙规格尺寸表

部位	号型	腰围 W	臀围 $H_{原型}$	裙长 L
尺寸	160/66A	68cm	92cm	42cm

3. 中腰碎褶短裙的结构制图

中腰碎褶短裙的结构设计有以下要点。

①中腰碎褶短裙的结构，是在裙原型结构的基础上横向增加缩褶量，常规的缩褶量尺寸是裙原型臀围尺寸的0.6～1倍。

②中腰碎褶短裙腰围尺寸增大的同时，也使裙身臀围尺寸同步增大。

中腰碎褶短裙的结构图如图2-26所示。其结构设计过程如下。

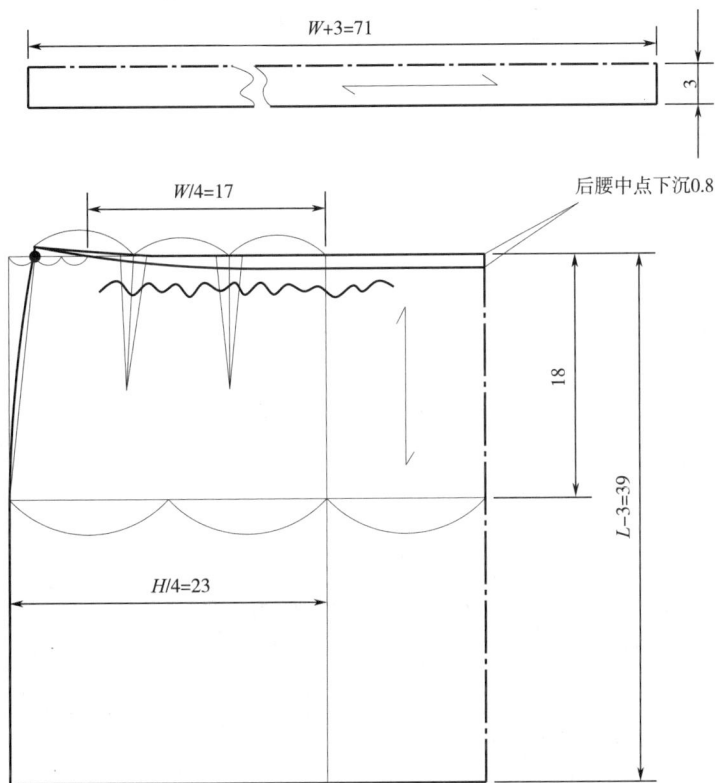

图2-26　中腰碎褶短裙的结构图

码2-7　中腰碎褶短裙的结构制图

①复制裙原型（褶裙前后裙身的腰大、臀大可以取相同值）并按碎褶裙长度尺寸剪短。

②将前臀大分为两等份，沿前中线方向延长臀围线，增大前臀大，使增大量为原前臀大尺寸的1/2，重新绘制前中线。

③绘制皱褶符号，原腰省忽略。

④调整后中腰口，较前中腰口下沉0.8cm，以便能够更好地适应人体后腰内凹的特征。

中腰碎褶短裙在结构设计时，在裙身腰口增加褶量使裙身腰围尺寸增大，缝制时对裙身腰口进行缩褶处理，使裙身腰围尺寸与裙腰尺寸刚好契合。同时，裙身腰围尺寸增大也带来裙身臀围尺寸的同步增大。从裙原型到中腰碎褶短裙的结构转化过程如图2-27所示。

⑤绘制裙腰，腰长为68+3（叠门量）=71cm，腰宽3cm。裙腰为双层，对折线用点划线

表示。当绘制结构图时，有时为了图面整洁，裙腰长度不按实际尺寸绘制，中间用断开线断开示意，尺寸标注仍然为标准裙腰的长度尺寸。

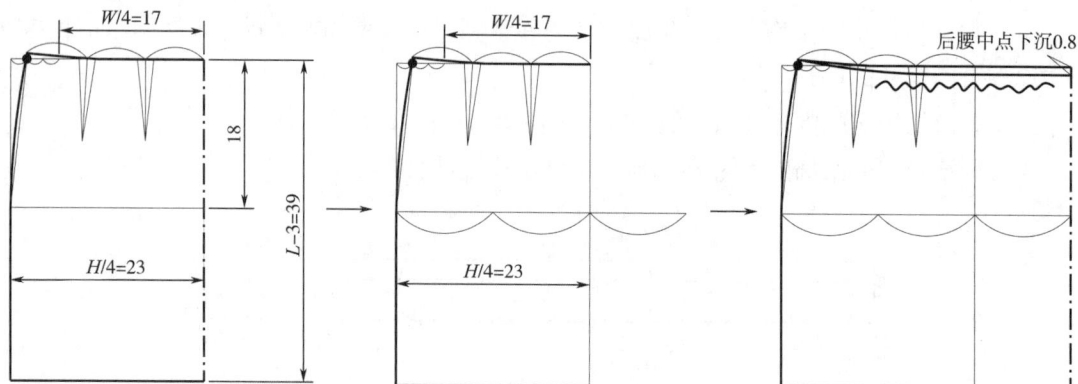

图2-27　从裙原型到中腰碎褶短裙的结构转化过程

🌱 **举一反三**

🔵 **引导性问题**

如果半身裙变化为图2-28所示的低腰育克百褶超短裙，其结构如何变化?

低腰育克百褶裙为A型的超短款裙，腰部采用低腰结构，前后裙身育克分割，采用顺风褶裥的压褶方式，形成腰部贴身、臀部宽松且具有律动美的造型。侧缝装隐形拉链，可选用薄呢类经典格纹或单色面料来制作。

低腰育克百褶裙的结构设计要点如下。

（1）规格尺寸

低腰裙的腰比正常腰位的束腰裙低4~8cm，特殊款式也有低腰量达到8~10cm的设计。本款低腰育克百褶裙的低腰量设计为常规的6cm，长度比中腰碎褶短裙更短，取0.2号=32cm。裙原型腰围尺寸依原型不变，$W_{原型}=66cm$。

图2-28　低腰育克百褶超短裙着装图

注意腰围尺寸是中腰位的腰围尺寸，当有低腰量时，低腰位腰围尺寸会变大。在结构设计时，通过控制中腰位的腰围尺寸自然形成对低腰位腰围尺寸的控制。臀围处宽松，不需要控制成品臀围尺寸，而是控制相对应的裙原型臀围尺寸$H_{原型}=92cm$。规格尺寸表见表2-15。

表2-15　低腰育克百褶超短裙规格尺寸表

部位	号型	裙原型腰围$W_{原型}$	裙原型臀围$H_{原型}$	裙长L	低腰量
尺寸	160/66A	66cm	92cm	32cm	6cm

（2）裙长设计

低腰育克百褶超短裙的裙长为32cm，这是低腰裙的长度尺寸，在绘制结构图时，因为是以正常腰位的裙原型为基础，所以裙原型的裙长需要加上低腰量6cm，也就是裙原型的裙长为38cm。

（3）低腰育克百褶超短裙结构

低腰育克百褶超短裙的结构图如图2-29所示。在结构制图时，绘制无腰的裙原型；在原型裙身上平行下移腰口线，减去低腰量；再根据款式设计育克与裙身的分割线，并将育克上的腰省合并形成完整的前后育克。从裙原型到低腰育克百褶超短裙结构的转化过程如图2-30所示。

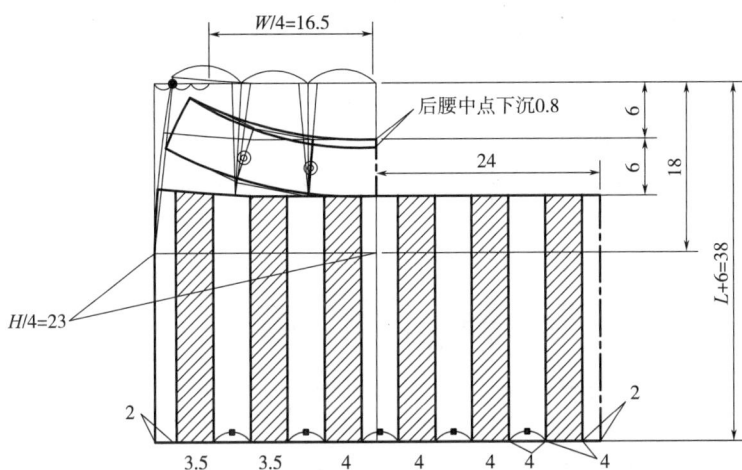

码2-8 低腰育克百褶超短裙的结构制图

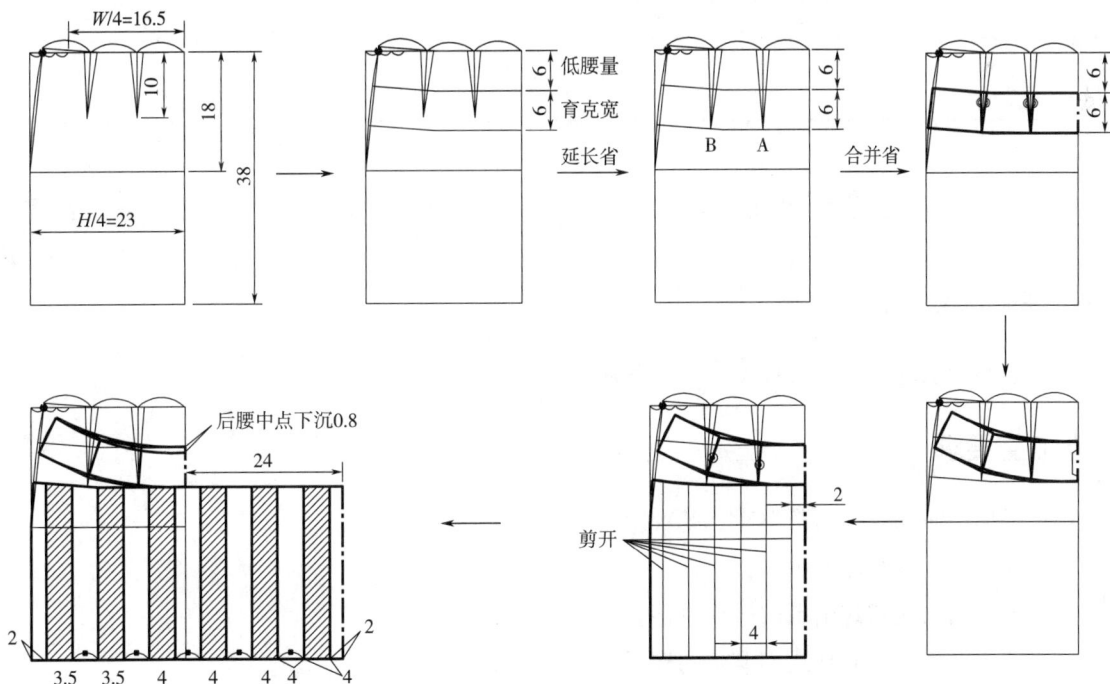

图2-29 低腰育克百褶超短裙的结构图

图2-30 从裙原型到低腰育克百褶超短裙结构的转化过程

✏️ 巩固训练

1. 使用制图工具按1∶1比例绘制中腰碎褶短裙、低腰育克百褶超短裙结构图。要求有完整的尺寸标注。注意线条流畅、均匀，粗细得当，并绘制规格尺寸表。

2. 使用服装CAD软件，绘制任务四所述半身裙的结构图。

📑 学习评价

项目	评分要点	分值	自评	互评	师评	企业评价	备注
专业术语应用	准确、熟练	5					
款式特征分析	准确、关键点到位	10					
规格尺寸设计	与款式契合，科学合理，有规格表	20					
结构制图	正确、规范	35					
尺寸标注	完整，有规律性	15					
图面整洁	构图合理，线条流畅、均匀，粗细得当，图面整洁	15					
合计		100					

任务五　半身裙样板设计与制作

➡️ 任务导入

完成不同款式半身裙的样板设计与制作。

📋 任务要求

1. 能描述样板设计的基本概念和规则。

2. 能描述样板制作的步骤。

3. 能完成不同款式裙装的样板设计。

4. 能手工完成不同款式半身裙的样板制作。

5. 能用服装CAD软件完成不同款式半身裙的样板制作。

✳ **任务实施**

1. 服装制板的基本概念和方法

服装工业样板，广义上是指包括成衣制造企业生产所使用的一切服装样板，是在服装结构设计的基础上进行周边放量、定位、文字标记等处理，形成适应服装工业化生产需要的样板。服装工业样板是按照"净样板"（结构设计时形成的1∶1结构图）的轮廓线，按照缝制规则加放缝份而形成的"毛样板"。

（1）服装工业样板的分类

服装工业样板主要分为裁剪样板和工艺样板两大类。其中裁剪样板主要用于大批量生产的排料、画样等工序的样板。一般有面料样板、里料样板和衬料样板。另有内胆样板和辅助样板等。工艺样板主要用于缝制过程中对裁片或半成品进行修正、定型、定位等的样板。主要有修正样板、定型样板、定位样板。

（2）服装工业样板的标记规定

服装工业样板的标记分为定位标记和文字标记。定位标记是标明服装各部位的宽窄、大小和位置的标记，主要有眼刀和钻眼两种形式。作定位标记的主要部位包括：缝份和贴边，省位、折裥、开衩位，裁片组合部位，零部件与裁片的对刀位等。

文字标记是标明样板类别、数量、位置的标记。主要有产品的型号、产品的规格、样板的类别、样板的数量和使用的丝缕方向。

（3）样板设计图

在服装结构设计（其实也是样板设计）基础上，针对后续服装制板的缝份、标记、纱向、文字标注等内容所绘制的缩图，本质上可以说是服装样板的缩图，也称为样板设计图。它可以说是服装制板交流中必备的工具，方便教师与学生、师傅与徒弟之间更好地沟通。主要包括缩小比例的裁剪样板、工艺样板等，如图2-31所示。

（4）样板设计缝份加放通用规则

在服装从"净样板"轮廓加放缝份到"毛样板"的过程中，一般缝制边常规放缝是1cm，底边放缝4cm，装隐形拉链边放缝2cm等。左右相连对称的裁片其样板也要左右相连，不可只完成二分之一。

（5）手工制板与电脑制板

制板也称打板。样板制作方法包括手工制板和电脑制板。手工制板是在打板纸上由制板师用铅笔、尺等工具进行制图画样、放缝、标记、手工裁切得到样板；电脑制板是在电脑上由制板师用服装CAD软件进行制图画样、画板、排板，用大型喷墨打印机打印纸样，或者用大型切割机切割纸样得到样板。目前，两种打板方式在业界都有使用。对于学生来说，一般要先学习手工制板操作来提升制板技能，培养对服装尺寸、结构的直观认知，再通过电脑制板来提升制板效率。

（6）样板制作步骤

①手工制板操作步骤。

绘制1∶1结构图→用滚轮、锥子等工具转印结构图轮廓线、重要基础线、关键标记点等→绘制净缝线→加放缝份→做标记、标注→裁切→打孔串挂。

②电脑制板操作步骤。

服装CAD软件制板→喷墨打印机输出→裁切→打孔串挂。

服装CAD软件制板→大型切割机裁切输出→打孔串挂。

2. 直筒齐膝贴身裙（裙原型）工业样板设计

直筒齐膝贴身裙是裙原型，它的样板设计具有代表性。图2-31是裙原型工业样板设计图，在图中对缝份加放、面料纱向、文字标注、定位定型点标注等关键操作进行了注释。说明如下。

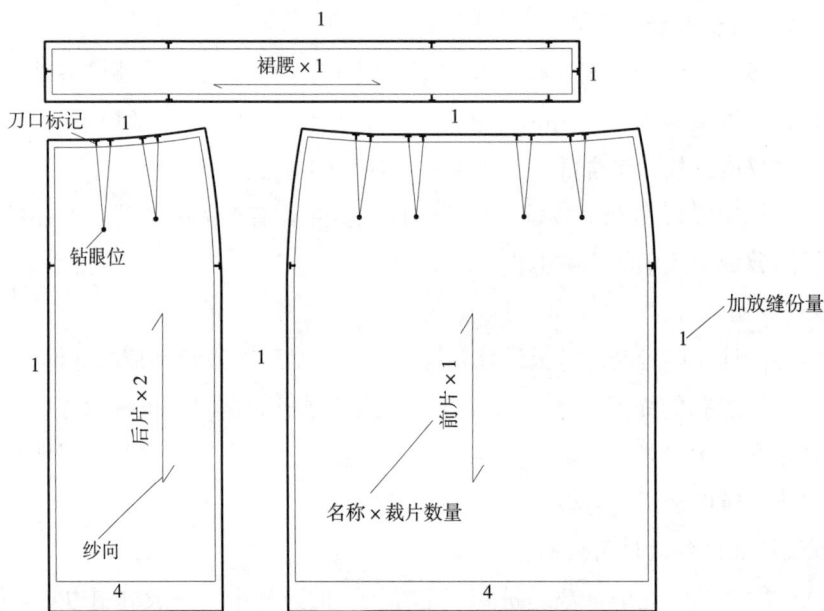

图2-31　裙原型工业样板设计图

①底边放缝4cm。

②其他缝份常规加放1cm。

③样板包括左右对称的前片、后片、裙腰。

④本款半身裙刀口用于各裁片拼合时的定位。刀口位包括：侧缝与臀围线的交点、省位、省尖点，裙腰上腰与裙身侧缝、后中线的对位点，以及裙腰对称线的对位点。一般，在样板图上，某一个位置的刀口用垂直于该点切线方向的长0.5～1cm的线段，或是该线段和切线方向线段形成的T字形符号来表示，如图2-31所示。

🌱 举一反三

🔬 引导性问题 1

完成 A 形变款裙——斜裙的工业样板设计。

虽然斜裙与裙原型的款式不同，但是样板设计的规则是相同的。图 2-32 是 A 形变款裙——斜裙的工业样板设计图。在图中对缝份加放、面料纱向、文字标注、定位定型点标注等关键操作进行了注释。说明如下。

①底边放缝 2~3cm（大曲线下摆的半身裙下摆放缝不宜过大）。

②其他缝份常规加放 1cm。

③样板包括左右对称的前片、后片、裙腰。

④本款半身裙刀口用于各裁片拼合时的定位。刀口位包括：侧缝与臀围线的交点，裙腰对称线的对位点。

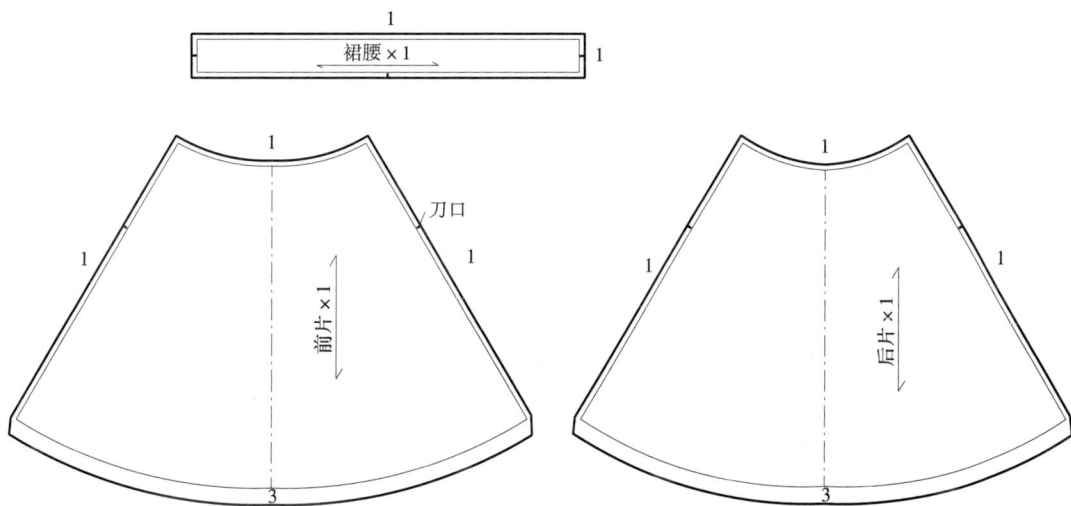

图 2-32 A 形变款裙——斜裙的工业样板设计图

🔬 引导性问题 2

完成纵向分割鱼尾裙的工业样板设计。

图 2-33 是纵向分割鱼尾裙的工业样板设计图。在图中对缝份加放、面料纱向、文字标注、定位定型点标注等关键操作进行了注释。说明如下。

①底边放缝 4cm。

②其他缝份常规加放 1cm。

③样板包括左右对称的前裙 1、前裙 2、后裙 1、后裙 2、裙腰。

④本款半身裙刀口用于各裁片拼合时的定位。刀口位包括：侧缝与臀围线的交点，裙腰对称线的对位点。

图2-33　纵向分割鱼尾裙的工业样板设计图

🔵 引导性问题3

完成中腰碎褶短裙的工业样板设计。

图2-34是中腰碎褶短裙的工业样板设计图。在图中对缝份加放、面料纱向、文字标注、定位定型点标注等关键操作进行了注释。说明如下。

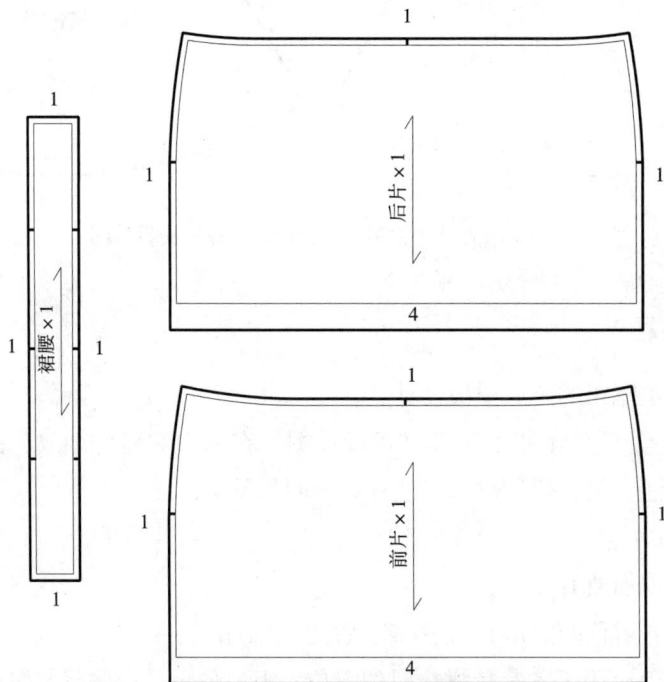

图2-34　中腰碎褶短裙的工业样板设计图

①底边放缝4cm。

②其他缝份常规加放1cm。

③样板包括左右对称的前片、后片、裙腰。

④本款半身裙刀口用于各裁片拼合时的定位。刀口位包括：侧缝与臀围线的交点，前裙腰口线中点，后裙腰口线中点，裙腰对称线的对位点，裙腰上裙腰与裙身前中、后中、侧缝的对位点。

巩固训练

1. 完成直筒齐膝贴身裙（裙原型）的样板设计与制作。

2. 使用服装CAD软件，绘制斜裙、纵向分割鱼尾裙、中腰碎褶短裙的结构图，并在此基础上完成上述半身裙的CAD样板。

学习评价

项目	评分要点	分值	自评	互评	师评	企业评价	备注
专业术语应用	准确、熟练	10					
操作过程	合理，工具使用正确、熟练	30					
缝份加放	准确、合理	15					
标记	完整、正确	15					
标注	正确、规范	15					
图面整洁	构图合理，线条流畅、均匀，粗细得当，图面整洁	15					
合计		100					

任务六　成果展示与评价

任务导入

以项目组为单位，进行本组项目成果的展示与评价。

任务要求

1. 能够对本组阶段性成果与最终成果进行充分展示。

2. 能够对本组阶段性成果与最终成果进行合理自评。

3. 能够对他组成果进行合理评价。

4. 能够在成果多方评价后对本组成果进行优化。

任务实施

1. 项目成果展示与自评

项目组组长向全班展示项目组成果，给出自我评价。

2. 项目组互评

自评环节，其他小组可以提问。全部展示完成之后，通过小组之间的互评选出学生心目中认为最优的项目成果。

3. 教师评价和企业评价

教师对项目教学进程进行综合评价，并给出教师认为最优的项目成果，最后，由企业教师给出企业评价，选出企业认为性价比最高的项目成果。比较评选结果，教师和学生交流、讨论，为下一轮学习做充分准备。

项目总结

<table>
<tr><th>能力进阶</th><th>能/不能</th><th>熟练/不熟练</th><th>任务名称</th></tr>
<tr><td rowspan="5">通过学习本模块，小组</td><td></td><td></td><td>完成裙原型的结构设计、样板设计和制作</td></tr>
<tr><td></td><td></td><td>完成贴身一步裙的结构设计、样板设计和制作</td></tr>
<tr><td></td><td></td><td>完成不同款式A形裙的结构设计、样板设计和制作</td></tr>
<tr><td></td><td></td><td>完成不同款式鱼尾形裙的结构设计、样板设计和制作</td></tr>
<tr><td></td><td></td><td>完成不同款式褶裙的结构设计、样板设计和制作</td></tr>
<tr><td rowspan="3">通过学习本模块，小组还</td><td></td><td></td><td>完成本组成果的充分展示与客观评价</td></tr>
<tr><td></td><td></td><td>依据裙原型举一反三，灵活处理半身裙款式与结构之间的关系</td></tr>
<tr><td></td><td></td><td>形成精益求精的工作习惯和善于协作的工作素养</td></tr>
</table>

大国工匠

服装设计领域中的大师级工匠

在服装设计专业领域，工匠精神是一种对精湛技艺、卓越品质以及深刻美学理解的执着追求。这种精神不仅体现在对细节的极致把控和对技艺的持续磨砺上，更在于对美的独特洞察和不断感悟。正是这种对美的不懈追求，使设计师们能够创作出深受人们喜爱的作品，成为大师级工匠，为服装设计界注入源源不断的创新活力。山本耀司、卡尔·拉格斐尔德等国际知名设计大师，郭培、张肇达、Uma Wang（王汁）等中国知名设计师，都是这一领域的佼佼者。

郭培，中国高级定制时装设计师，被誉为"中国高定第一人"。她的作品多次在国际时装周上亮相，受到广泛赞誉。郭培对每一件作品都倾注了极大的心血，从设计到制作，每一个细节都力求完美，展现了深厚的工匠精神。她严格选材，追求高品质，对面料处理也力求精细。设计方面，她注重细节，巧妙结合传统与现代元素，同时保证实用舒适性。制作工艺上，她的团队手工精湛，力求完美。此外，她注重与客户的沟通，确保作品符合客户期望。郭培及其服装定制作品，以精湛的技艺、卓越的品质和贴心的服务赢得了客户的赞誉和信任，也为中国服装定制行业的发展树立了榜样，为中国服装业的发展做出了重要贡献。

张肇达，中国著名时装设计师，以其卓越的设计才华和对服装艺术的深刻理解，在时装界独树一帜。他的作品不仅展现了深厚的东方美学底蕴，如水墨画的意境、书法的韵味等，更是将这些元素巧妙地融入现代时装设计中，形成了一种既传统又时尚的设计风格。在设计理念上，张肇达追求简约而不简单的艺术境界，他的设计注重线条的流畅与和谐，色彩的搭配与呼应，以简约而优雅的方式呈现服装的韵味和美感。正是这种设计的独特性，使张肇达的作品在国际时装界也备受瞩目。他的成功不仅在于技艺的精湛和设计的独特，更在于他对工匠精神的坚守和传承。他用自己的作品诠释了工匠精神的内涵和价值，展现了中国服装设计师的卓越风采和深厚底蕴。

王汁是中国当代设计界一颗璀璨的明星，她的作品不仅在国内受到热烈追捧，更在国际时装舞台上展现出了独特的魅力和广泛的影响力。王汁的设计非常注重传统工艺与现代设计元素的巧妙结合，呈现出既具有东方韵味又符合国际审美趋势的风格。在工匠精神的指引下，王汁对每一件作品都倾注了极大的心血。她注重细节的处理，从面料选择到剪裁技艺，都力求做到精益求精。她善于发掘和运用各种传统面料和工艺，将其与现代设计理念相结合，创造出独具特色的时装风格。同时，她还不断探索新的设计手法和表现形式，使作品更加具有创新性和前瞻性。王汁的作品在国际时装界获得了广泛的认可，不仅展现了中国传统文化的魅力，更传达了现代女性的独立、自信和优雅。王汁的成功为中国设计师在国际舞台上树立了良好的形象，也为国内时装产业的发展注入了新的活力。可以说，王汁以其独特的设计风格、卓越的工匠精神和无尽的艺术追求，在国际时装界留下了深刻的印记。

以上这些代表性人物的成功，不仅在于他们拥有卓越的技艺和深刻的美学理解，更在于他们对工匠精神的坚守和传承。他们用自己的作品诠释着工匠精神的内涵和价值，也为我们提供了学习和借鉴的榜样。

在服装设计领域，工匠精神是一种宝贵的品质和精神财富。它推动着设计师们不断追求卓越、创新突破，为我们带来更多美轮美奂的服装作品。同时，这种精神也激励着我们不断精进、追求卓越，为实现自己的梦想和目标而不懈努力。

○ 项目三 / 婚纱礼服原型及其结构设计变化

码3-1　项目三课件

📖 项目描述

　　婚纱礼服类服装，多以腰节线以上的衣身和腰节线以下的裙身连在一起的款式为主，因此腰节线以上的衣身结构在婚纱礼服类服装的制板中极为重要。本项目学习掌握针对婚纱礼服类贴身服装的衣身原型的结构，以及围绕女性人体的衣身（主要表现在前胸、后背、侧腰）立体造型特点而进行的衣身结构设计的变化，即服装行业所说的省道转移。在此基础上，将贴身衣身原型和贴身裙原型结合起来，形成婚纱礼服结构设计、制板的基础——婚纱礼服连身原型。本项目内容是后续婚纱礼服类服装整体结构设计与制板项目的重要基础。

❖ 思维导图

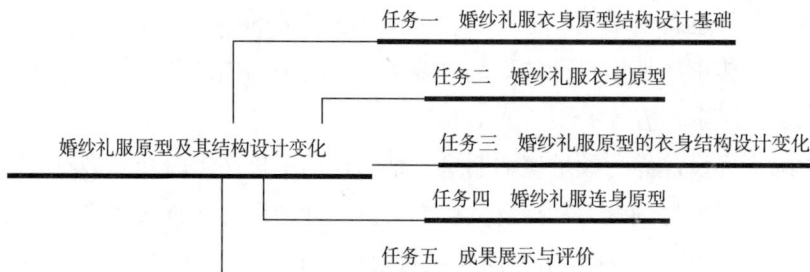

≣ 学习目标

学习目标	知识目标	1. 理解服装原型裁剪法 2. 理解女装衣身原型的结构设计原理 3. 能描述婚纱礼服衣身原型的款式、结构、尺寸特点 4. 能描述婚纱礼服衣身原型的结构制图方法和步骤 5. 了解服装省道类型并理解省道转移原理 6. 能描述省道转移方法和操作步骤 7. 能描述婚纱礼服连身原型的结构特点和原理
	能力目标	1. 能完成婚纱礼服衣身原型的结构设计操作 2. 能完成婚纱礼服衣身省道转移的实际操作 3. 能完成婚纱礼服连身原型的结构设计操作 4. 能使用服装衣身结构专业名称、术语进行交流
	素质目标	1. 培养精益求精的工作作风 2. 培养勤于动脑、善于动手的学习、工作习惯 3. 培养自主学习能力与知识应用能力 4. 培养操作归位、干净整洁、善于协作的职业素养

任务一　婚纱礼服衣身原型结构设计基础

➡️ 任务导入

了解服装衣身原型的相关知识和专业术语。

🗒 任务要求

1. 能描述服装衣身原型的结构设计思想。
2. 能描述女装衣身原型的种类和不同应用。
3. 会使用服装衣身结构的专业名称、术语。

✖ 任务实施

1. 服装原型裁剪法

利用服装原型进行服装结构设计、制板的方法称为服装原型裁剪法，是在国际上被广泛使用的一种裁剪方法，这种方法既考虑了人体日常动作所必需的最低限度松量，也揭示了服装造型与平面结构设计的关系，起源于20世纪70年代的欧洲、美国、日本等国家及地区。原型法是一种间接的制板方法，其核心是先设计原型——最基础的、不带任何款式变化的平面基本型，然后通过在原型纸样的基础上作加长、缩短、展开、切展、收缩等处理而获得各种不同服装款式的纸样。原型根据需要可以有衣身原型（腰节线以上）、裙原型、裤原型、连身原型等。

我国服装业早期使用较多的制板方法是比例分配法，该方法既不方便款式的变化，也更为倚重制板师的经验，初学者较难掌握。20世纪80年代，我国研究人员开始对国外的服装原型进行研究，特别是对日本文化书院的日本文化式原型进行了深入的研究和实践，极大地促进了我国原型技术的发展，产生了针对中国人体体型特征的多个原型纸样。目前，对我国服装业影响较为广泛的是东华大学研发的东华原型（图3-1），北京服装学院刘瑞璞教授设计的刘瑞璞基本纸样（图3-2），以及日本文化书院于1999年推出的日本新文化式原型（图3-3）。我国的服装院校目前大多采用原型裁剪法来进行教学。

2. 女装胸围放松量和女装衣身原型

如前所述，一般把女装分为贴身、合身、较合身、宽松四种类型。对于衣身来说，确立其是贴身还是宽松的首要尺寸是胸围的放松量（加放量）。一般来说，贴身服装的胸围加放量为0～6cm；合身服装的胸围加放量为7～12cm；较合身服装的胸围加放量为15～20cm；宽松服装的胸围加放量在20cm以上。

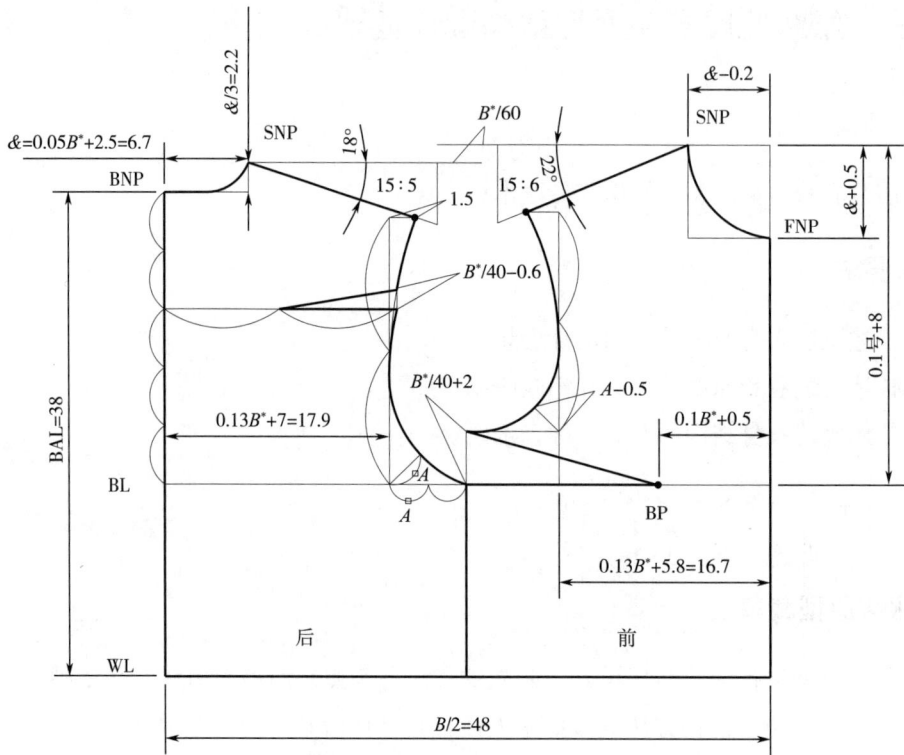

图3-1 东华原型（女装衣身）

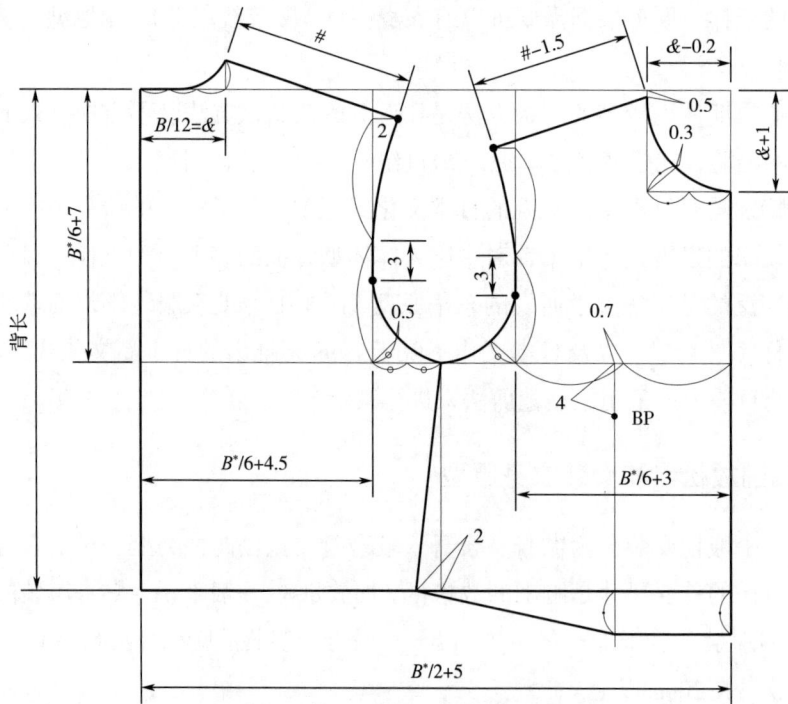

图3-2 刘瑞璞基本纸样（女装衣身）

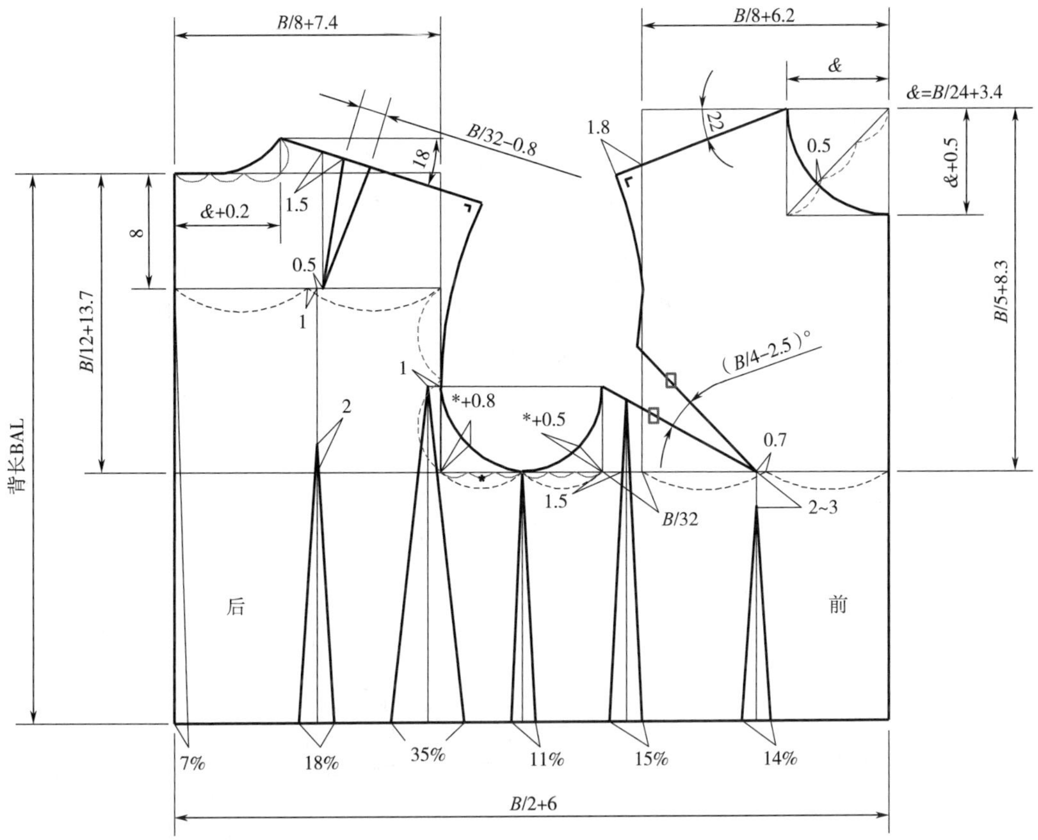

图3-3　日本新文化式原型（女装衣身）

衣身原型是服装腰节线以上部分的、最基础的、不带任何款式变化的平面基本型，可以看作是绘制不同款式服装纸样腰节线以上部分结构的工具。在服装的设计生产过程中，制作一个适合服务人群体型特点、服装品类的女装衣身原型，能够更便利地完成服装制板的专业任务。

应用较为广泛的东华原型、刘瑞璞基本纸样、日本新文化式原型都是合身的女装衣身原型，东华原型、日本新文化式原型第8版（最新版）的胸围尺寸加放量为12cm，刘瑞璞基本纸样的胸围尺寸加放量为10cm，如果塑形为立体服装，这三种原型都属于合身类型的女装，适用于衬衫、外套等日常服装的制板。

婚纱礼服类服装，大多是紧身贴身的服装，在纸样设计时，如果使用东华原型等合身原型，则需要对原型尺寸、结构做较多的改动，不利于提高制板效率。因此，针对婚纱礼服类服装，设计生产企业往往研发适合婚纱礼服的贴身原型，以便更为快捷、准确地完成婚纱礼服的制板任务。也就是说，婚纱礼服的衣身贴身原型，是女装衣身原型的一种，是针对婚纱礼服类服装而专门设计的女装衣身原型。本书采用婚纱礼服衣身贴身原型来进行不同款式婚纱礼服的结构设计和样板展开，是依据婚纱礼服衣身贴身原型结构，通过加放衣长，增加胸围、前胸宽、后背宽、领围、袖窿等细部尺寸，通过剪切、旋转、折叠、拉展等变形技法，通过设置省道、褶裥、分割、连省成缝等结构变化而获得不同款式婚纱礼服的纸样。

3. 服装衣身结构的专业名称

学习婚纱礼服衣身原型的结构，首先要了解服装衣身结构的专业名称，如图3-4所示。包括前身领部相关的前领弧、前横开领、前直开领等，前身肩部相关的前肩斜角、前肩斜线、前小肩、前小小肩等，前身袖窿相关的前袖窿弧、袖窿省、前胸宽等，前身胸部相关的BP乳高点、前胸大等，前身腰节相关的前腰大等。后身结构的专业名称与前身一一相对。还有一些重要的基础线，如袖窿深线、胸围线、腰节线等。

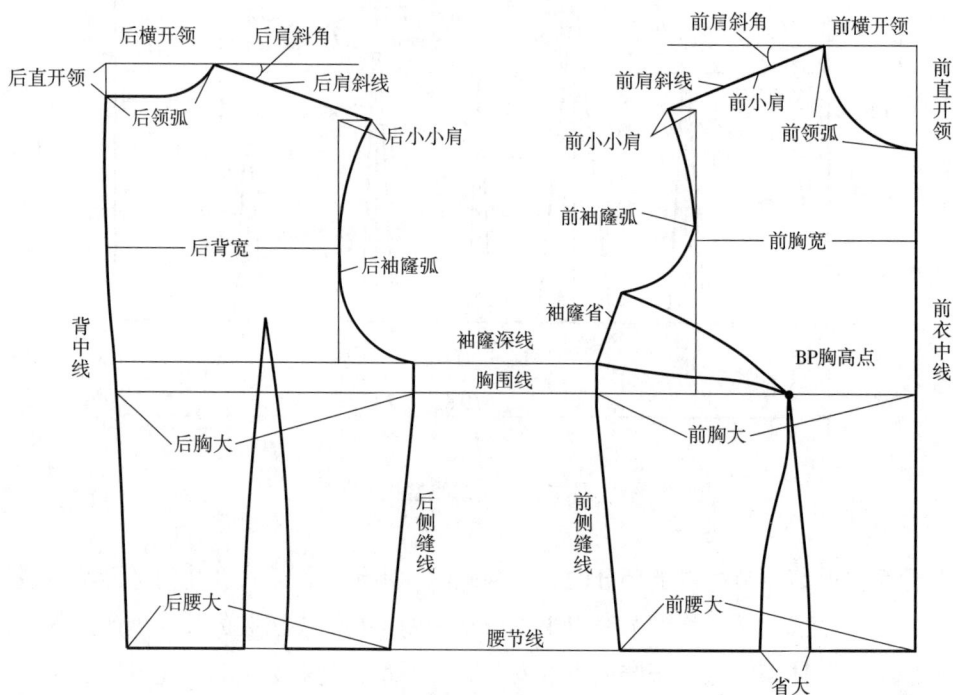

图3-4 服装衣身结构的专业名称

🌱 举一反三

如前所述，服装结构设计方法包括平面结构设计和立体结构设计方法，其中平面结构设计也称为平面裁剪，是服装结构设计最常用的方法，也是本书所使用的结构设计方法。在本项目的开始，我们了解了目前最为常用的平面结构设计方法——服装原型裁剪法，除此之外，还有哪些常见的服装平面裁剪方法呢？

💠 引导性问题

服装平面结构设计方法有哪些？
服装平面结构设计方法有原型法、基型法、短寸法、比例分配法、列比例式法等。

（1）原型法

原型法即原型裁剪法。原型法以原型为基础进行服装结构设计。原型是依据人体基本形态得到的服装基础型，是最简单的服装样板。很多国家都有自己的服装原型，如美国式原型、英国式原型、法国式原型、日本式原型、韩国式原型等。其中日本文化书院的文化式原型在我国高等院校的服装专业普遍采用。原型多用于女装的结构设计，最大的优势在于省道的转移。不论多复杂的款式，都可以用剪开推放、剪开拼合的手法完成。

真正的服装企业都有自己的原型，它包含着服装企业的文化和技术内涵。对比其他技术，原型裁剪法有着独特的优势，易于学习掌握，易于设计变化。原型法依托原型，极大地减少了计算、绘制基础线的重复劳动，在其之外的设计线条大多数也都可以按照类似绘画线条的方式处理，它是一种标准化、科学化处理服装结构的模式，成本低，效率高，使用范围广泛。同时原型作为时代的产物，也不是一成不变的，而是随着人体体型、人体活动机能、服装造型及流行等的变化而变化，并不断地得到完善。

（2）基型法

基型是根据不同的服装品种特征与穿着目的，加有放松量和运动量的基本纸样。基型是服装结构制图、样板的基础和过渡形式，一般是某一品种中造型最简单或款式最相近的样板，按服装品种分为裤装基型、裙装基型、上装基型等。基型法是以基型为基础样板，根据需要在局部加以修改，而得到另一相似款式服装样板的制板方法。例如，简单的普通西裤是裤装基型，简单的直筒裙是筒裙基型。基型裁剪法方便快捷，在中国的服装企业有广泛的应用基础，多被中小型服装企业采用。

国内主要基型制图法有马林基型法、路红基型法、梅式原型法、魏雪晶中国女装原型法、蒋锡根母型法、吴经熊优选基型法、戴永甫D式法、欧阳心力比例基型法等。

（3）短寸法

短寸法是服装定制中广泛使用的一种方法。即先测量人体各部位尺寸，如衣长、胸围、肩宽、袖长、领围，然后再加量胸宽、背宽、背长、腹围、肚围等多种尺寸，并依据所测尺寸逐一绘制出衣片相应部位的一种平面结构设计方法。这种方法适合一对一的服装定制以及特殊体形的量身定做等。

（4）比例分配法

比例分配法就是以服装成品某部位尺寸为依据，按一定比例并加减一定的调节系数推算出其他各部位尺寸的方法。服装按成品胸围尺寸推算各部位尺寸的方法称为胸度法。比例分配法在我国服装行业应用最为广泛，主要原因在于比例分配法计算简单，容易掌握。一般有三分法、四分法、六分法、八分法及十分法。三分法适合裁制三开身结构的服装，如西装；四分法适合裁制四开身结构的服装，如衬衫、西裤等；六分法与八分法分别是三分法与四分法的细分；十分法应用最为简单，因为十是整数，计算起来方便，只要移动小数点的位置即可。

（5）列比例式法

对于某些款式与板型都较好，但尺码不适合做中间标准样板的纸样，为了得到对应的服装纸样，可使用该方法。例如某款衣长为62cm，前衣片胸围是34cm，肩宽23cm的超常宽松尺寸的服装，如果想得到衣长为60cm的同款服装，其他的尺寸就可采用列比例式法：60∶62=x∶34，x=60×34/62=32.9cm，求出的32.9cm就是同一款式衣长为60cm时的前衣片胸围尺寸。其他所需部位尺寸都可以用此种方法获得。当需要通过一张照片或图片仿制出实际的服装时，用列比例式法可以快速得到较好的纸样。此种方法非常适合制作结构未知的已有宽松服装的系列纸样。

✏️ 巩固训练

1. 搜索资料，进一步了解东华女装原型、日本文化式女装原型。

2. 熟记不同类型女装胸围放松量的经验数据。

3. 重复识读图3-4，熟悉服装衣身结构的专业名称。

4. 用自己的语言描述各种服装平面结构设计方法。

📑 学习评价

项目	评分要点	分值	自评	互评	师评	企业评价	备注
基本概念	能描述，正确	15					
服装原型裁剪法	理解，能描述	15					
女装类型和胸围放松量	熟记	30					
衣身结构专业名称	熟练识读	30					
服装结构设计方法	了解	10					
合计		100					

任务二　婚纱礼服衣身原型

➡️ 任务导入

完成婚纱礼服衣身原型的结构设计。

📋 任务要求

1. 能描述婚纱礼服衣身原型的结构特征。

2. 能进行婚纱礼服衣身原型的类型判断。

3. 能进行婚纱礼服衣身原型的规格尺寸设计。

4. 能进行婚纱礼服衣身原型的结构制图。

任务实施

如前所述，针对婚纱礼服类服装，设计生产企业往往研发适合婚纱礼服的贴身原型。兰斐企业是专业的婚纱礼服定制企业，多年来在业界积累良好声誉的同时，也积累了丰富的专业经验与专业资源。兰斐婚纱礼服原型，经过不断地修正和优化，是兰斐企业核心的技术资源，是企业婚纱礼服制板的关键技术。

本书采用兰斐企业的婚纱礼服衣身原型进行不同款式婚纱礼服的结构设计和样板展开。兰斐婚纱礼服原型，包括婚纱礼服衣身原型、婚纱礼服裙原型（参见项目二）以及婚纱礼服连身原型。相比于东华原型或其他合身类的衣身原型和裙原型，兰斐婚纱礼服原型以贴身的婚纱礼服原型为基础，能够更为方便地获得婚纱礼服类服装的结构和纸样。

1. 婚纱礼服衣身原型的类型确定

婚纱礼服衣身原型是贴身原型，其胸围放松量设计为2cm，腰围放松量为0。

2. 婚纱礼服衣身原型的规格设计

女装衣身原型的规格尺寸设计包括总体规格设计和细部规格设计。总体规格是指对衣身结构起主导作用的主要部位尺寸，包括背长（BAL）、胸围（B）、肩宽（S）等。细部规格是指实现关键细部结构所需要确定的细节尺寸，如前胸宽（FW）、后背宽（BW）、袖窿深等。

号型以女性中间标准体160/84A为基础，婚纱礼服衣身原型选择背长、胸围、腰围、肩宽这四个部位尺寸为原型建立的依据，其规格尺寸设计依据如下。

背长 BAL=38cm

胸围 $B=B^*+2=84+2=86$cm

腰围 $W=W^*+0=66$cm

肩宽 $S=S^*-1.4=39.4-1.4=38$cm

式中：B^* 为净胸围（cm）；W^* 为净腰围（cm）；S^* 为肩宽标准值（cm）。

婚纱礼服衣身原型的规格尺寸设计说明表见表3-1，规格尺寸表见表3-2。

表3-1　婚纱礼服衣身原型规格尺寸设计说明表

项目	公式	设计依据
号型	160/84A	标准
背长 BAL	38cm	160/84A 中间标准体背长的测量值
胸围 B	$B=$净胸围 $B^*+2=86$cm	贴身类原型
腰围 W	$W=$净腰围 $W^*+0=66$cm	160/84A 中间标准体净腰围为66cm，贴身类原型
肩宽 S	$S=$净肩宽 $S^*-1.4=38$cm	160/84A 中间标准体的肩宽的标准值是39.4cm，两边分别略内收1.4/2=0.7cm

表3-2　婚纱礼服衣身原型规格尺寸表

部位	号型	背长BAL	胸围B	腰围W	肩宽S
尺寸	160/84A	38cm	86cm	66cm	38cm

3. 婚纱礼服衣身原型的结构制图

婚纱礼服衣身原型包含总体规格和细部规格的全规格设计见表3-3。

表3-3　兰斐婚礼服原型全规格设计表　　　　　　　　　　单位：cm

名称	胸围	腰围	臀围	肩宽	背长	领围	乳高	乳距	前胸宽	后背宽	袖窿深
人体尺寸	84	66	90	39.4	38	35					
松量	2	0	2	-1.4	0	0					
完成尺寸	86	66	92	38	38	35	24.5	18	15.7	16.7	22

婚纱礼服衣身原型结构图如图3-5所示，具体结构制图步骤如下。

①以BAL和$B/2+1=44$cm作框架。

②以BAL=38cm画出后领深点BNP。

③以$\&=B^*/20+2.5=6.7$cm，$\&+1=7.7$cm量取后领口宽，以（$\&+1$）$/3=2.6$cm画后领口深。

④以$B^*/60+0.1=1.5$cm画出前片上平线。

⑤以0.1号$+8.5=24.5$cm画胸围线。

⑥以胸围线向上2.5cm画袖窿深线。

⑦以$B/4+1=22.5$cm做前胸大，得到侧缝线。

⑧以23°角定出后肩斜线，可用比例15：6.4。

⑨以后肩宽$S/2=19$cm找后片肩点SP，画出后肩线。

⑩后中心线向外0.5cm，以此为起点取背宽$BW=0.13B^*+5.8=16.7$cm作后背宽线，即从后中心线向右量取$BW-0.5=16.2$cm作后背宽线。

⑪以$\&-0.2=6.5$cm画前领口宽，以$\&+0.5=7.2$cm画前领口深。

⑫以17°角定出前肩斜线，可用比例15：4.6。

⑬取前小肩大=后小肩大，找前片肩点SP，画出前肩线。

⑭在胸围线上由前中量取乳距$/2=9$cm定BP点，连接BP和前袖窿深点A。

⑮前袖窿深线上沿侧缝线向上量取前浮余量$B^*/40+2.4=4.5$cm，画胸围线平行线；以BP为圆心，BP-A为半径，找圆弧与胸围线平行线交点C，连接BP-C，以BP-A、BP-C为基础，修正直线为枣核形曲线形成腋下省。

⑯以$FW=BW-1=15.7$cm作前胸宽线。

⑰自后领点向下画顺后背中线，线条在后上平线向下8cm左右外凸0.5cm，胸围线上内收1cm。

⑱画顺前领弧线，前领矩形对角线1/2处内凹2cm。

⑲画顺后领弧线，后横开领分为三等份，前1/3绘制与后背中线垂直的直线，后2/3绘制与直线光滑连接的弧线。

⑳以后袖深的1/2向下2cm定后袖拐点，画顺后袖窿弧线。

㉑按前袖深的1/2向下2cm定前袖拐点，画顺前袖隆弧线。

㉒光滑圆顺绘制后片侧缝线，侧腰收省1.5cm。

㉓绘制枣核形后腰节省，省大3cm，省尖点距后中心线11cm，过袖窿深线向上2.5cm。枣核形省在胸围线上切去1cm。这正是后胸大为B/4−1cm又加1cm的原因。

㉔光滑圆顺绘制前片侧缝线，侧腰收省2cm。

㉕绘制枣核形前腰节省，省大3.5cm，省尖点在BP点。

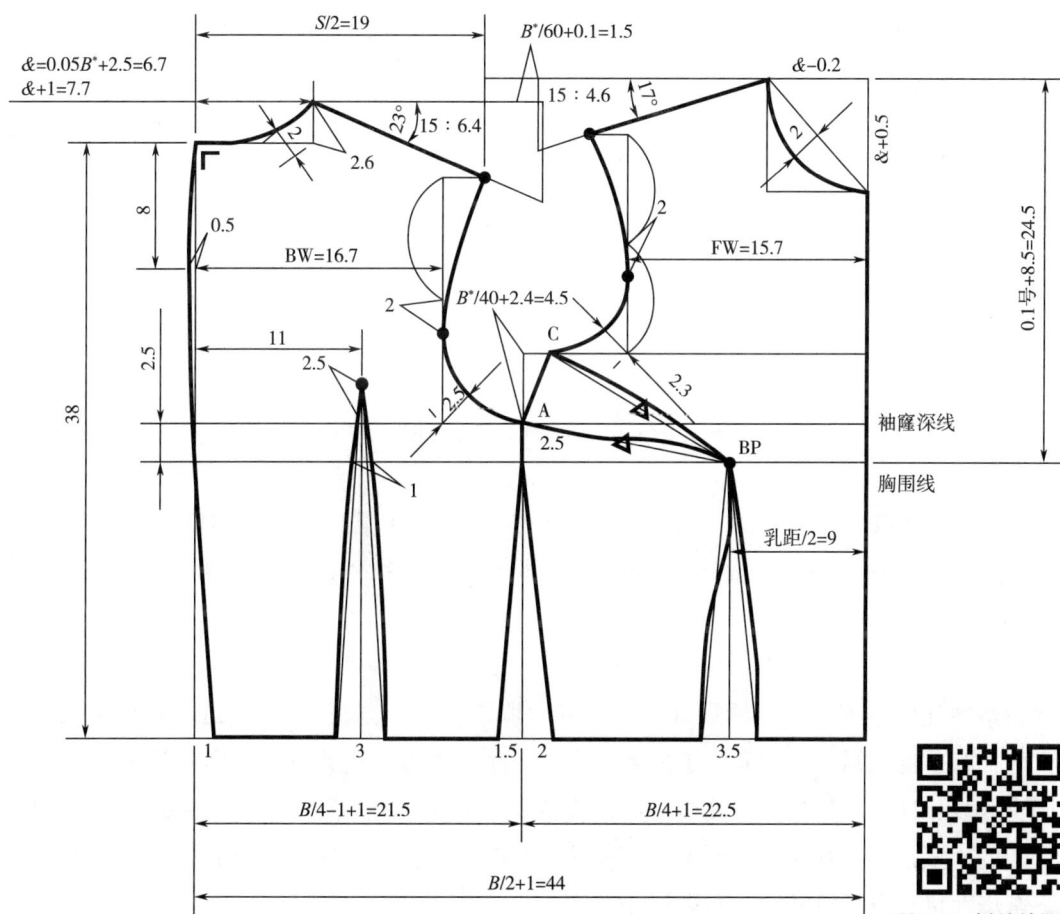

图3-5　婚纱礼服衣身原型的结构图

码3-2　婚纱礼服衣身原型的结构制图

在绘制婚纱礼服衣身原型的时候，注意贴身原型的省的形状与一般的合身原型不同。婚纱礼服贴身原型的胸腰省、背腰省都是枣核形的，省下部尺寸几乎不变，到距离胸围线7~8cm时快速由大变小形成锥形。腋下省则是前尖后阔的曲线锥形省。应用婚纱礼服衣身原型进行不同款式的婚纱礼服结构设计时，省的这种趋势不变。

4.浮余量

将平面的衣片覆合在立体的人体上，因女性胸部凸起而在肩线、袖窿或侧缝处产生的余量，称为前浮余量，也称胸凸量。因后背肩胛骨凸起而在肩线、袖窿处产生的余量，称为后浮余量，如图3-6所示。

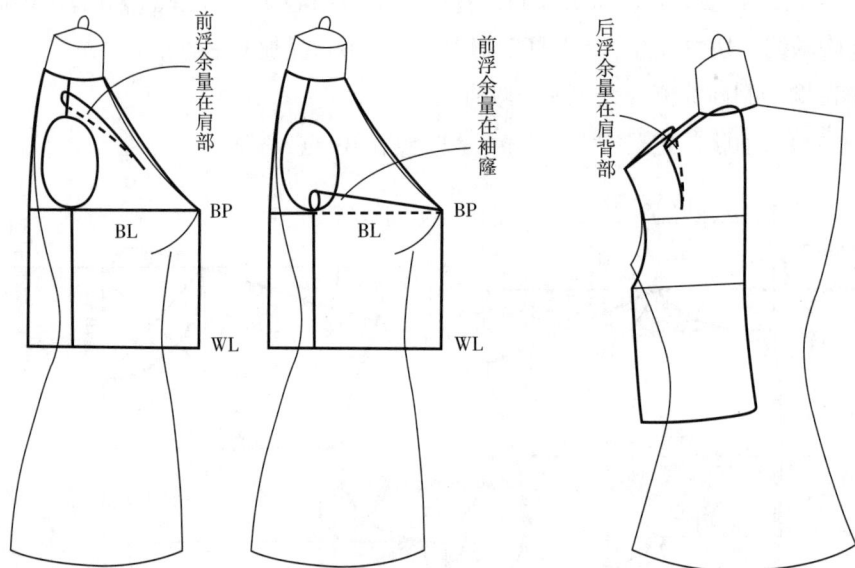

图3-6　衣身浮余量示意图

女装衣身结构设计时，追求衣片覆盖在人体后，衣片的平整，因此需要对衣身浮余量进行处理。婚纱礼服贴身衣身原型的前身浮余量常使用腋下省，后身浮余量常使用领背省的方法消除。

🌱 举一反三

除婚纱礼服类服装的结构设计、制板外，服装设计、制板专业人员还应该具有日常服装，如衬衫、连衣裙、外套等服装的纸样设计、制板能力。这类服装的结构设计原理与婚纱礼服类服装一样，应用最广的结构设计方法也是原型裁剪法，而在我国最有影响力的、应用最广泛的原型是东华女装衣身原型，一般服装多以此为基础来进行服装结构设计与制板。因此，东华女装衣身原型也是应该掌握的内容。

🔘 引导性问题

完成东华女装衣身原型的结构设计。

（1）类型说明

东华女装衣身原型为合身型原型，胸围放松量为12cm。

（2）规格设计

号型以女性中间标准体160/84A为基础，东华原型选择背长、胸围这两个部位尺寸为原型建立的依据。女装衣身原型总体规格尺寸的设计应用见表3-4。

表3-4　女装衣身原型总体规格尺寸的设计应用

项目	公式	设计依据
号型	160/84A	女性中间标准体
背长BAL	BAL=38cm	中国女性中间标准体的背长为38cm
胸围B	净胸围B^*+12cm=96cm	中间标准体净胸围B^*为84cm

（3）结构制图

东华女装衣身原型的结构图如图3-7所示。图中涉及的尺寸单位均为cm。具体结构制图步骤如下。

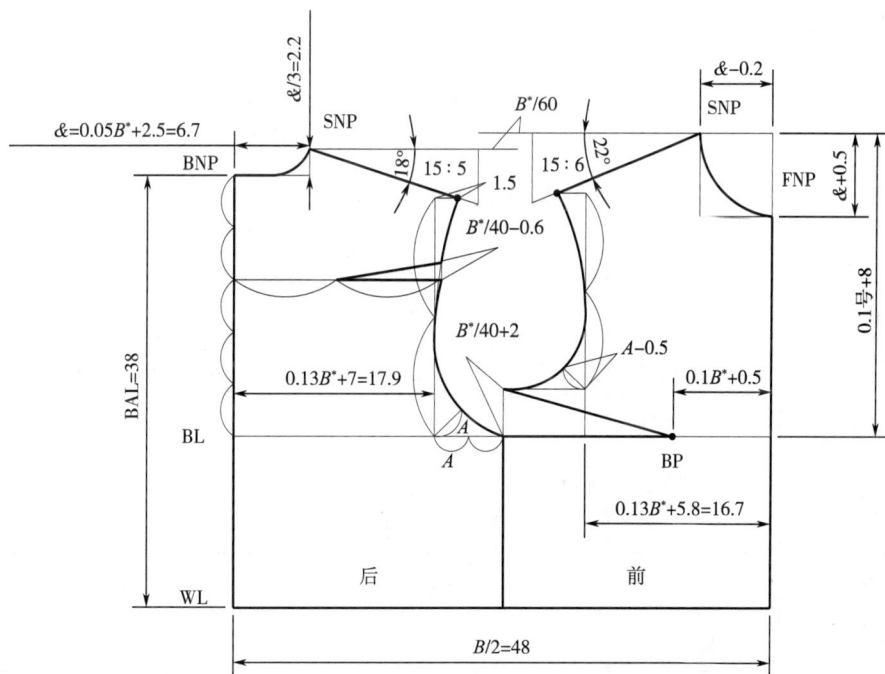

图3-7　东华女装衣身原型结构图

①以背长和$B/2+6$cm作框架。

②以背长BAL=38cm画出后片上平线。

③以$0.05B^*+2.5$cm=&量取后领宽，以后领宽的1/3向上量取后领深。

④以$B^*/60$画出前片上平线。

⑤以0.1号+8cm画出前后胸围线。

⑥平分水平BL/WL作侧缝线，使前胸大=后胸大=B/4。

⑦按&-0.2cm画出前领口宽，&+0.5cm画出前领口深。

⑧以斜度15∶5或18°做后肩斜线；以斜度15∶6或22°做前肩斜线。

⑨以0.13B^*+5.8=16.7cm作前胸宽线；以0.13B^*+7=17.9cm作后背宽线。

⑩后肩宽点比背宽线冲出2cm，画出后肩点；取前肩斜线=后肩斜线，画出前肩点。

⑪以后袖开深的1/2定后袖拐点，画顺后袖窿弧线。并画后肩胛骨处的后袖窿省B^*/40–0.6=1.5cm。

⑫从前中向后量取0.1B^*+0.5=8.9，在胸围线上做胸高点BP，从BP向侧缝、胸围线向上做前袖窿省，省大B^*/40+2=4.1cm。

⑬以前袖开深的1/2定前袖拐点，画顺前袖窿弧线。

东华衣身原型是合身原型，与人体之间有一定的松度，腋下省、袖窿省等都比婚纱礼服衣身原型小，这些省就可以设计为直线的锥形省，而不必像贴身衣身原型一样设计为枣核型曲线省。

✒ 巩固训练

1. 使用制图工具，按1∶1比例，规范步骤绘制婚纱礼服衣身原型的结构。要求有完整的尺寸标注。注意线条流畅、均匀，粗细得当，并绘制规格尺寸表。

2. 使用服装CAD软件，绘制婚纱礼服衣身原型、东华女装衣身原型的结构图。

📋 学习评价

项目	评分要点	分值	自评	互评	师评	企业评价	备注
专业术语应用	准确、熟练	10					
规格尺寸设计	与款式契合，科学合理，有规格表	15					
结构制图	正确、规范	35					
尺寸标注	完整，有规律性	15					
图面整洁	构图合理，线条流畅、均匀，粗细得当，图面整洁	15					
软件使用	熟练、方法正确	10					
合计		100					

任务三　婚纱礼服原型的衣身结构设计变化

➡️ 任务导入

完成婚纱礼服衣身依省道而形成的多种结构设计变化，即婚纱礼服衣身的省道转移实践操作。

📋 任务要求

1. 能描述省道的分类和特点。

2. 能描述省道转移原理。

3. 能完成基本的婚纱礼服衣身的省道转移实践操作。

4. 能完成多种变化的婚纱礼服衣身的省道转移实践操作。

✳️ 任务实施

衣身结构设计变化主要是围绕女性的前胸凸起，以及后背肩胛骨凸起展开的。掌握该内容，需要了解省道分类、省道转移方法、省道变化应用。

1. 省道分类

"省道"就是前文所述的"省"，是为了满足服装立体造型的要求，将二维平面布料的不合身部分折叠处理而形成的。省道可以遍布服装各个部位，不同部位的服装省道，其所在位置和外观形态是不同的。省道的分类方法有两种。

（1）按省道所在服装部位分类

按省道所在服装部位分类时，省道的名称依据省道在衣身上的位置而命名，主要包括腰节省、肋下省、腋下省、袖窿省、肩省、领省、衣襟省、育克省等，如图3-8所示。

①腰节省。省底在腰节部位的省道，常设计成锥形，能够起到收腰的作用。腰节省分为前腰节省（也称胸腰省）和后腰节省（也称腰背省），如图3-8中的1和8所示。

②肋下省。省底在衣身侧缝线偏下的位置，用于形成胸部的隆起，如图3-8中的2和9所示。

③腋下省。省底在衣身侧缝线偏上的位置，常用于形成胸部隆起的横胸省。如图3-8中的3所示。

④袖窿省。省底在袖窿部位的省道，常设计成锥形。前衣身的袖窿省形成胸部形态，后衣身的袖窿省形成背部形态，常以连省成缝形式出现，如图3-8中的4所示。

⑤肩省。肩胸省、肩背省都属于肩省，是省底在肩缝部位的省道，常设计成钉子形，但左右两侧形态不同。前衣身的肩胸省形成胸部形态，后衣身的肩背省形成肩胛骨形态，如图3-8中的5和10所示。

⑥领省。领胸省、领背省都属于领省。省底在领口部位的省道，常设计成上大下小均匀

变化的锥形。主要作用是形成胸部和背部的隆起形态，以及用于要形成颈部形态的衣领与衣身相连的衣领设计，常代替肩省，并且领省有较隐蔽的优点，如图3-8中的6和11所示。

⑦衣襟省。省底在前中心线上，由于省道较短，常以抽褶的形式取代省，如图3-8中的7所示。

⑧育克省。育克省是在衣身育克上做出的省，一般省尖在育克分割线上，常设计成均匀变化的锥形。因为衣身育克分割线多与袖窿线相交，所以省底在袖窿处的育克省也是袖窿省。如图3-8中的12所示。

图3-8 衣省按省道所在服装部位分类

1—前腰节省　2—前肋下省　3—腋下省　4—袖窿省　5—肩胸省　6—领胸省　7—衣襟省
8—后腰节省　9—后肋下省　10—肩背省　11—领背省　12—育克省

（2）按省道的形状分类

按省的形状分类，衣省长分为锥形省、丁字省、弧形省、橄榄省、喇叭省、开花省、S形省、折线省等，如图3-9所示。

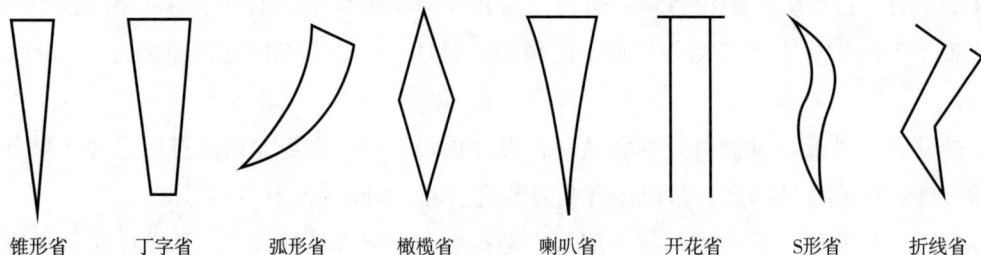

锥形省　　丁字省　　弧形省　　橄榄省　　喇叭省　　开花省　　S形省　　折线省

图3-9 衣省按省道形状的分类

①锥形省。省形类似锥形，常用于形成圆锥形曲面，如腰省、袖肘省等。

②丁字省。省形类似丁字形状，上部较平行，下部成尖形。常用于表达肩省部和胸部复杂形态的曲面，如肩省、领口省等。

③弧形省。省形为弧形状，省道有从上部至下部均匀变小，或是上部较平行下部成尖形等形状，是一种兼备装饰性与功能性的省道。

④橄榄省。省的形状两端尖，中间宽，常用于上装的腰省。

⑤喇叭省。省形类似喇叭形状，上部较宽，然后急剧收窄形成下部的尖形。常用于形成圆锥形曲面，如衣身、裙、裤侧缝形成的省。

⑥开花省。省道一端为固定的平头开花省，或两端都是非固定的平头开花省。收省后非固定的开花部分形成虚空状，也是兼具装饰性与功能性的省道。

⑦S形省。省形类似S形弧线，一般是服装边缘的劈势，可以将其理解为省道，如从胸到腰再到臀的随女性人体的前、后侧缝线变化而形成了S形省。

⑧折线省。由连续的折线形成的省道。一般用于强调夸张或特殊造型的服装局部，或是省道转移过程中的过渡形态。

2. 省道转移方法

省道转移就是一个省道可以被转移到同一衣片上的其他部位，而不影响服装的尺寸和适体性。尽管前衣身的所有省道在缝制时很少缝到胸高点BP，但在省道转移时，则要求所有的省道线必须或尽可能到达胸高点BP。省道的主要转移方法有三种，分别为量取法、旋转法、剪叠法。

特别要说明的是，省道转移是以婚纱礼服衣身原型为基础来进行的。而前述的婚纱礼服衣身原型，无论是胸腰省、腰背省，还是腋下省，都因贴身型而呈现枣核形和曲线锥形。当需要省道转移的时候，这样的曲线省很难操作，所以应暂时性的将需要转移的曲线省近似处理成直线省来操作，当转移到位之后，再按照枣核形的原则对直线省进行修正，如图3-10所示。

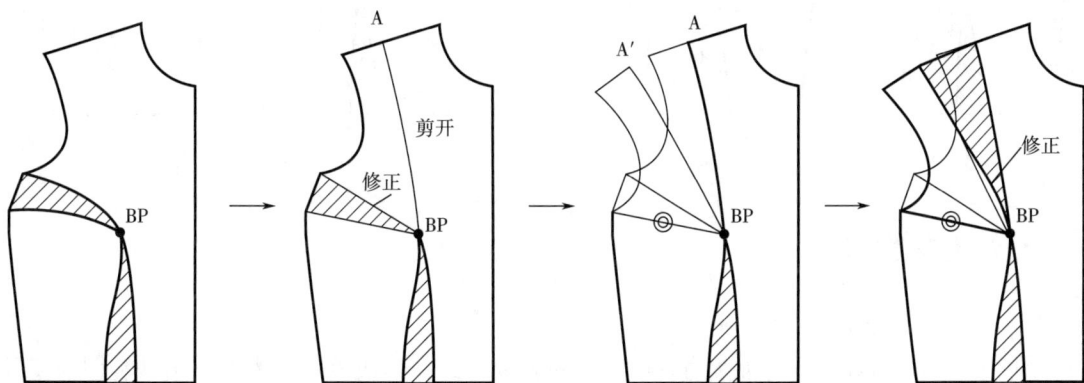

图3-10　曲线省在省道转移时的处理

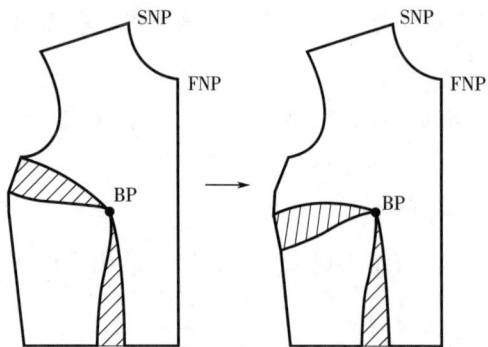

图3-11 量取法进行省道转移

（1）量取法

前、后衣身袖窿的差量——浮余量（省约4.5cm），可以沿侧缝线在腋下任意部位按浮余量尺寸截取，使省尖对准胸高点BP，如图3-11所示。画图时要注意使省道两边等长。

（2）旋转法

以省尖端点为旋转中心，衣身旋转一个省角的量，将省道转移到其他部位。如图3-12所示，就是将袖窿省转移成了肩胸省。其操作的步骤如下：用拷贝纸将原型纸样复制；使复制纸样的BP点与原型的BP重合，以BP点为旋转中心旋转复制纸样，使B点转到B'点，A点转到A'点。B与B'两点之间的差为袖窿省量，旋转后该省消失，省量转移到A、A'处，得到新的轮廓线和省量。

（3）剪叠法

通过剪开新的省道位置，折叠原省道，将省道转移到其他部位。如图3-13所示，就是将袖窿省、胸腰省都转成了领胸省。其操作的步骤如下：用拷贝纸将原型纸样复制；在复制的纸样上确定新的省道位置并剪开；折叠原省道，使剪开的部位张开，张开量的大小即是新省道的量。新省道的剪开形式可以是直线形或曲线形，也可以是一次剪开或多次剪开。

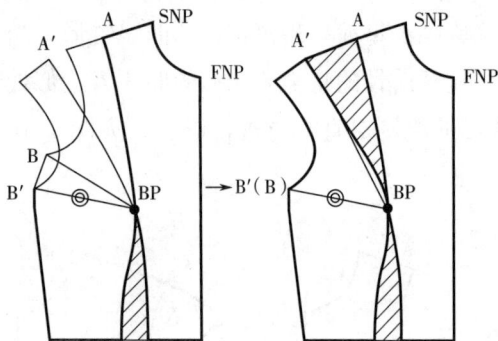

图3-12 旋转法进行省道转移

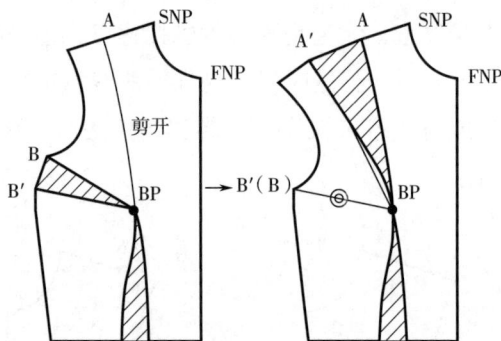

图3-13 剪叠法进行省道转移

3. 省道变化应用

（1）袖窿省+腰节省

图3-14（a）的效果图为袖窿省+腰节省的服装款式，形成该款式需要在婚纱礼服衣身原型基础上转移袖窿省位置，并将各省尖缩短3~4cm，以便缝制时形成圆润的胸部造型。转化过程如图3-14（b）所示。

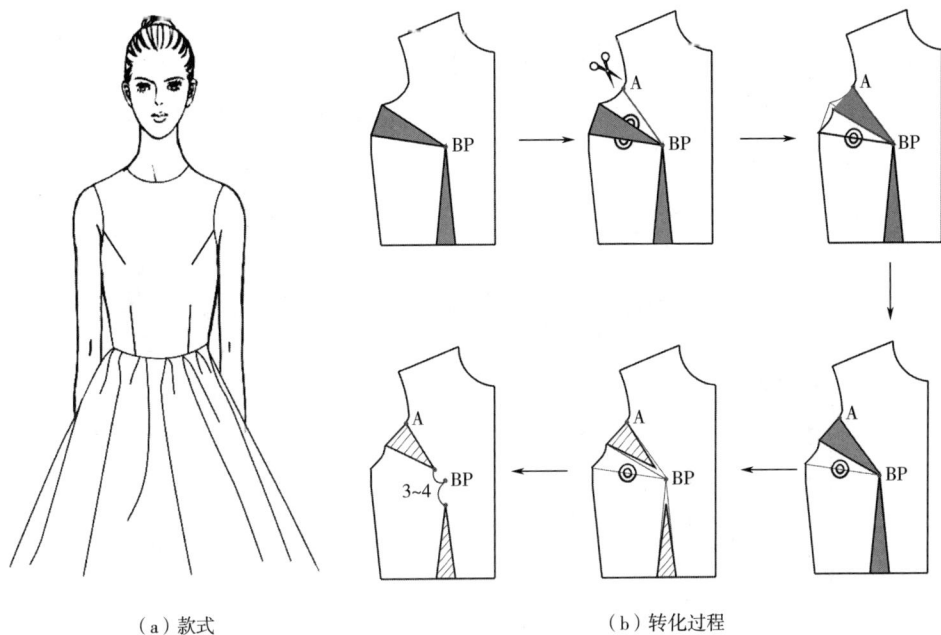

（a）款式 （b）转化过程

图3-14 袖窿省+腰节省

（2）公主线分割

图3-15（a）的效果图为前身公主线分割的服装款式，形成该款式需要在婚纱礼服衣身原型基础上转移袖窿省位置，并进行连省成缝的转化。转化过程如图3-15（b）所示。

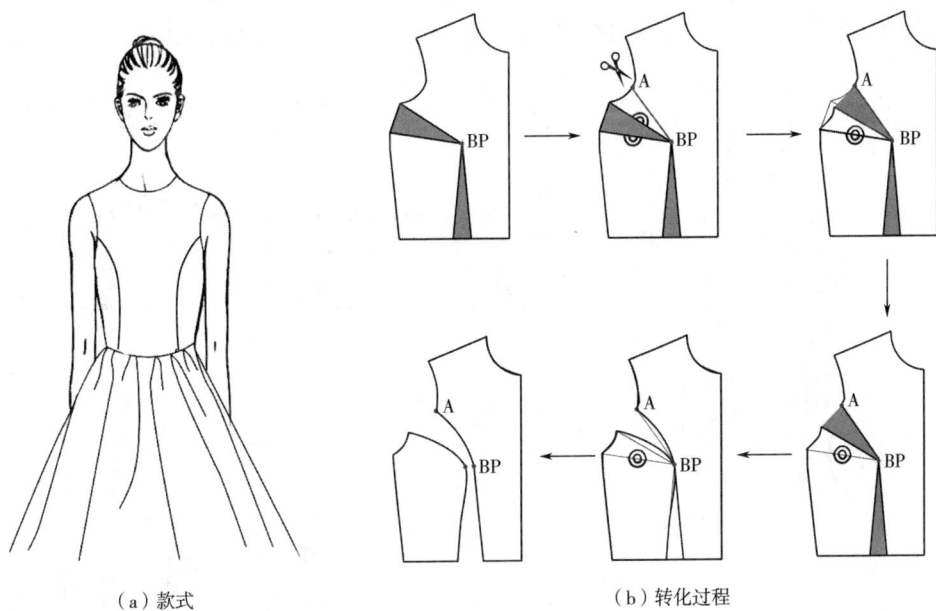

（a）款式 （b）转化过程

图3-15 公主线分割

（3）肩胸省+腰节省

图3-16（a）的效果图为肩胸省+腰节省的服装款式，形成该款式需要在婚纱礼服衣身原型基础上将袖窿省转为肩胸省，并将各省尖缩短3～4cm，以便缝制时形成圆润的胸部造型。转化过程如图3-16（b）所示。

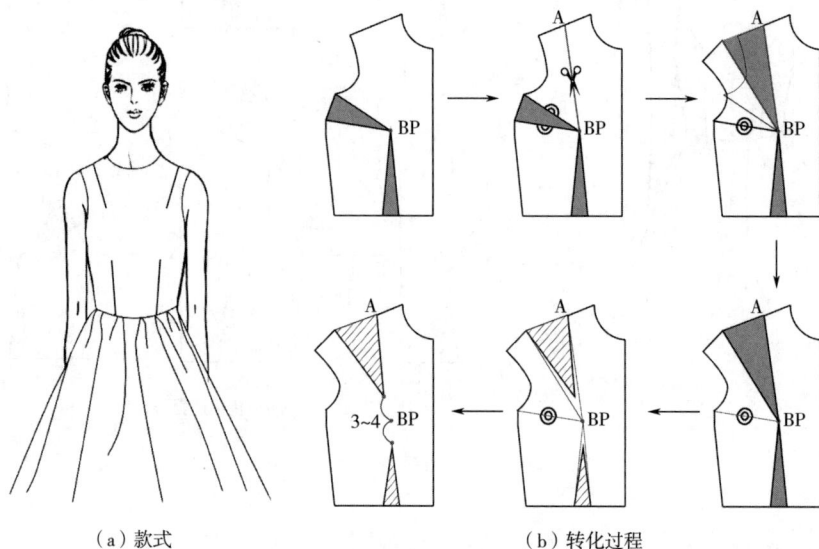

（a）款式　　　　　　　　　　（b）转化过程

图3-16　肩胸省+腰节省

（4）肩胸省直形分割

图3-17（a）的效果图为肩胸省直形分割的服装款式，形成该款式需要在婚纱礼服衣身原型基础上将袖窿省转为肩胸省，并进行连省成缝的转化。转化过程如图3-17（b）所示。

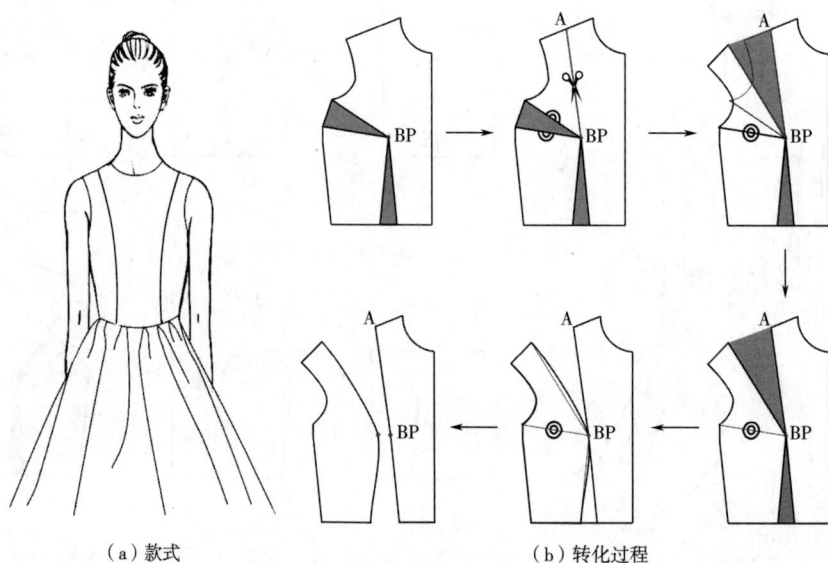

（a）款式　　　　　　　　　　（b）转化过程

图3-17　肩胸省直形分割

（5）领胸省+腰节省

图3-18（a）的效果图为领胸省+腰节省的服装款式，形成该款式需要在婚纱礼服衣身原型基础上将袖窿省转为领胸省，并将各省尖缩短3～4cm，以便缝制时形成圆润的胸部造型。转化过程如图3-18（b）所示。

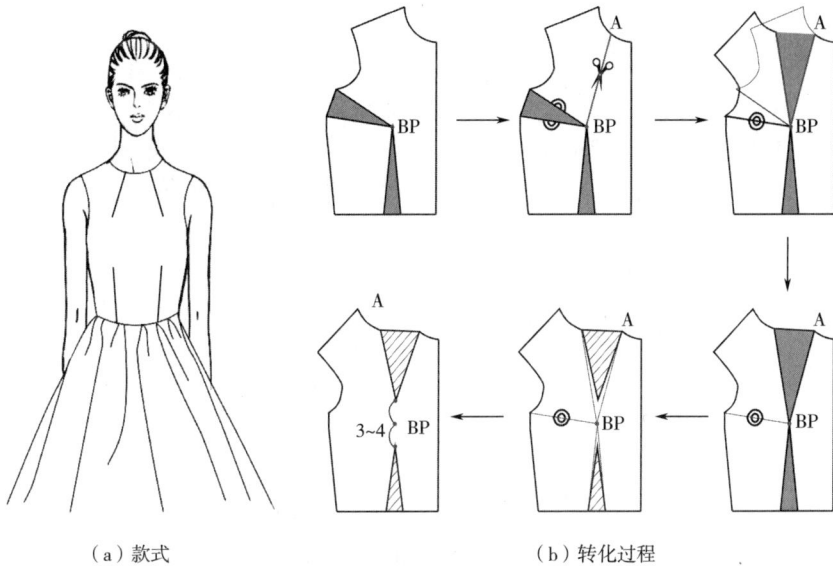

（a）款式　　　　　　　　　（b）转化过程

图3-18　领胸省+腰节省

（6）领胸省直形分割

图3-19（a）的效果图为领胸省直形分割的服装款式，形成该款式需要在婚纱礼服衣身原型基础上将袖窿省转为领胸省，并进行连省成缝的转化。转化过程如图3-19（b）所示。

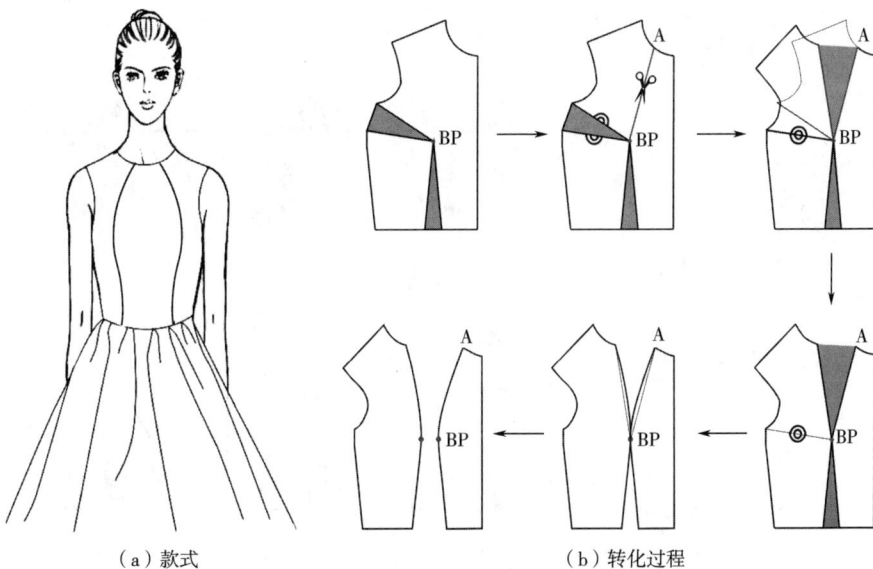

（a）款式　　　　　　　　　（b）转化过程

图3-19　领胸省直形分割

（7）单腰节省

图3-20（a）的效果图为单腰节省的服装款式，形成该款式需要在婚纱礼服衣身原型基础上将袖窿省转为腰节省，并将省尖缩短3～4cm，以便缝制时形成圆润的胸部造型。转化过程如图3-20（b）所示。

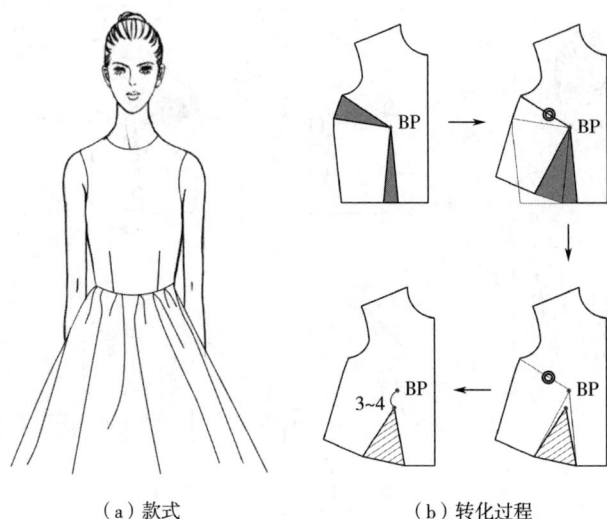

（a）款式　　　　　　　　　　（b）转化过程

图3-20　单腰节省

（8）双腰节省

图3-21（a）的效果图为双腰节省的服装款式，形成该款式需要在婚纱礼服衣身原型基础上，根据款式确定相互平行的双省位置，然后将袖窿省转为腰节省，并将各省尖缩短，以便缝制时形成圆润的胸部造型。转化过程如图3-21（b）所示。

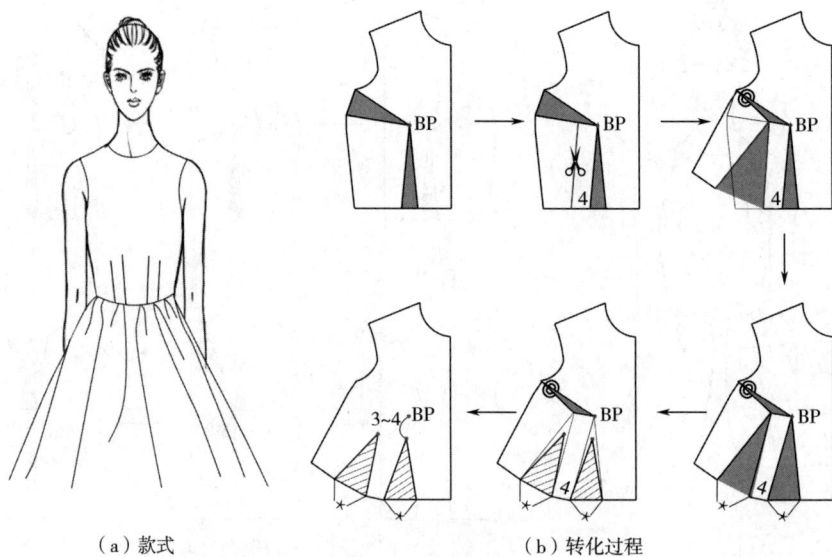

（a）款式　　　　　　　　　　（b）转化过程

图3-21　双腰节省

（9）单肩省

图 3-22（a）的效果图为单肩省的服装款式，形成该款式需要在婚纱礼服衣身原型基础上将袖窿省、腰节省均转为肩省，并将省尖缩短 3~4cm，以便缝制时形成圆润的胸部造型。转化过程如图 3-22（b）所示。

（a）款式　　　　　　　（b）转化过程

图 3-22　单肩省

（10）双肩省

图 3-23（a）的效果图为双肩省的服装款式，形成该款式需要在婚纱礼服衣身原型基础上，根据款式确定相互平行的双省位置剪开线，并使剪开线与 BP 点发生联系，也因此形成两条上部平行的折线剪开线，然后将袖窿省、腰节省均转为折线形的肩省，平均分配两个肩省量，并近似处理省尖位，使折线省变为锥形省。转化过程如图 3-23（b）所示。

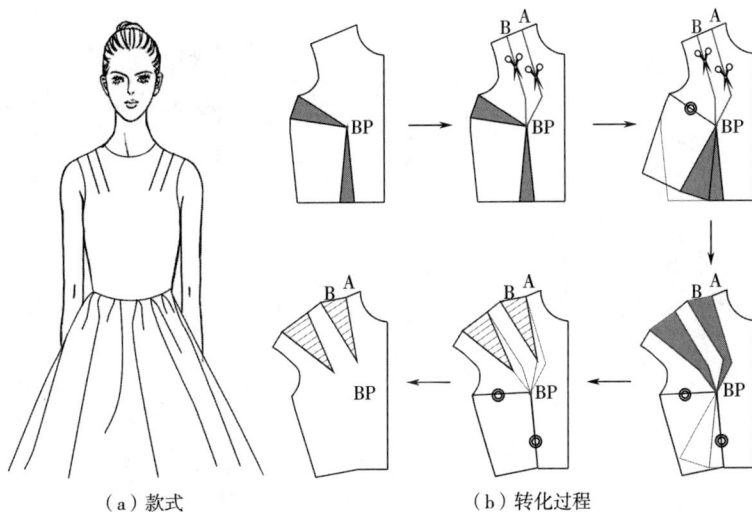

（a）款式　　　　　　　（b）转化过程

图 3-23　双肩省

（11）单领省

图3-24（a）的效果图为单领省的服装款式，形成该款式需要在婚纱礼服衣身原型基础上将袖窿省、腰节省均转为领省，并将省尖缩短3～4cm，以便缝制时形成圆润的胸部造型。转化过程如图3-24（b）所示。

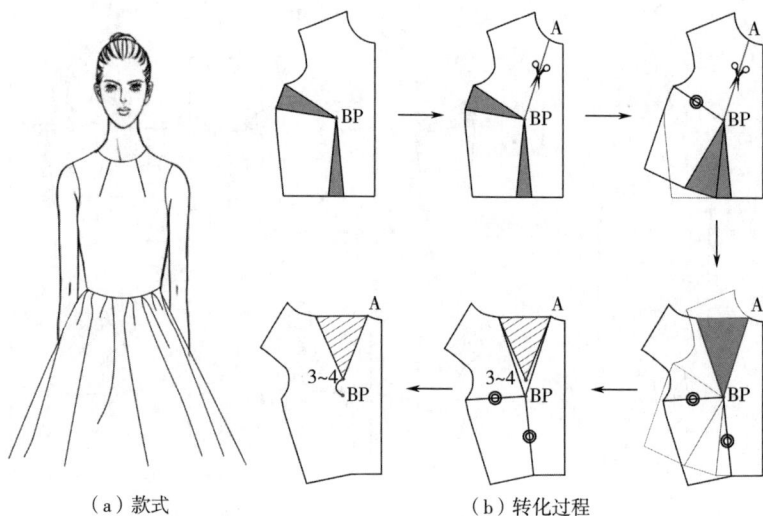

（a）款式　　　　　　　　　（b）转化过程

图3-24　单领省

（12）双领省

图3-25（a）的效果图为双领省的服装款式，形成该款式需要在婚纱礼服衣身原型基础上，根据款式确定相互平行的双省位置剪开线，并使剪开线与BP点发生联系，也因此形成两条上部平行的折线剪开线，然后将袖窿省、腰节省均转为折线形的领省，平均分配两个领省量，并近似处理省尖位，使折线省变为锥形省。转化过程如图3-25（b）所示。

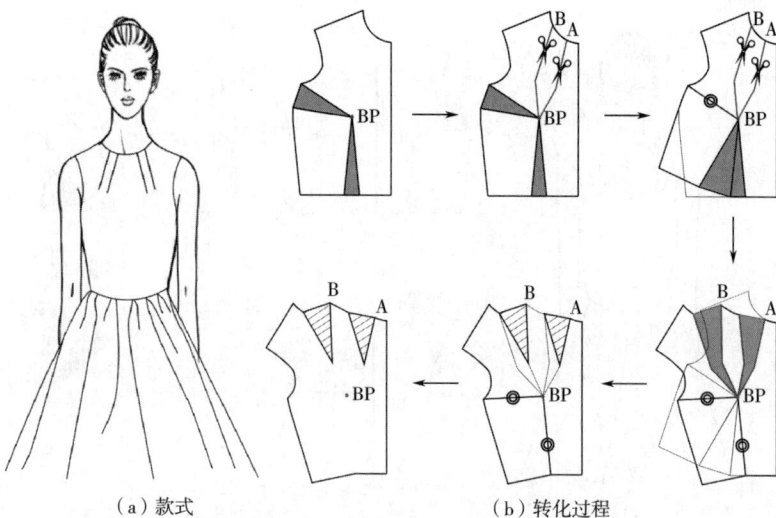

（a）款式　　　　　　　　　（b）转化过程

图3-25　双领省

（13）肩背缝直形分割

图3-26（a）的效果图为肩背缝直形分割的服装款式，形成该款式需要在婚纱礼服衣身原型后片衣身的基础上，根据款式确定线条流畅的肩背缝分割线，并将腰节省融入分割线中（为保证线条流畅，可将锥形腰节省的直线近似处理成与分割线圆顺连接的弧线）。转化过程如图3-26（b）所示。

（a）款式　　　　　（b）转化过程

图3-26　肩背缝直形分割

（14）刀背缝分割

图3-27（a）的效果图为刀背缝分割的服装款式，形成该款式需要在婚纱礼服衣身原型后片衣身的基础上，根据款式确定线条流畅的刀背缝分割线，并将腰节省融入分割线中（为保证线条流畅，可将锥形腰节省的直线近似处理成与分割线圆顺连接的弧线）。转化过程如图3-27（b）所示。

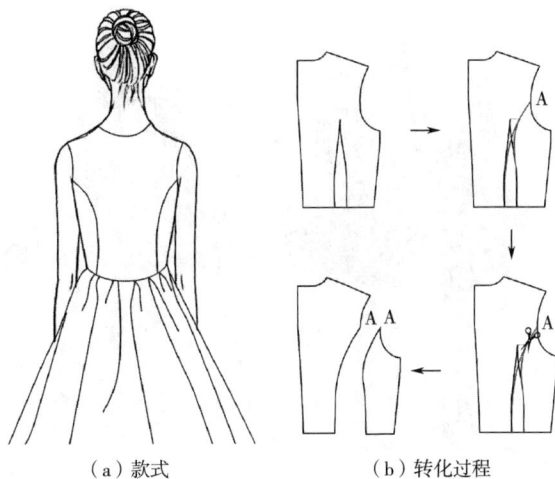

（a）款式　　　　　（b）转化过程

图3-27　刀背缝分割

（15）领背省直形分割

图3-28（a）的效果图为领背省直形分割的服装款式，形成该款式需要在婚纱礼服衣身原型后片衣身的基础上，根据款式确定线条流畅的领背缝分割线，并将腰节省融入分割线中（为保证线条流畅，可将锥形腰节省的直线近似处理成与分割线圆顺连接的弧线）。转化过程如图3-28（b）所示。

（a）款式　　　　　（b）转化过程

图3-28　领背省直形分割

🌱 举一反三

婚纱礼服类服装的衣身结构变换，常见的是单个集中省道的转移和多个分散省道的转移，如本任务三所述。除此之外，还有由褶、裥等造型引起的衣身结构变换。褶是将布料有规则或无规则地抽缩起来，形成美观、自然的褶皱。裥也称褶裥、打裥，是做服装时作有规律的折叠并缝合固定其一端，使另一端或整体有韵律感的特殊的机理效果（图3-29）。

（a）褶　　　　　（b）裥

图3-29　褶、裥示意图

引导性问题1

依托婚纱礼服衣身原型，完成图3-30所示衣身结构的转化。

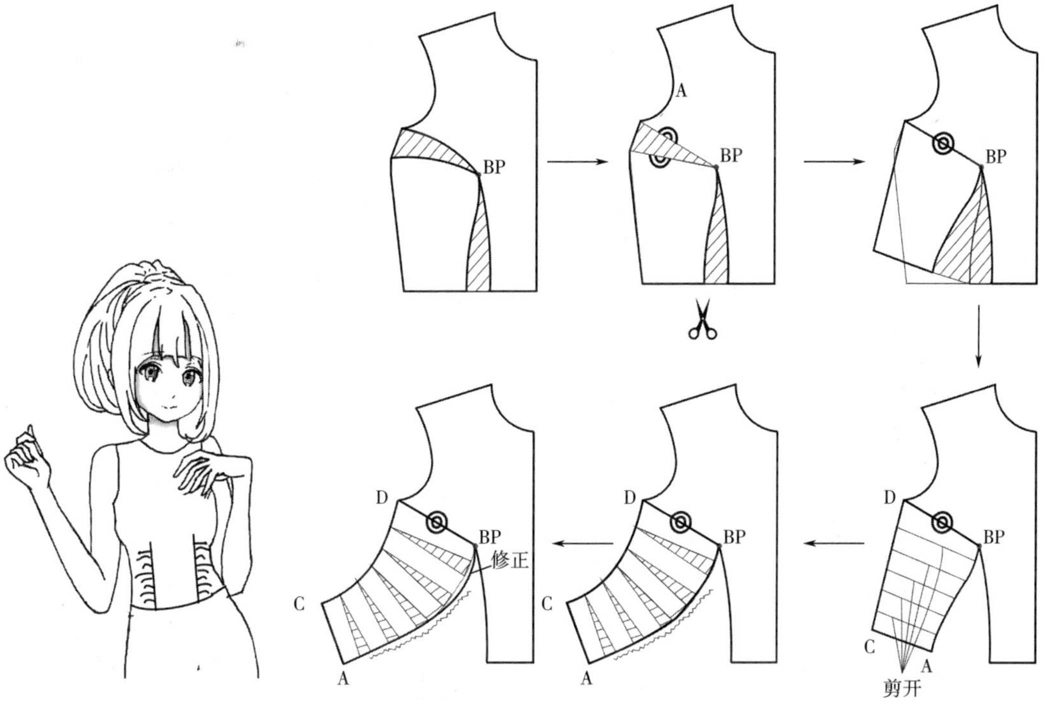

（a）款式 （b）转化过程

图3-30 腰节碎褶转化

图3-30（a）所示的效果图为腰节省抽褶的省道转移变换，可以称为腰节碎褶省。形成该款式需要在婚纱礼服衣身原型前片衣身的基础上，利用腰节省（也称胸腰省）线作为腰部抽褶分割线，转移腋下省，使其合并到腰节省，然后将BP-ACD这部分作为整体，做一组底边AC的平行剪开线，沿剪开线切展。这个过程中侧缝边CD长度不变，形状由直线变为曲线，腰节分割线BP-A因加入切展量而加长，并被修正为光滑圆顺的弧线。切展量大小根据褶量效果来设计。省道转化过程如图3-30（b）所示。

引导性问题2

依托婚纱礼服衣身原型，完成图3-31所示衣身结构的转化。

图3-31（a）所示的效果图为领盘上抽褶的省道转移变换，可以称为多褶领盘转化。形成该款式需要在婚纱礼服衣身原型前片衣身的基础上，将腋下省转移为腰节省，与原腰节省合并，形成一个较大的新腰节省；然后，根据款式绘制领盘弧线，切割领盘，并以剩余衣身上的领盘弧线为基础，较均匀地做切展辅助线；将较大的新腰节省合并，转移到衣身的领盘线上形成较大的领盘省，同时，沿切展辅助线切展，腰口尺寸不变，在领盘上均匀地加入一

91

定的褶量，形成腰口、侧缝变为弯曲的曲线、领盘线尺寸变大（加入了省量和褶量）的结构；将腰口线、侧缝线、衣身上的领盘线修正为光滑圆顺的弧线。省道转化过程如图3-31（b）所示。

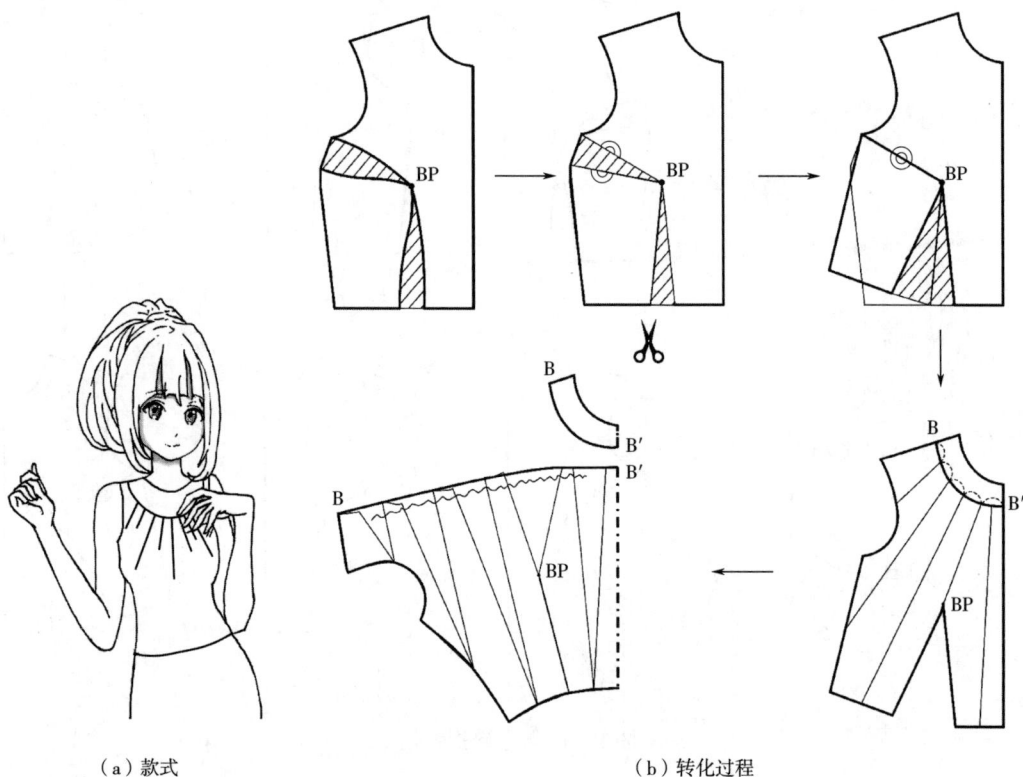

（a）款式　　　　　　　　　　　　　　（b）转化过程

图3-31　多褶领盘转化

🧪 引导性问题3

依托婚纱礼服衣身原型，完成图3-32所示衣身结构的转化。

图3-32（a）所示的效果图为非连续的胸褶的省道转移变换，可以称为非连续胸褶变换。形成该款式需要在婚纱礼服衣身原型前片衣身的基础上，将腋下省转移为腰节省，与原腰节省合并，形成一个较大的新腰节省；然后，根据款式胸褶位绘制衣身上胸褶的分割线，并将较大的新腰节省转移到胸褶分割线上；以胸褶切割线为起点，腰口线为终点作三条相互平行的胸褶切展辅助线，线条方向选择与腰口基本保持垂直的方向；沿切展辅助线切展，腰口尺寸不变，在胸褶分割线上均匀地加入一定的褶量，形成腰口变为弯曲的曲线、胸褶分割线尺寸变大（加入了省量和褶量）的结构；将腰口线、胸褶分割线修正为光滑圆顺的弧线。省道转化过程如图3-32（b）所示。

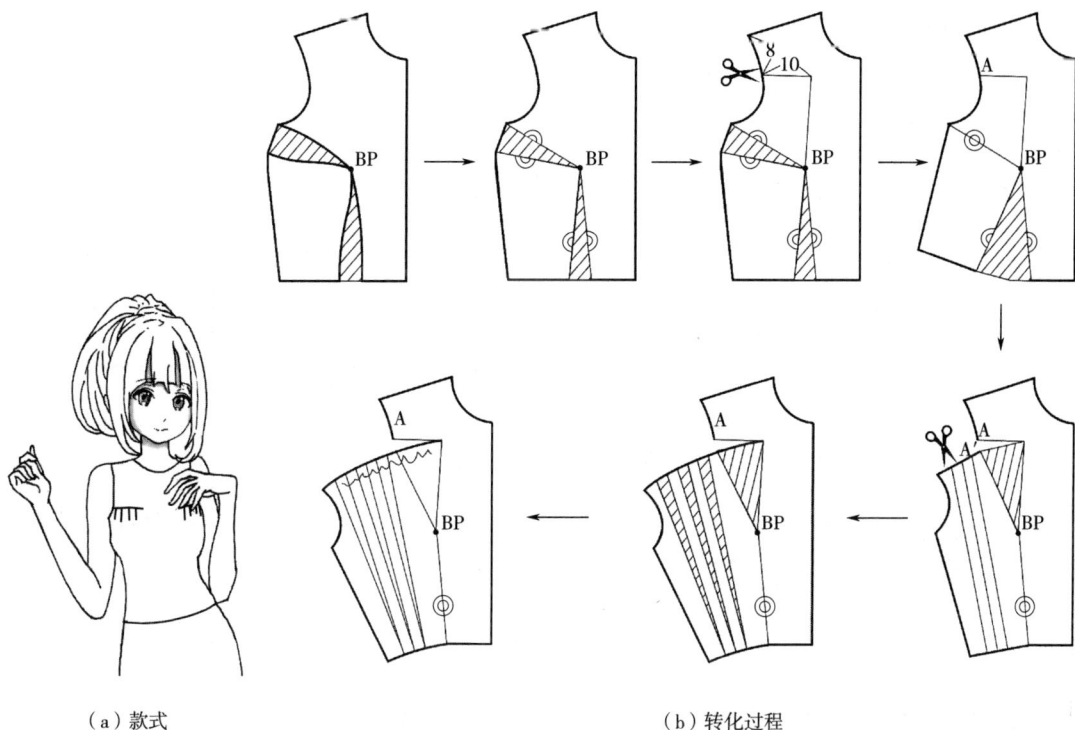

（a）款式　　　　　　　　　　　　　　　　（b）转化过程

图3-32　非连续胸褶转化

✎ 巩固训练

1. 用卡纸拷贝1:5比例、160/84A女装衣身原型纸样多份，用剪叠法进行如图3-33所示服装款式的省道转移的实践训练。

图3-33　省道转移的款式

2. 用卡纸拷贝1:5比例、160/84A女装衣身原型纸样多份，用转动法进行如图3-33所示服装款式的省道转移的实践训练。

3. 使用服装CAD软件，完成任务三所述的所有省道转移变换。

学习评价

项目	评分要点	分值	自评	互评	师评	企业评价	备注
专业术语应用	准确、熟练	10					
分割线设计	科学、合理，与款式准确契合	15					
操作	正确、规范、完整	35					
线条	圆顺、流畅	15					
图面整洁	构图合理，线条流畅、粗细得当，图面整洁	15					
软件使用	熟练、方法正确	10					
合计		100					

任务四 婚纱礼服连身原型

任务导入

完成婚纱礼服连身原型（以兰斐企业的原型为例）的结构设计。

任务要求

1. 能描述婚纱礼服连身原型的结构特征。
2. 能进行婚纱礼服连身原型的类型判断。
3. 能进行婚纱礼服连身原型的规格尺寸设计。
4. 能进行婚纱礼服连身原型的结构制图。

任务实施

1. 婚纱礼服连身原型的建立

婚纱礼服类服装一般都是衣身+裙的结构组合，其衣身和裙的连接方式分为连腰、断腰两种。根据断腰位置，又分为高腰、中腰、低腰3种款式，如图3-34所示。为了能够更为便利地完成制板任务，在实际操作中，常将衣身原型、裙原型两者结合起来，建立起婚纱礼服的连身原型，以针对各种不同款式，特别是连腰款、断腰的低腰或高腰款婚纱礼服的制板任务。

高腰

中腰

低腰

连腰款　　　　　　　　　　　断腰款

图3-34　婚纱礼服衣身和裙的连接方式

2. 连身原型结构设计

婚纱礼服连身原型是将上身、下裙连在一起的贴身原型。在进行结构设计与制板时，腰节线以上的结构以衣身原型为基础样板，腰节线以下的结构本应以裙原型为基础样板，但裙原型腰节省数量比衣身原型腰节省数量多一倍，不方便制图操作。因此，企业选用与裙原型的围度规格尺寸一致、结构也由裙原型演化而来的贴身一步裙结构来建立婚纱礼服连身原型，如果将该原型塑形为服装，则着装效果如图3-35所示。

（1）规格设计

以女性中间标准体160/84A为基础，婚纱礼服连身原型选择背长、胸围、腰围、肩宽、臀围这五个部位尺寸为原型建立的依据，其规格尺寸设计依据如下。

背长 BAL=38cm

胸围 $B=B^*+2=84+2=86$cm

腰围 $W=W^*+0=66$cm

肩宽 $S=S^*-1.4=39.4-1.4=38$cm

臀围 $H=H^*+2=90+2=92$cm

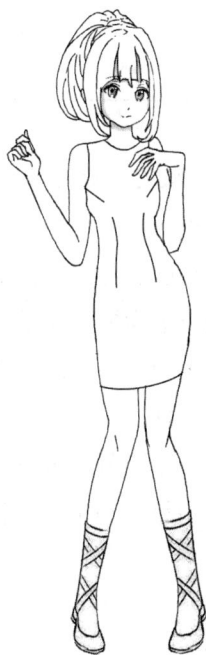

图3-35　婚纱礼服连身原型的着装效果

婚纱礼服连身原型的规格尺寸设计说明见表3-5，规格尺寸见表3-6。

表3-5　婚纱礼服连身原型规格尺寸设计说明表

项目	公式	设计依据
号型	160/84A	国标号型的中间标准体
总长	0.5号−4=86cm	长度及大腿中部
胸围	净胸围B^*+2=86cm	胸部贴身小礼服
腰围W	净腰围W^*+0=66cm	160/84A体的净腰围W^*为66cm，腰部贴身
臀围H	净臀围H^*+2=92cm	160/66A体的净臀围H^*为90cm，臀围贴身

表3-6　婚纱礼服连身原型规格尺寸表

部位	号型	胸围B	腰围W	臀围H	总长L
尺寸	160/84A	86cm	66cm	92cm	86cm

（2）婚纱礼服连身原型的结构制图

婚纱礼服连身原型结构图如图3-36所示。

兰斐婚纱礼服连身原型的结构设计要点如下。

①腰节线以上为婚纱礼服贴身衣身原型的结构，腰节线以下为贴身一步裙结构。

②连腰即上身与下裙之间没有分割线，衣身原型结构与下裙结构结合时，主要下裙的腰口起翘做忽略处理。

③衣身、下裙腰节省由原来的弧线锥形省合并为弧线橄榄省。

④衣身原型结构与下裙结构结合时，衣身的前中心线与下裙的前中心线重合在同一条直线上。

🌱 举一反三

婚纱礼服类服装，衣身结构常有较多的纵向分割线，这些分割线在结构上能融合衣身省道，在工艺上能方便安装鱼骨。其中，最为常见的是公主线分割和肩胸省直形分割的款式，以及由此演化出来的其他款式，因此，需要研究婚纱礼服连身原型的公主线变化款和肩胸省直行分割变化款的结构。这些结构在实际的设计生产中也常被用作婚纱礼服原型。

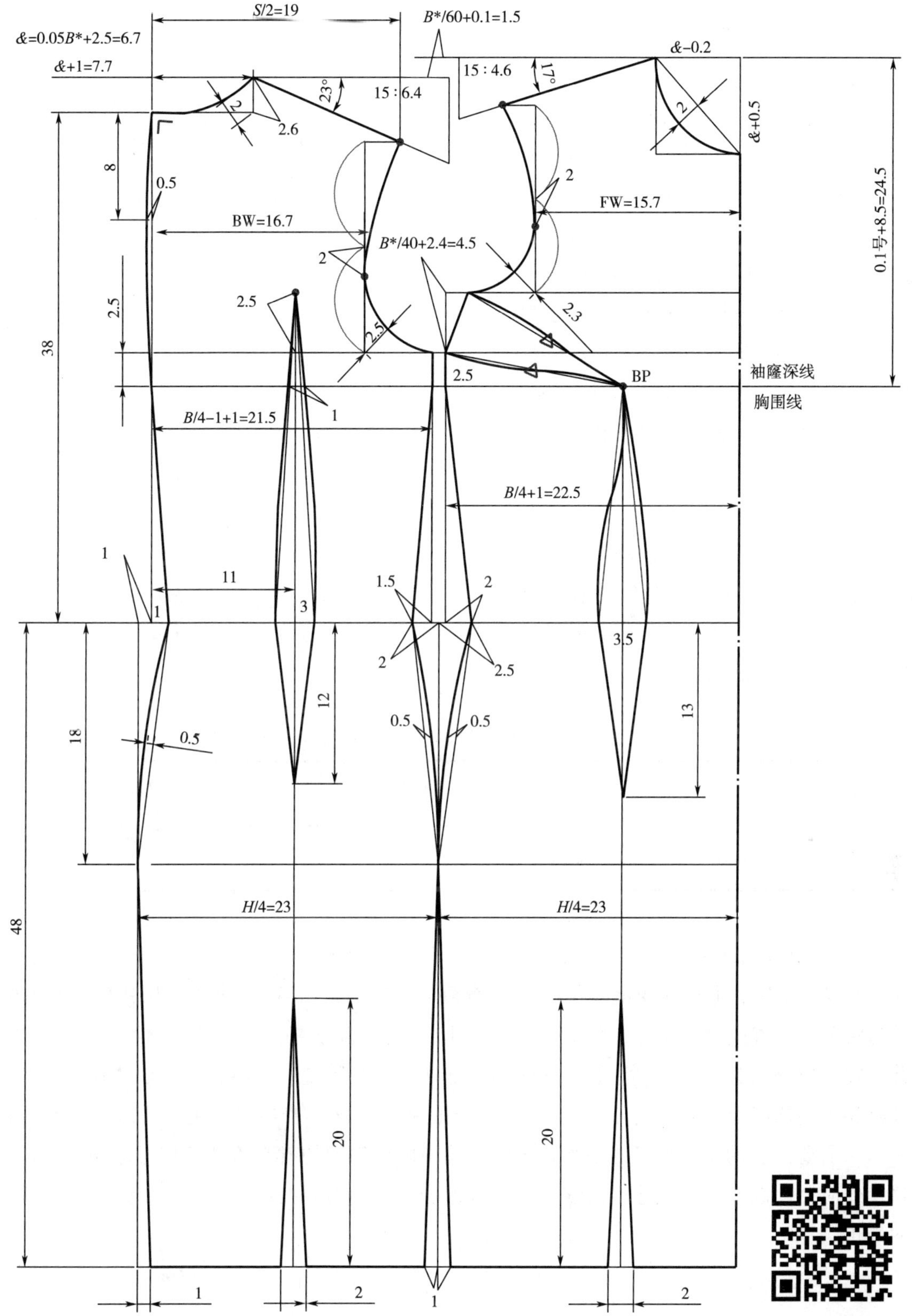

图3-36　婚纱礼服连身原型的结构图

码3-3　婚纱礼服连身原型的结构制图

引导性问题1

完成图3-37所示的公主线分割的婚纱礼服连身原型变化款的结构。

婚纱礼服连身原型塑形为服装，其实是一款贴身连身小礼服。如果将其结构进行公主线分割的变化，则成为一款公主线分割的贴身包臀的连身衣裙，胸、腰、臀处贴身，圆领、无袖，前后身采用公主线分割，连省成缝，形成非常贴身的具有竖向美感的经典造型。可选用丝绸、醋酸等面料制作。其结构设计要点如下。

（1）规格尺寸

公主线分割的婚纱礼服连身原型变化款的规格尺寸不变，与婚纱礼服连身原型相同，包括 $B=86cm$，$W=66cm$、$H=92cm$、$L=86cm$。规格尺寸见表3-7。

图3-37　公主线分割的婚纱礼服连身原型变化款的着装效果

表3-7　公主线分割的婚纱礼服连身原型变化款的规格尺寸表

部位	号型	胸围 B	腰围 W	臀围 H	裙长 L
尺寸	160/84A	86cm	66cm	92cm	86cm

（2）衣身分割线变化

衣身原型做省道转移变化，衣身前片将横向的袖窿省，转移为袖窿拐点附近的袖窿省，并与腰节省连省成缝，衣身后片在袖窿拐点附近开始绘制流畅的刀背缝分割线，逐渐向下，并将腰节省融入分割线中。注意省在胸围线上切去的量不变。最终，形成如款式所示的从袖窿拐点到裙底边的公主线分割。公主线分割的婚纱礼服连身原型变化款的结构如图3-38所示。需要注意的是，贴身的婚纱礼服类服装在胸部四周的省都符合枣核形原则，省道转移操作时，一般先以直线连接的线条进行省道合并，然后要按照枣核形原则进行省道线条的修正。

S/2=19

8

0.5

BW=16.7

FW=15.7

0.1号+8.5=24.5

2.5

38

袖窿深线

BP

胸围线

B/4-1+1=21.5

B/4+1=22.5

3

1.5

2

3.5

9

2

11

2

2.5

18

H/4=23

H/4=23

48

20

20

1

2

1

2

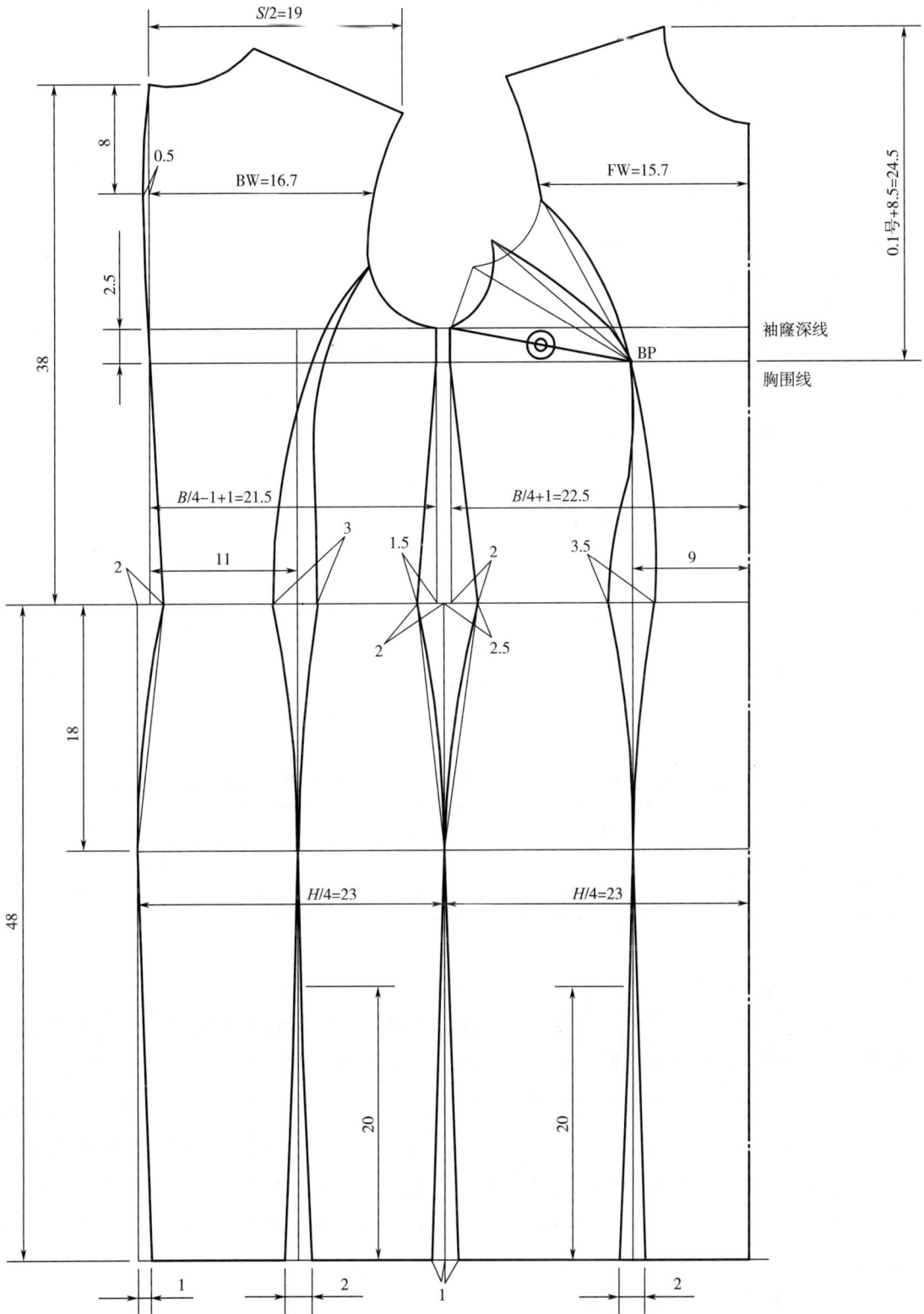

图3-38 公主线分割的婚纱礼服连身原型变化款的结构图

引导性问题2

完成图3-39所示的肩胸省直形分割的婚纱礼服连身原型变化款的结构。

如果将婚纱礼服连身原型结构进行肩胸省直形分割的变化，则成为一款肩胸省直形分割的贴身连身小礼服。其胸、裙腰、臀、下摆处都非常贴身，从臀至下摆内收，长度在膝盖上10cm。前后肩胸、肩背直形分割，连省成缝，后中装拉链。可选用网纱、丝绸、醋酸、黏纤等面料制作，适合青年女性穿着。其结构设计要点如下。

图3-39　肩胸省直形分割的婚纱礼服连身原型变化款的着装效果

（1）规格尺寸

肩胸省直形分割的婚纱礼服连身原型变化款的规格尺寸不变，与婚纱礼服连身原型相同，包括B=86cm，W=66cm、H=92cm、L=86cm。规格尺寸见表3-8。

表3-8　肩胸省直形分割的婚纱礼服连身原型变化款的规格尺寸表

部位	号型	胸围B	腰围W	臀围H	裙长L
尺寸	160/84A	86cm	66cm	92cm	86cm

（2）衣身分割线变化

衣身原型做省道转移变化，衣身前片将横向的袖窿省，转移为肩胸省，并与腰节省连省成缝，在衣身后片绘制流畅的肩背缝分割线，逐渐向下，并将腰节省融入分割线中。注意省在胸围线上切去的量不变。裙原型依上身分割缝设置省位、省以及分割缝，形成从肩到胸、腰、裙底边的肩胸省直形分割。肩胸省直形分割贴身连身小礼服的结构图如图3-40所示。需要注意的是，贴身的婚纱礼服类服装在胸部四周的省都符合枣核形原则，省道转移操作时，一般先以直线连接的线条进行省道合并，然后要按照枣核形原则进行省道线条的修正。

S/2=19

8

0.5

BW=16.7

FW=15.7

2.5

0.1号+8.5=24.5

38

袖窿深线

BP

胸围线

B/4-1-1=21.5

B/4+1=22.5

11

3

1.5

2

3.5

9

2

2

2.5

2

18

H/4=23

H/4=23

48

20

20

1

2

1

2

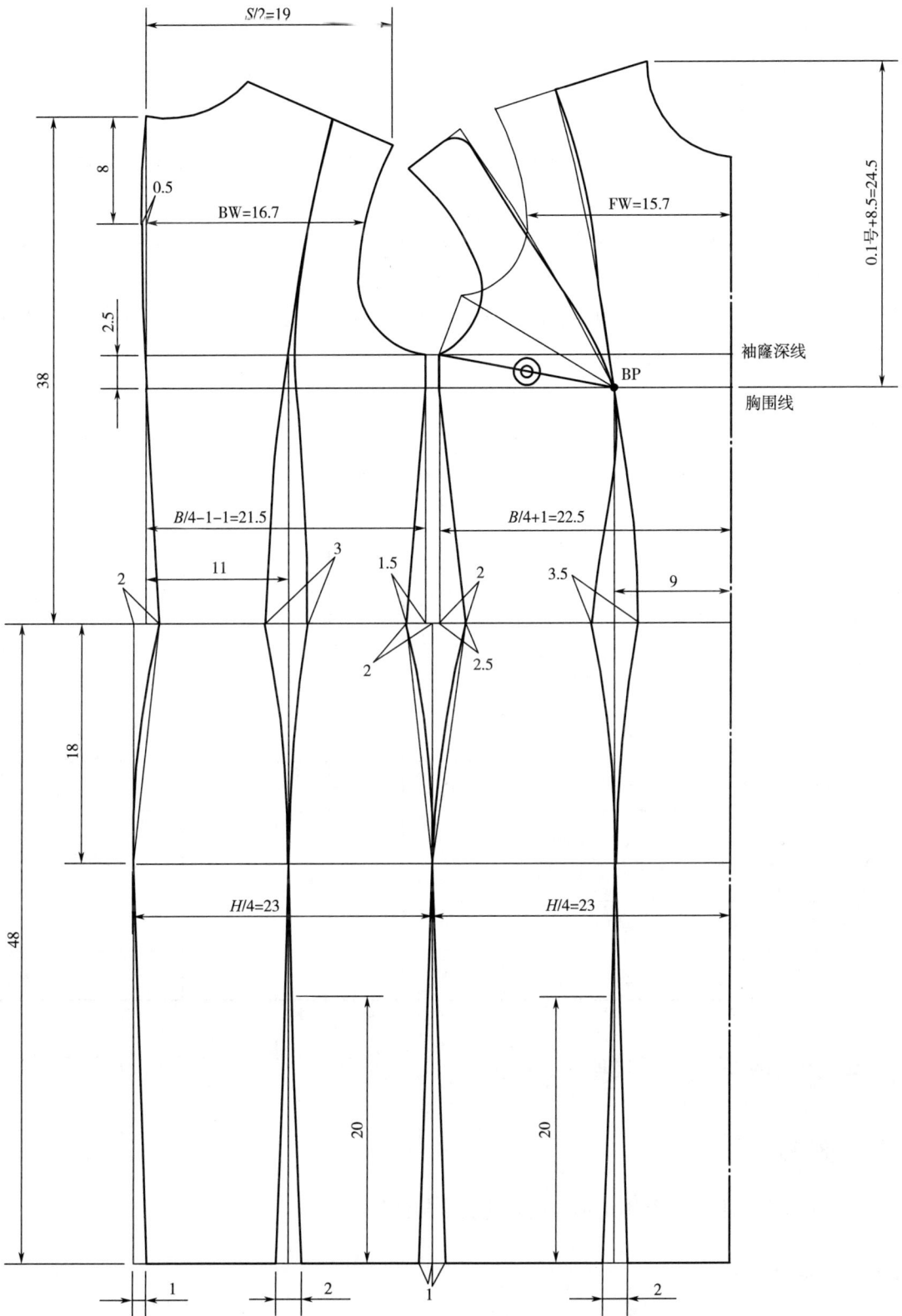

图3-40 肩胸省直形分割贴身连身小礼服结构图

✏️ **巩固训练**

1. 使用比例尺等制图工具按1∶5比例绘制兰斐婚纱礼服连身原型的结构图。要求有完整的尺寸标注。注意线条流畅、均匀，粗细得当，并绘制规格尺寸表。

2. 使用服装CAD软件，在婚纱礼服衣身原型与裙原型基础上绘制兰斐婚纱礼服连身原型的结构图。

3. 在婚纱礼服连身原型基础上，通过省道转移绘制公主线分割的婚纱礼服连身原型变化款的CAD结构图，并保存在原型样板库中。

4. 在婚纱礼服连身原型基础上，通过省道转移绘制胸腰省直形分割婚纱礼服连身原型变化款的CAD结构图，并保存在原型样板库中。

📖 **学习评价**

项目	评分要点	分值	自评	互评	师评	企业评价	备注
专业术语应用	准确、熟练	5					
款式特征分析	准确、关键点到位	5					
规格尺寸设计	与款式契合，科学合理，有规格表	10					
结构制图	正确、规范、准确	30					
尺寸标注	完整，有规律性	15					
图面整洁	构图合理，线条流畅、均匀，粗细得当，图面整洁	15					
软件应用	熟练、绘制正确	20					
合计		100					

任务五　成果展示与评价

➡️ **任务导入**

以项目组为单位，进行本组项目成果的展示与评价。

📋 **任务要求**

1. 能够对本组阶段性成果与最终成果进行充分展示。

2. 能够对本组阶段性成果与最终成果进行合理自评。

3. 能够对他组成果进行合理评价。

4. 能够在成果多方评价后对本组成果进行优化。

任务实施

1. 项目成果展示与自评

项目组组长向全班展示项目组成果，给出自我评价，包括对婚纱礼服衣身原型的结构设计原理、婚纱礼服衣身原型的结构设计、婚纱礼服衣身的省道转移实践操作、婚纱礼服连身原型的结构设计、婚纱礼服连身原型的变化款的结构设计等内容的掌握、实操完成情况的评价。

2. 项目组互评

自评环节，其他组可以提问。全部展示完成之后，通过小组之间的互评选出学生心目中认为最优的项目成果。

3. 教师评价和企业评价

教师对项目教学进程进行综合评价，并给出教师认为最优的项目成果，最后，由企业教师给出企业评价，选出企业认为性价比最高的项目成果。比较评选结果，教师和学生交流、讨论，为下一轮学习做充分准备。

项目总结

<table>
<tr><th>能力进阶</th><th>能/不能</th><th>熟练/不熟练</th><th>任务名称</th></tr>
<tr><td rowspan="5">通过学习本模块，小组</td><td></td><td></td><td>描述婚纱礼服衣身原型的结构设计原理</td></tr>
<tr><td></td><td></td><td>完成婚纱礼服衣身原型的结构设计</td></tr>
<tr><td></td><td></td><td>完成婚纱礼服衣身的省道转移实践操作</td></tr>
<tr><td></td><td></td><td>完成婚纱礼服连身原型的结构设计</td></tr>
<tr><td></td><td></td><td>完成婚纱礼服连身原型的变化款的结构设计</td></tr>
<tr><td rowspan="3">通过学习本模块，小组还</td><td></td><td></td><td>完成本组成果的充分展示与客观评价</td></tr>
<tr><td></td><td></td><td>能够举一反三，灵活处理贴身、合身原型的结构设计与依款式的结构设计变化</td></tr>
<tr><td></td><td></td><td>形成精益求精的工作习惯和善于协作的工作素养</td></tr>
</table>

📚 大国工匠

红帮裁缝与工匠精神

红帮裁缝作为中国近代服装业的重要流派，凭借其精湛的技艺、别具一格的风格和富有创新的思维，在服装界独树一帜。他们不仅注重服装的实用性，更追求时尚与个性的完美结合。通过巧妙地将传统工艺与现代元素融合，红帮裁缝创作出了众多独具匠心的服装作品，在中国近代服装业中具有举足轻重的地位。红帮裁缝的工匠精神与匠人故事，犹如一部厚重的历史长卷，展现了中国传统工艺与现代文明的完美交融与碰撞。

红帮裁缝的起源可追溯至清朝末年，上海的一些裁缝为谋生开始为来华的外国人制作西装。这些裁缝凭借对服装的敏锐洞察力和不懈追求，逐渐形成了一套独特的裁剪、缝制技艺和风格，因在量体时用红色粉笔画线，故得名"红帮"，而这套技艺则被称为"红帮工艺"。

"红帮工艺"的精髓主要表现为中国独特的西装制作技艺，虽然传统的西装工艺起源于欧洲，19世纪末由日本传入我国，但红帮裁缝在此基础上，融入了我国经典的手工缝制技术，形成了一套与国外技术旗鼓相当的"红帮工艺"。不同于批量生产，红帮工艺针对不同顾客人群进行个性化定制，其中大部分工序由手工工艺完成。为确保制作的成品更加完美，针对西装面料厚、辅料硬的特点，红帮匠人会不断通过练习热水里捞针、牛皮里拔针等功夫，来提高运针的速度和力度。为了练就一手精湛的功夫，也为了达到顾客的需求，红帮裁缝会在做样衣这道必不可少的工序上不断钻研，他们极其重视服装半成品的试穿与改进，一般款式的服装试穿三次，复杂款式的服装则需要试穿四五次。正是在这种不计时间和精力成本的磨炼下，红帮裁缝创造了中国服装史上第一套西装、第一套中山装、第一家西装店、第一部西装理论专著、第一家西装工艺学校。

在红帮工艺发展的百年历程中，涌现出许多杰出的匠人。如余元芳、顾天云、戴永甫、王才运等，都是红帮裁缝中的佼佼者。

1. 国师圣手——红帮裁缝余元芳

余元芳，第三代红帮裁缝，祖籍宁波奉化，自幼便跟随上海王才运学艺，钻研红帮裁缝的精湛技艺，包括"目测量衣""抽丝补调"及"特型矫正"。他的技艺卓越，先后为众多驻华领馆人员及国家领导人制作服装，因此被誉为"服装国师"与"西服国手"。

余元芳小学毕业后在上海王升泰西服店开始学艺，这是他裁缝生涯的起点。1941年出师后，他进入上海南京路的王顺泰，负责业务和裁剪。抗日战争胜利后，余元芳自立门户。1949年2月，余元芳与其兄长余长鹤在百老汇大厦（今上海大厦）开设波玮西服店，承接各国领事馆及美国善后救济总署的制服业务。波玮西服店以精湛的工艺和优良的品质赢得了广泛赞誉。

余元芳的"绝活"——目测裁剪，令人叹为观止。他仅凭一眼，就能准确确定顾客的尺寸，无须量体，这种技艺的精湛程度让人赞叹。在制作服装时，他继承了红帮的传统，并总结出"挺、平、直、服、窝、圆、顺、清、登、合、盛、密"十二字成衣诀，每一字都代表着一种制衣的精髓和追求，展现了他对工艺的极致追求和对传统文化的深厚感情。

20世纪50～60年代，余元芳为周总理制作的内衣外套广受好评。1964年，他为柬埔寨的西哈努克亲王一家制作了大衣和西装，得到了极高的评价，这再次证明了余元芳技艺的精湛。

余元芳的事迹不仅展现了他个人的才华和努力，也体现了红帮裁缝的工匠精神和对传统文化的传承。他的故事激励着我们不断追求技艺的卓越，传承和发扬优秀的传统文化。

2. 一代宗师——红帮裁缝顾天云

顾天云，这位出生于1883年宁波鄞县（今鄞州区）的传奇人物，自幼便展现出对裁缝技艺的浓厚兴趣。他在15岁时就毅然离家前往繁华的上海，决心投身于裁缝这一行业。在白克路裕吕祥西服店，他拜店主詹炳生先生为师，开始系统地学习现代服装制作技艺，并兼修外语，以备日后之用。

三年刻苦学习之后，顾天云技艺大成，怀揣着梦想与抱负，他只身前往东京，并创办宏泰西服店。此时的他，并不满足于模仿欧洲的日式洋服，而是立志要学习顶尖的西服设计理念、制作技艺和营销方式。为此，他毅然前往西服的发祥地深造，访问考察了法国、英国等十多个以西服设计、制作著称的国家，拜访多位名师，搜罗各类服装著作、文章、图片资料，以及各种有借鉴价值的实物。他潜心研习，从实践和理论两方面不断提升自己，为日后的创业之路打下坚实基础。

1923年，顾天云载誉而归，开始在上海南京路24号经营宏泰西服店。他不仅是一位技艺高超的红帮裁缝，更是一位经营有方的西服店老板。他深知理论与实践相结合的重要性，于是编著了《西服裁剪指南》一书。这部著作堪称中国服装史上一部开创性专著，具有里程碑意义。它为中国现代服装界提供了一套内容全面、系统、详细而深入的教科书，为行业的发展奠定了坚实的基础。

在《西服裁剪指南》一书中，顾天云详细介绍了服装裁剪的方法，这些方法颇受西洋裁剪方法的影响。如画裁剪图的先后顺序、相关衣片的构成形态、分数计算公式、角尺引用等，都体现了他对西洋裁剪技术的深入学习和理解。同时，他也结合了中国人的实际身体体型，对裁剪方法进行了科学的调整。如整个衣身放宽、下摆加大，以适应中国人着装宽松的习惯；后片肩线变斜、前胸下无腰省等，以适应当时国内西服垫肩薄、腰身宽松、领口与颈部吻合的特点。

顾天云不仅是技艺高超的裁缝，更是我国西服理论的开山鼻祖和现代服装职业教育的一代宗师。他的事迹和成就，不仅为红帮裁缝这一行业树立了新的标杆，还为中国现代服装界的发展注入了新的活力。他的精神和智慧，将永远激励着我们不断追求技艺的卓越和创新。

3. "D式裁剪"创始人——红帮裁缝戴永甫

戴永甫，宁波鄞县人，他不仅是一位技艺高超的服装匠人，更是一位卓越的服装科学研究者。他13岁便远赴上海拜师学艺，学成后在南京市城隍庙附近的露香园路开设了自己的小成衣作坊，开始了他的裁缝生涯。

中华人民共和国成立后，戴永甫投身上海服装研究所，致力于服装研究与教育工作。他深知科学文化知识对于提升技艺的重要性，因此利用业余时间进修中学数学，直至掌握微积分，这些数学知识为他后续的服装科技研究奠定了坚实的基础。

戴永甫是中国近现代攀登服装科技高峰的杰出代表。他不仅在理论上有所建树，更在实践中不断创新。1952年，他完成了《永甫裁剪法》讲义，并多次重印。1956年，他出版了《怎样学习裁剪》，为初学者提供了宝贵的指导。在布料短缺的年代，他发明了"衣料计算盘"，这一工具能够快速准确地计算出各种款式和规格的服装所需的布料，极大地提高了裁剪效率。

20世纪70年代末，戴永甫首次公开发行《D式服装裁剪蓝图》，后经修订更名为《D式裁剪》。1988年，他正式出版了《服装裁剪新法——D式裁剪》一书，系统地介绍了他的裁剪理论和方法。此外，他还发明了服装可变形板，以"D式裁剪"的基型为母板，通过机械运动的原理，实现了快速便捷的裁剪。

戴永甫的研究不仅局限于裁剪工具和方法，更深入袖系等关键部位的研究。他从20世纪60年代中期开始，逐步摆脱西方裁剪方法，以大量真实的中国人体测量数据和D式裁剪中的基型图为依据，展开深入研究。经过十多年的努力，他终于在20世纪70年代末成功展示了《D式裁剪》的雏形。此后，他又花费了近十年的时间，进一步完善D式裁剪中的函数关系，最终取得了以D为变量的准确袖系函数关系的突破性研究。

戴永甫的研究成果不仅给他带来了巨大的荣誉，也奠定了他在我国服装裁剪技术发展历程中的重要地位。他的D式裁剪法成为一项具有开创性的重大研究成果，对于推动我国服装产业的发展起到了积极的推动作用。

4. 模范商人——红帮裁缝王才运

王才运，浙江奉化人，年少时随父亲离家前往繁华的上海。初到上海，他先在一家杂货店担任学徒，三年期满后，跟随父亲学习裁缝技艺。1900年，王才运的父亲从日本学成归来，掌握了先进的西服裁剪与缝制技术，父子俩在上海浙江路与天津路的交汇处开设了一家名为"王荣泰洋服店"的西服店，王才运化身为"拎包裁缝"，上门为居民提供定制服务。与众不同的是，他的拎包内除了常规的剪刀、量尺、熨斗、粉线等裁缝工具外，更多的是各类布料和呢料小样，他穿梭于大街小巷，向居民展示并推荐，让顾客能根据个人喜好选料定制。

20世纪初，上海兴起的"拎包裁缝"中，王才运属于技艺高超的那一类。他不仅能设计服装样式，还能帮助顾客挑选布料和颜色，量体裁衣，其服务对象多为追求品质生活的消费群体。在王荣泰洋服店，王才运一边跟随父亲精进西服裁剪制衣技术，一边协助父亲管理店务。在父子俩的共同努力下，西服店逐渐积累起一定的资金。

1910年，王才运与几位同乡联手，共同开设了"荣昌祥呢绒西服号"，主营零售呢绒和定制西服，同时经营衬衫、领带、呢帽、皮鞋、背带等西服配套服饰。1916年，原来的两位合伙人选择撤资离场，王才运便独挑大梁，独自经营"荣昌祥"。当时，店铺的资产总额已十分惊人。他不满足于现状，积极寻求突破，利用外汇进口国外流行的服装样衣，不断吸收并融合各种先进的西装工艺技术，持续创新西服的款式设计。

王才运从一个学徒起步，凭借不懈的努力和卓越的才华，逐步成为上海西服界的佼佼者。他不仅在裁缝技艺上不断精进，更在经营策略上独具慧眼，成功地将一个小小的西服店发展成为资产雄厚的西服号。更难能可贵的是，他始终保持着对服装艺术的热爱与追求，不断引进国外先进的服装技术，推陈出新，为中国西服、中山装的裁剪、制作技术发展做出了巨大贡献。

红帮裁缝的工匠精神与事迹是一部充满传奇色彩的历史长卷。他们用自己的双手和智慧创造出了无数精美的服装作品，为中国近代服装业的发展做出了巨大的贡献。我们应该珍视和传承他们的工匠精神和文化内涵，让这一传统工艺在新的时代里焕发出更加绚丽的光彩。

○项目四

婚纱礼服领、袖结构设计

码4-1 项目四课件

📖 项目描述

衣领、衣袖都是服装重要的部件，其中，衣领是整个服装的视觉中心，围绕着人体颈部和脸颊，给设计以足够的空间。衣袖的款型变化非常丰富，是服装造型设计的重要表现手段，是服装款式变化的重要标志。婚纱礼服类服装注重服装的造型设计，强调衣身、裙身的工艺装饰性，所以在领、袖的选择上，常选用简洁、贴身的造型。本项目重在掌握针对婚纱礼服的无领型领、有领型领的立领、翻领、立翻领及其变款的结构；掌握针对婚纱礼服的袖原型及以袖原型为基础的贴身、合身袖及其变款的结构，并能够完成相关配领、配袖的实践操作。

⚛ 思维导图

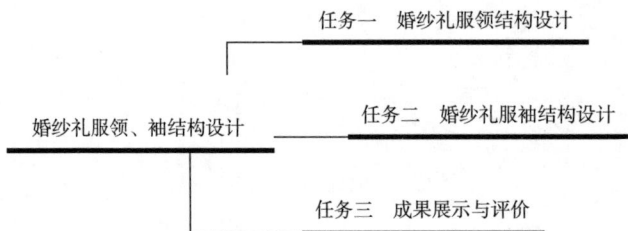

📚 学习目标

学习目标	知识目标	1. 了解婚纱礼服领、袖的类型、结构设计特点 2. 理解婚纱礼服原型领圈的结构形成与数据 3. 理解婚纱礼服原型袖窿的结构形成与数据 4. 理解婚纱礼服领、袖结构设计原理 5. 了解婚纱礼服的配领、配袖方法
	能力目标	1. 能以婚纱礼服原型为基础进行无领型领的结构设计 2. 能以婚纱礼服原型为基础进行有领型领的结构设计 3. 能以婚纱礼服原型为基础进行袖原型的结构设计 4. 能在袖原型基础上进行典型婚纱礼服袖的结构设计
	素质目标	1. 培养精益求精的工作作风 2. 培养善于观察、勤于动脑的学习、工作习惯 3. 培养自主学习与知识应用能力 4. 培养工艺操作精致的职业能力 5. 培养整洁、工具使用规范、善于协作的职业素养

108

任务一　婚纱礼服领结构设计

➡️ 任务导入

完成典型款式婚纱礼服类服装用领的结构设计。

▤ 任务要求

1. 能进行不同款式无领型领的结构设计。
2. 能进行典型款有领型领的结构设计。
3. 能进行变化款有领型领的结构设计。

✖ 任务实施

1. 服装领的分类

领子在一件服装的各组成部分中占据最醒目的位置，是人们视觉的中心。服装领子的款式繁多，可分为无领型领、有领型领两大类。其中有领型领还可根据款式分为关门领和开门领。

（1）无领型领

无领型领又称为领圈领，是指领口处无领片的领型。其设计以领口线的变化为重点，具有轻便、简洁、随意、流畅的风格特征。常见的造型包括圆领、U形领、船领（一字领）、V形领等（图4-1）。婚纱礼服原型的领口就是无领的基本领口，各种无领结构的变化设计可在这一基础上进行。

| 圆领 | U形领 | 船领 | V形领 |

图4-1　典型婚纱礼服的无领型领

（2）有领型领

有领型领是有领类结构中实用性很强的一大类领型，分为关门领和开门领两类。关门领就是脖颈处可以封闭起来的领子，包括立领、翻领（翻折领）、平领、立翻领等（图4-2），而开门领是脖颈处敞开的领子，就是常见的西装类领，专业上一般称为驳领或翻驳领（图4-3）。

| 立领 | 翻领 | 平领 | 立翻领 |

图4-2 有领型领的关门领　　　　　　　　　　　图4-3 有领型领的开门领

在婚纱礼服类服装中，应用最多的是无领型领，这种简洁的领造型使婚纱礼服类服装的精致繁复的刺绣、褶皱等装饰更为凸显。除此之外，婚纱礼服类服装应用较多的有领型领是立领。近年来，设计越来越多元化、个性化，各种造型的领型都出现在国际T台上，但不可否认的是，无领型领和立领结构是需要掌握的重点。

2. 无领型领的结构设计

衣身原型的领圈本身也可以看作是一种无领型领，它的横开领点、直开领点基本切在颈脖的弧线上，是合身的领圈（图4-4）。随着衣领款式的变化，横开领点逐渐向肩部扩展，就变成各种较宽松型和宽松型的衣领。

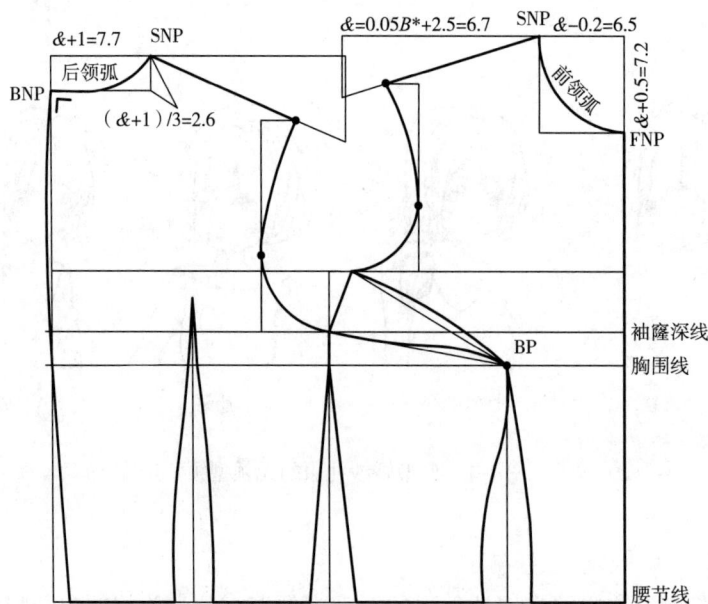

图4-4 婚纱礼服原型的领圈

无领型领的结构与领造型有很大的关系,某种意义上来说,是所见即所得。在结构设计时,可以先根据领的形状、与其他部位的比例来绘制领弧线,在此基础上,再确定横开领、直开领的尺寸。当然,无领型领也有必须遵循的结构设计规律。

(1)无领型领的结构设计要点

①前后片同时追加领宽,保证前后肩宽相等,保证前后横开领差数在0.5~1.2cm的合理范围。一般服装的横开领越大,前后横开领的差数越大;服装越合身,前后横开领的差数越大。婚纱礼服原型,其前横开领为6.5cm,后横开领为7.7cm,设计了1.2cm的前后横开领差数。

②前领深根据款式变化上至前颈点以上而下至胸围线,甚至更低。

③后领深根据款式变化上至后颈点而下至腰围线,甚至更低。

(2)典型无领型领的结构设计

典型无领型领主要包括圆领、U形领、船领(一字领)、V形领等。

①圆领的结构设计。圆领结构中的细节尺寸,是依据款式而变化的。如图4-5中的圆领所示,根据款式,前后横开领沿肩缝线同时增大了5cm,前直开领下沉3.5cm,后直开领下沉3cm,绘制光滑圆顺的圆形领弧线,形成了本款较为适中的圆领结构。

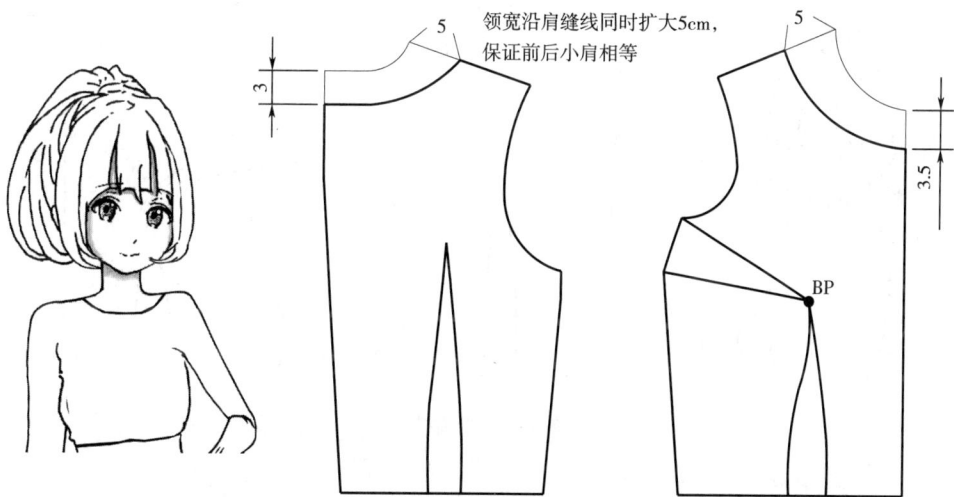

图4-5 圆领结构

②U形领的结构设计。如图4-6中的U形领所示,根据款式,前后横开领沿肩缝线同时增大2.5cm,前直开领下沉8cm,后直开领不变,绘制光滑圆顺的U形领弧线,形成了本款小U形领结构。

③船领结构。船领也称一字领,如图4-7所示的船领,根据款式,前后横开领沿肩缝线同时增大,增大到保证前、后小肩均为3cm的位置,前直开领上抬1cm,后直开领的尺寸通过横开领的位置来确定,绘制光滑圆顺的一字型领弧线,形成了本款的船领结构。

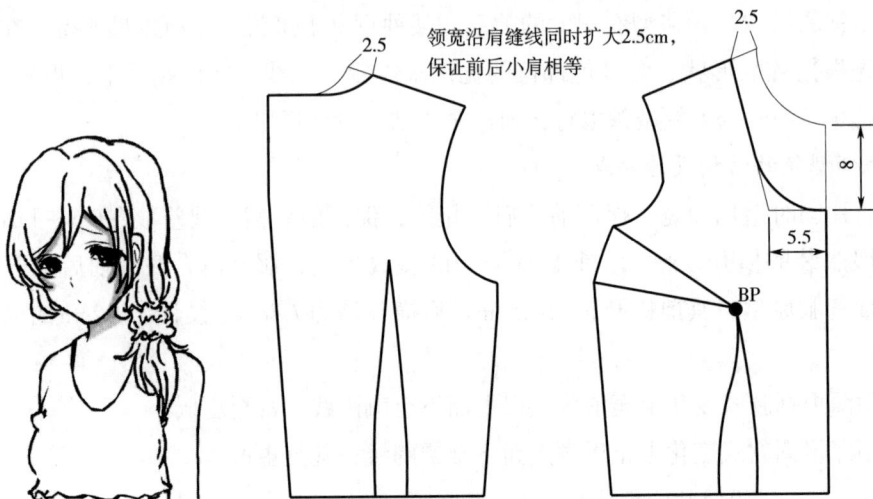

图4-6 U形领结构

图4-7 船领结构

④V形领结构。如图4-8所示的V形领，根据款式，前后横开领沿肩缝线同时增大了7.5cm，前直开领的深度在胸围线的位置，后直开领下沉1.5cm，绘制V形的前领弧线和光滑圆顺的后领弧线，形成了本款经典的V形领结构。需要注意的是，当直开领加深的量较多，而横开领加量较小时，须在前中设前衣劈门，劈门量一般取1cm左右。

3. 有领型领的结构设计

有领型领包括立领、翻领（翻折领）、平领、立翻领等关门领和翻驳领这样的开门领。针对婚纱礼服类服装，最常用的有领型领是立领（图4-9），少见的有领型领是翻驳领，因此，本书不涉及翻驳领结构相关内容。

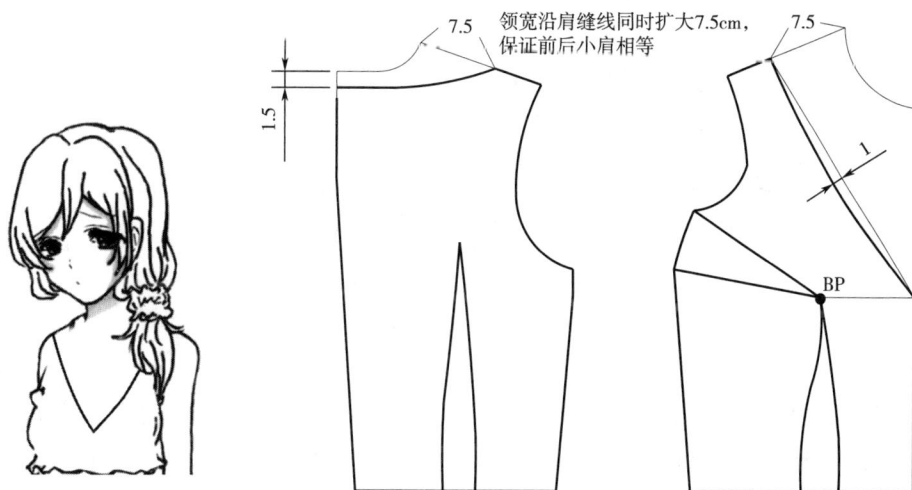

7.5　领宽沿肩缝线同时扩大7.5cm，保证前后小肩相等　7.5

1.5

BP

图4-8　V形领结构

图4-9　立领在婚纱礼服中的应用

（1）立领结构设计

立领是条状的领片直立于衣身领口处，并围绕人体颈部的一类领型。立领的基本结构似长方形，其长度为前、后领口弧长之和，宽度视款式而定。立领按与颈部的贴合程度分为竖直式立领、内倾式立领、外倾式立领以及连身立领等，如图4-10所示。

竖直式立领　　　　内倾式立领　　　　外倾式立领　　　　连身立领

图4-10　立领的类型

①竖直式立领。竖直式立领的领上口线与领下口线的长度相等，宽度一般为2.5~4cm，由于人体颈部上细下粗，所以竖直式立领的领上口与颈部之间有一定的空隙，合身度较差，但穿着舒适，活动自如，竖直式立领的结构如图4-11所示。

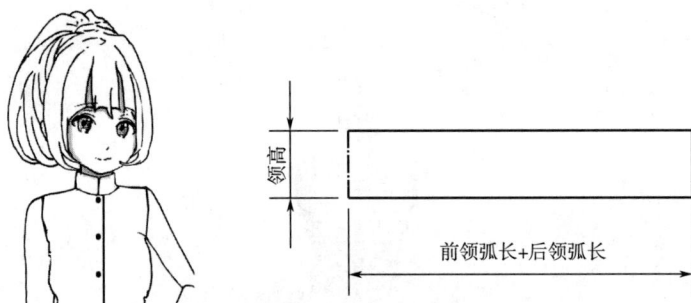

图4-11　竖直式立领的结构

②内倾式立领。内倾式立领是在竖直式立领的基础上演化而来的。通过使领上口线缩短，使领与颈部的空隙减小，从而获得更为合身、造型也更为美观的立领造型。其演化过程如图4-12所示。

图4-12　内倾式立领结构的演变

内倾式立领的宽度一般为2.5~6cm，领前部设置1.5~3.5cm的翘势，使领上口线的长度变短，从而穿着更为合身。衣领的贴身度将随领前翘势的改变而改变，领前翘势越大，领越贴身，如图4-13所示。

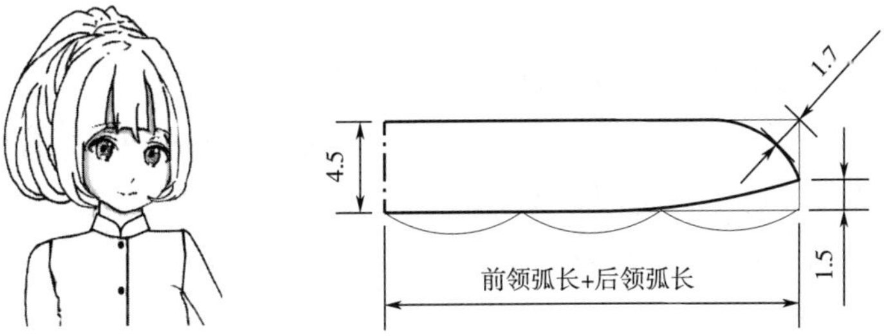

图4-13 内倾式立领的结构

码4-2 内倾式立领
的结构制图

③外倾式立领。外倾式立领的宽度一般为7cm以上，为使领子成形，必须在后领处设置3cm以上的领后翘势。虽然领上口线的长度变长使衣领远离颈部，穿着不合身，但满足了款式造型的视觉美感，如图4-14所示。

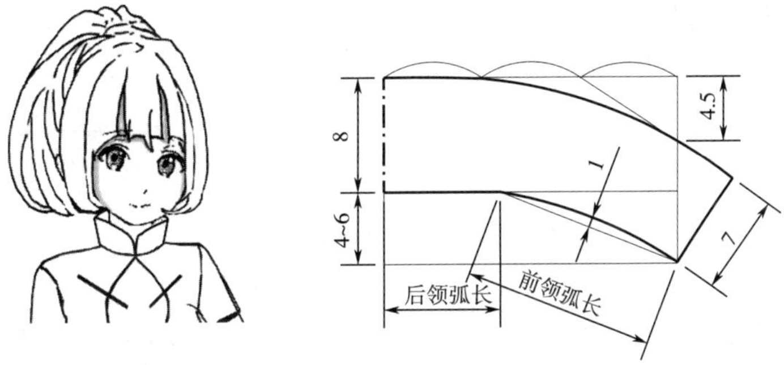

图4-14 外倾式立领的结构

码4-3 外倾式立领
的结构制图

④连身立领。连身立领是衣身与衣领连在一起的领型。结构设计时首先要确定好立领的高度，在前、后领点、领肩点处加出其高度，领肩点处应有一定的倾斜度，如图4-15所示。也可以将塑造胸部、肩部造型的其他省，如腋下省、肩省等，用省道转移的方法转移至立领上。

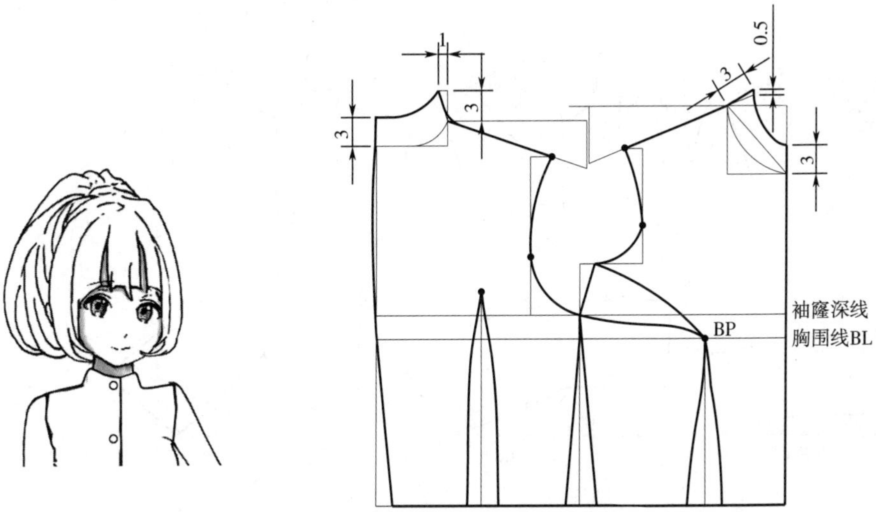

袖窿深线
胸围线BL

图4-15 连身立领的结构

码4-4 连身立领的
结构制图

（2）翻领结构设计

翻领也称翻折领，是由贴近人体颈部的领座与翻折在外的翻领两部分组成。翻领种类多样，是用途最广泛的一类领型，由高、低、宽、窄不同的领座和翻领结合而成。它的基本结构仍以长方形为基础，领后部有翘势，以保证领外止口线的长度变长，领角有方、圆、尖的变化，可根据款式自行设计。翻领各部分的专业名称如图4-16所示。

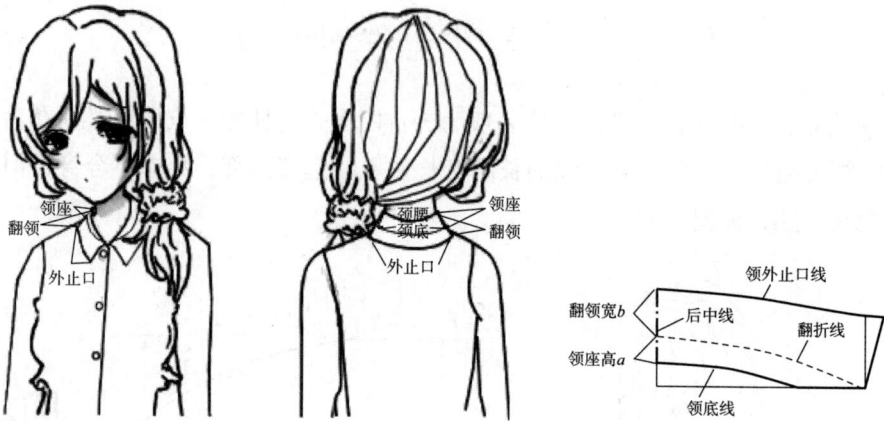

图4-16　翻领各部分的专业名称

翻领领座高设为 a，翻领宽设为 b。一般，翻领的全领宽 $a+b=7\sim13\text{cm}$，其中领座高 $a=2\sim5\text{cm}$，翻领宽 $b=4\sim10\text{cm}$，而且翻领宽应比领座高至少大0.7cm，即 $b-a>0.7\text{cm}$，目的是让翻领的外止口线盖住装领线。

翻领的领后翘势与翻领宽和领座高的差数成正比。即翻领宽与领座高的差数越大，领后翘势就越大，这样领外止口线与领内口线（下领弧线）的长度差也就越大，领型就越平坦，反之也成立，如图4-17所示。

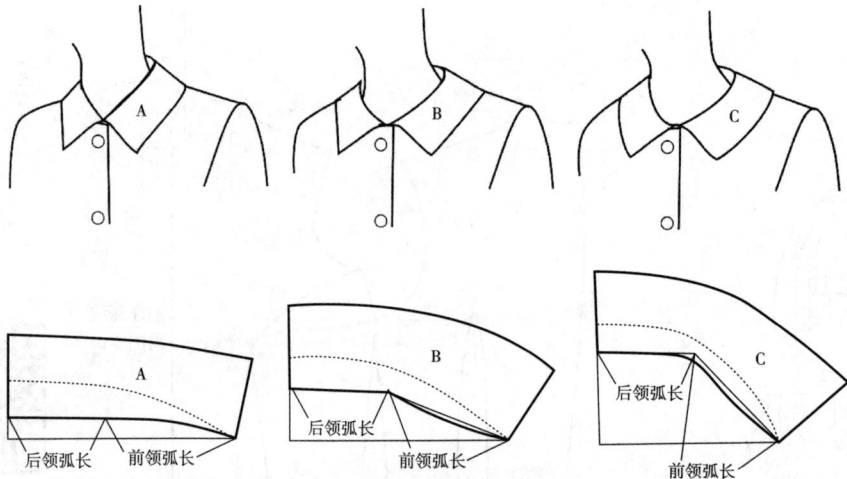

图4-17　领后翘势与翻领宽和领座高差数之间的关系

翻领制图有两种方法，一种是单独制图，如图4-18（a）所示，另一种是依据衣身制图，如图4-18（b）所示。依据衣身制图更为准确，而单独制图则更简单方便。

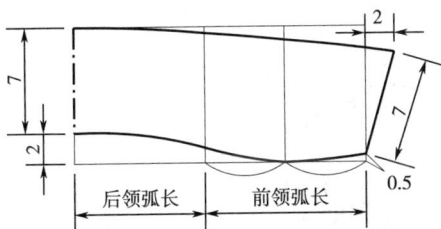

（a）单独制图

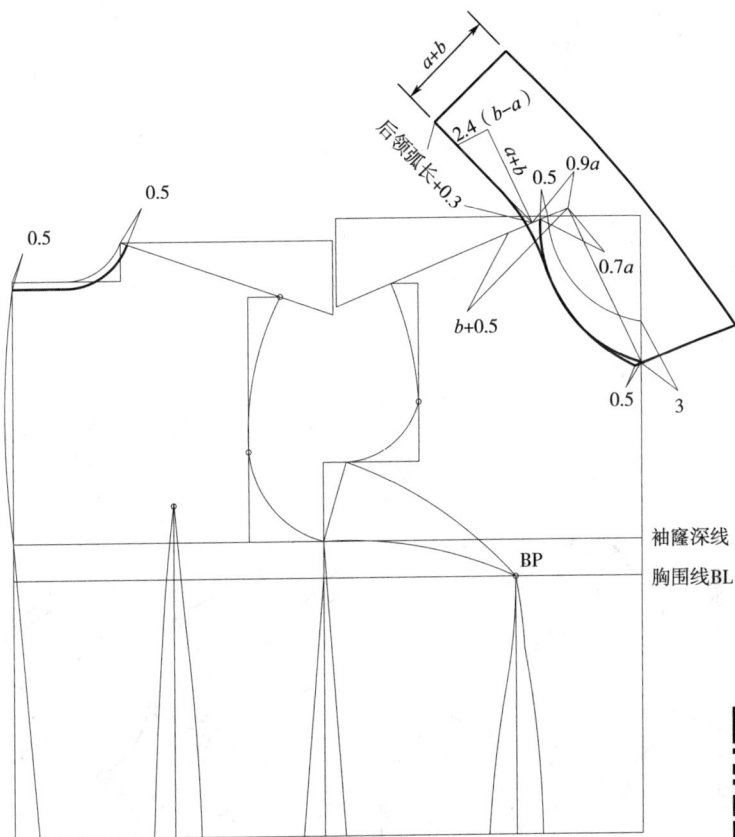

（b）依据衣身制图

图4-18　翻领的结构制图

码4-5　翻领的结构
制图

（3）平领结构设计

在翻领的结构设计中，当领座高在2cm以下时，其翻领部分即呈现披袒在肩上的状态，此类领称为平领或袒领，这其实是翻领的特殊状态。结构设计时，首先将前后衣片的领肩点对合，然后将肩端部重叠1.5~4cm，如图4-19所示。

图4-19　平领的结构制图

平领的结构制图过程如图4-20所示，步骤如下。

①按款式图要求的领圈形态作领圈结构设计。

②重叠肩缝线（1.5~4cm）。

③画领外止口线的造型。

④画顺领底线。为使后领底弧线不外吐，需将后直开领抬高0.5cm，前、后横开领内移0.5cm，前直开领下落0.5cm，然后画顺领底弧线。

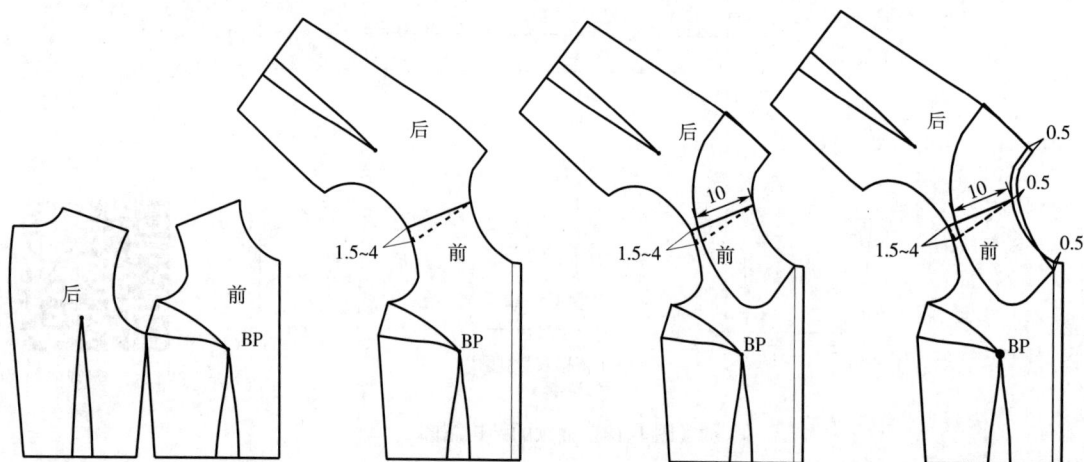

图4-20　平领结构制图的过程

典型的平领有方形平领（图4-21）、弯折造型平领（图4-22）。案例图中的虚线为平领的领底线和领外止口线结构。当肩缝重叠4cm（前后各2cm）时，翻折线与领底线之间的登起量形成1~1.2cm领座高。肩缝重叠量越大，领座就越高，反之也一样。

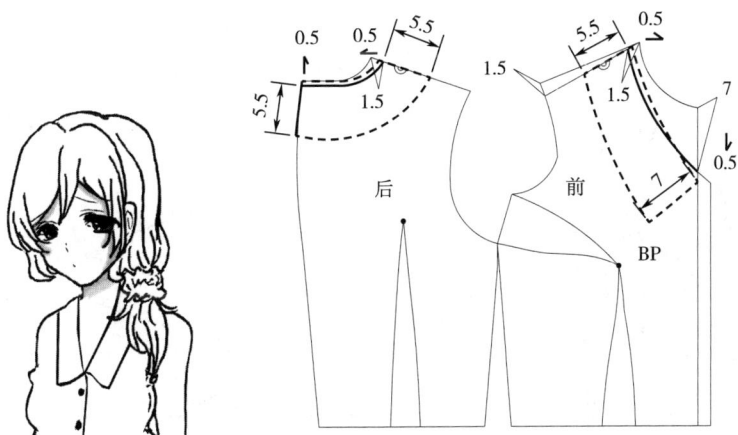

图4-21　方形平领结构

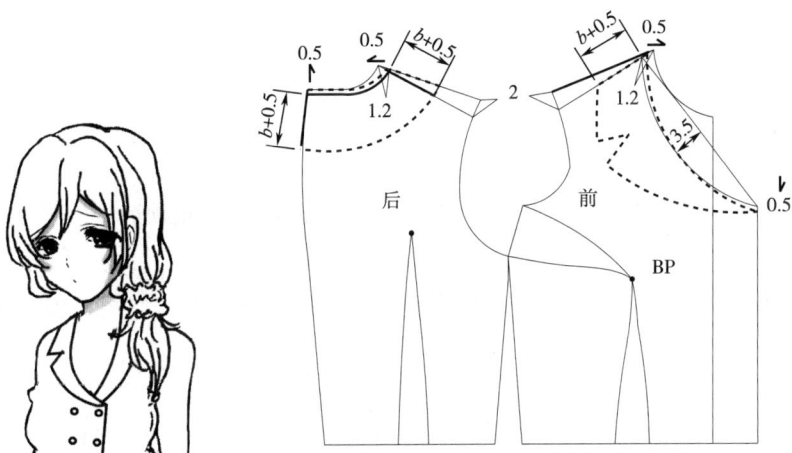

图4-22　弯折造型平领结构

（4）立翻领结构设计

立翻领是立领与翻领的组合形式，主要包括衬衫领、中山装领、风雨衣领等。按照不同的款式特点，应采取不同的结构方式。衬衫领结构如图4-23所示，风雨衣领结构如图4-24所示。

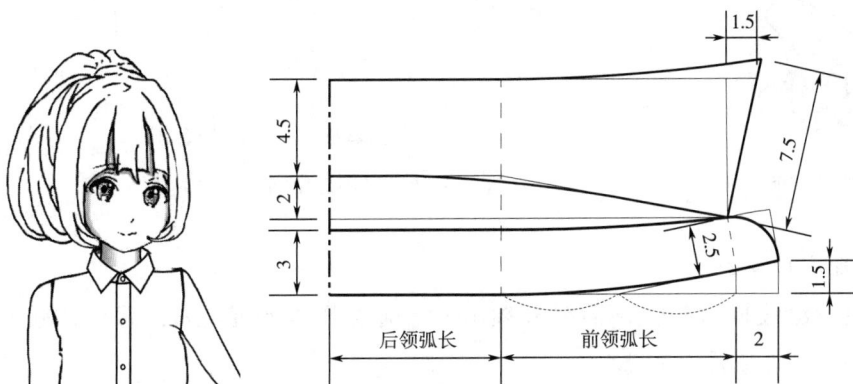

图4-23　衬衫领结构

码4-6　立翻领的
结构制图

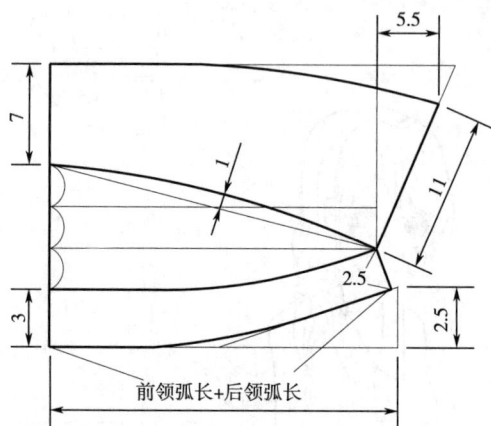

图4-24　风雨衣领结构

🌱 举一反三

💥 引导性问题1

平领的款式非常多，应用在服装中也很有效果。图4-25为盆领造型的平领，如何进行该领的结构设计？

盆领造型的平领，其结构设计规律与典型平领相同，结构设计如图4-26所示，结构制图步骤如下。

图4-25　盆领造型的平领

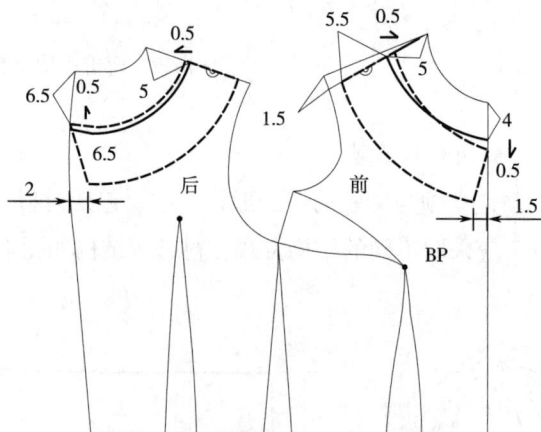

图4-26　盆领造型的平领结构

①复制婚纱礼服衣身原型。

②根据款式沿肩缝线同时扩大前后横开领5cm，前直开领下沉4cm，后直开领下沉6.5cm，绘制新的前领弧线和后领弧线。

③重叠前后肩缝线，重叠量取1.5cm。

④以衣身的领圈弧线为基础，后中上抬 0~0.5cm，肩缝处向内 0.5cm，前中下沉 0.5cm，绘制衣领的下领弧线（领内口线）。

⑤前领宽设为 5.5cm，后领宽设为 6.5cm，光滑圆顺地绘制下领弧线的近似平行弧线为上领弧线（领外止口线），前中撇去 1.5cm，后中撇去 2cm，绘制完整的平领结构。

引导性问题2

图 4-27 为荷叶领造型的平领，如何进行该领的结构设计？

图 4-27 荷叶领造型的平领款式

荷叶领造型的平领，其结构设计规律与典型平领相同，结构设计如图 4-28 所示，结构制图步骤如下。

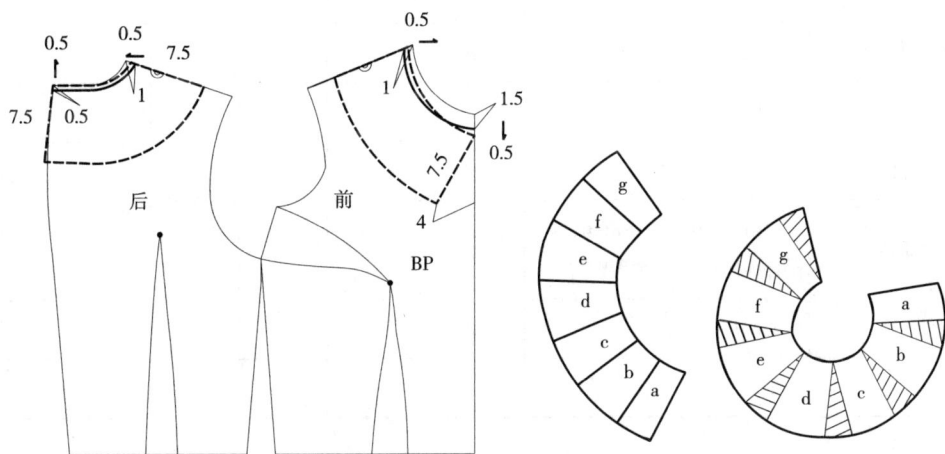

图 4-28 荷叶领造型的平领结构

①复制婚纱礼服衣身原型。

②根据款式沿肩缝线同时扩大前后横开领 1cm，前直开领下沉 1.5cm，后直开领下沉 0.5cm，绘制新的前领弧线和后领弧线。

③重叠前后肩缝线，重叠量取0。

④以衣身的领圈弧线为基础，后中上抬0.5cm，肩缝处向内0.5cm，前中下沉0，绘制衣领的下领弧线。

⑤前领宽设为7.5cm，后领宽设为7.5cm，光滑圆顺地绘制下领弧线的近似平行弧线为上领弧线，前中撇去4cm，后中撇去0，绘制完整的平领结构的基础形。

⑥针对平领结构的基础形均匀地设计切展线，切展线的方向尽可能沿切开点的径向（与该点切线方向垂直）。

⑦沿切展线切展，在领外止口线加入切展量，下领弧线长度不变，形状变弯曲，上领弧线尺寸变大，形成荷叶领的造型。

✏ 巩固训练

1. 在1:1婚纱礼服原型的基础上，进行圆领、U形领、船领、V形领等无领型领的结构设计。注意线条流畅、均匀，粗细得当，并标注所需的尺寸。

2. 在1:1婚纱礼服原型的基础上，进行内倾式立领和后中起翘量为3cm的翻领的结构设计。注意线条流畅、均匀，粗细得当，并标注所需的尺寸。

3. 使用服装CAD软件，完成任务一所述领型的结构制图。

学习评价

项目	评分要点	分值	自评	互评	师评	企业评价	备注
专业术语应用	准确、熟练	5					
规格尺寸设计	与款式契合，科学合理	20					
结构制图	正确、规范	35					
尺寸标注	完整，有规律性	15					
图面整洁	构图合理，线条流畅、均匀，粗细得当，图面整洁	15					
软件应用	正确、熟练	10					
	合计	100					

任务二 婚纱礼服袖结构设计

➡ 任务导入

完成典型款式婚纱礼服类服装用袖的结构设计。

📑 任务要求

1. 能进行婚纱礼服袖原型的结构设计。
2. 能进行典型款婚纱礼服袖的结构设计。
3. 能进行变化款婚纱礼服袖的结构设计。
4. 能完成不同款式婚纱礼服袖的配袖实践。

✹ 任务实施

1. 服装衣袖的专业名称

袖是服装上覆盖人体手臂的部分，它对服装的整体造型风格起着重要的作用。制作衣袖纸样首先要明确服装衣袖各部位的专业名称，如图4-29所示。特别要注意的是，衣袖纸样必须与衣身的袖窿尺寸、造型相匹配。

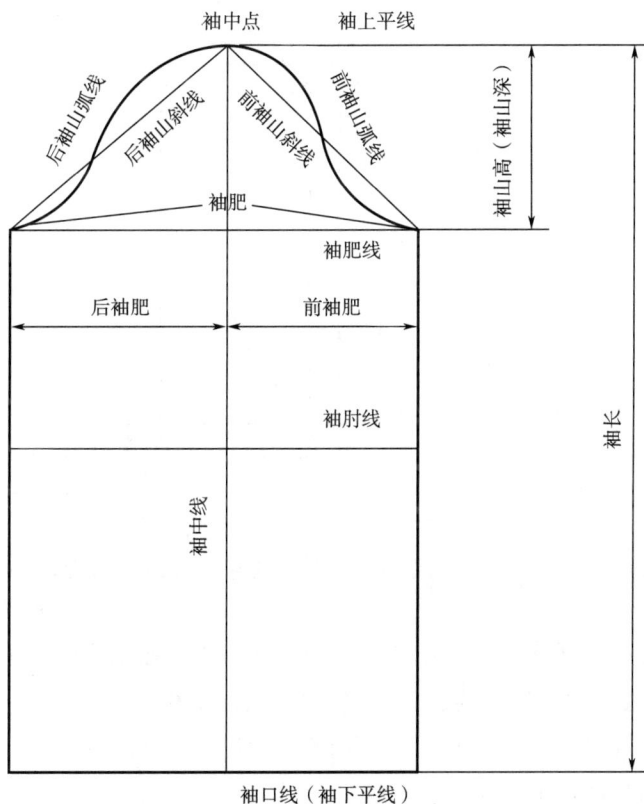

图4-29 袖原型的各部位名称

2. 衣袖结构的相关因素

袖子的袖身有宽有窄，其宽窄变化主要是由袖山斜线与袖肥线的夹角决定的。为了使袖子造型与衣身造型相协调，把袖子分成贴身、合身、较合身、宽松四种类型。贴身袖可以塑造出良好的服装造型，在静止状态下腋下没有多余的面料，但在手臂向上运动时会受到一定的牵制，适合婚纱礼服类服装；合身袖可以塑造出较好的服装造型，适合礼服类、修身西装等服装；较合身袖在静止状态下会在腋下有少量的余量，活动机能优于贴身、合身袖，穿着更为舒适，适合半合身类服装；宽松袖在静止状态下腋下有更多的余量，可以给服装提供更大的活动空间，适合休闲类服装。袖类型的判断以袖中心线与肩端点水平线的夹角为依据（图4-30），其中，贴身型为55~60°，合身型为45~50°，较合身型为35~40°，宽松型为25~30°。配合同一袖窿弧线，袖山高越大，袖肥就越小，袖子就越瘦，反之袖山高越小，袖肥就越大，袖子就越肥，如图4-31所示。

图4-30　袖型的分类

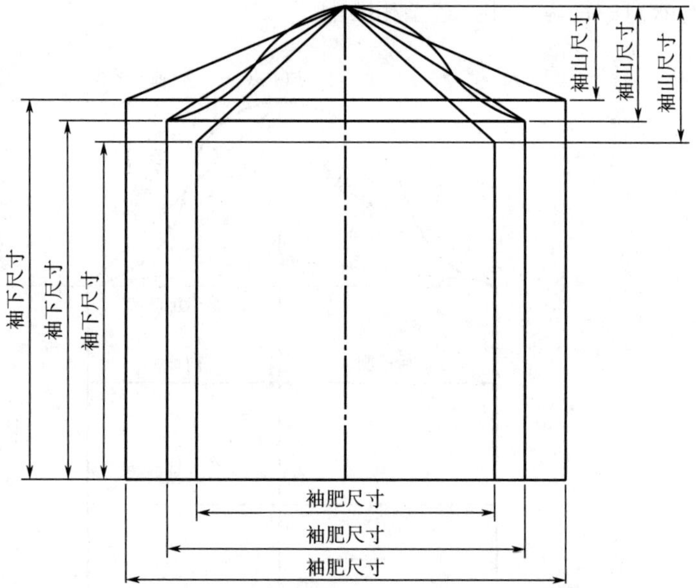

图4-31　同一袖窿弧线尺寸下袖山高与袖肥的关系

　　婚纱礼服类服装的袖子多为贴身袖和合身袖，其袖原型在结构设计时，一般取袖山高为袖窿深的5/6左右，或是袖窿弧长的1/3加上1~1.5cm，此袖山高能够符合服装衣袖的合身要求，具有较好的静态美感，也能满足手臂活动的基本机能。在不同造型、功能、样式的要求下，袖山高尺寸可以依此上下浮动。

3. 袖原型的建立

（1）类型确定

　　婚纱礼服类服装的袖子制板依据婚纱礼服袖原型来展开，这是贴身、合身袖的袖原型，需要5个基础数据：袖长、袖肘线的定位、袖山高、袖肥、袖口。此外，袖山吃势、装袖形式等都会影响袖子造型。

（2）袖窿的修正

兰斐原型的袖窿非常贴身，是根据无袖的婚纱礼服款式来设计的。当用于有袖的婚纱礼服的纸样设计时，需要对袖窿进行修正，主要是使袖窿线向下移动1~2.5cm，这个下移量跟婚纱礼服的款式、材料密切相关。一般网纱材料下移1cm左右，缎类无弹力面料下移2~2.5cm。

（3）规格设计

针对女性中间标准体160/84A来确定婚纱礼服袖原型的各部位尺寸。

①袖长CL。CL=0.3号+9=57cm。

②袖肘定位。袖肘的位置一般在人体腰节线位置，经验公式参照CL/2+3.5=32cm。

③袖山高。如前所述，考虑衣袖造型的美感和手臂的运动技能，将衣袖分为贴身、合身、较合身和宽松四种类型。不同类型的衣袖对袖山高的规格设计要求是不同的。婚纱礼服的袖原型为合身袖型，在结构制图时，一般取袖窿深的5/6+0.5cm或者袖窿弧长的1/3+1cm，如图4-32所示。尽管二者的公式不同，但所获得的最终数据是趋于一致的。如兰斐原型修正后的袖窿弧长ΛH=40.5cm，则袖山高为14.5cm左右。

④袖肥。袖肥与袖山高互成反比。一般，袖肥在上臂围的基础上要加4~5cm的松量。婚纱礼服的袖肥在30cm左右。

图4-32 婚纱礼服袖原型的袖山高确定

⑤袖口。袖口的尺寸要考虑手掌的围度。成年女性的手掌围度在20~22cm，因此袖口围度要考虑手能够自由进出。当袖口尺寸较小时，可以设计手腕处的开衩。

⑥袖山吃势。一般来说，袖山弧线比袖窿弧线长，差值即为袖山吃势，可用来塑造人体肩部的造型。吃势量的大小取决于衣袖的类型和所用面料的材质。如薄真丝面料吃势为1.5cm，花呢面料吃势为3.5cm，无弹性的PVC面料吃势为2cm。

婚纱礼服用袖原型规格尺寸设计说明表见表4-1。规格尺寸表见表4-2。

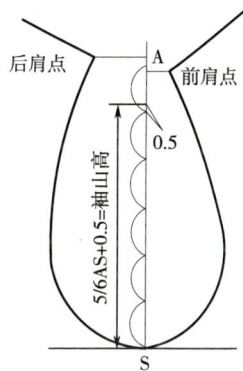

表4-1 婚纱礼服用袖原型规格尺寸设计说明表

项目	公式	设计依据
号型	160/84A	标准
袖长CL	CL=0.3号+9=57cm	全袖长
袖肘位	CL/2+3.5=32cm	袖肘位经验公式
袖山高	AH/3+1=15cm	合身袖，量取AH=42cm

表4-2　婚纱礼服用原型袖规格尺寸表

部位	号型	袖长CL	袖肘位	袖山高
尺寸	160/84A	57cm	32cm	15cm

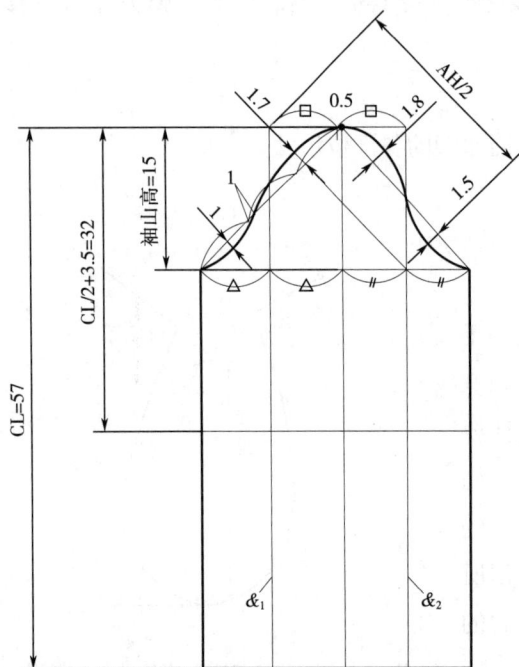

图4-33　婚纱礼服袖原型结构图

码4-7　婚纱礼服袖
原型的结构制图

（4）结构制图

婚纱礼服袖原型结构图如图4-33所示。图中涉及的尺寸单位均为cm。具体结构制图步骤与细部规格设计如下。

①绘袖下平线（袖口线）、下平线垂线 $\&_1$，其上截取袖CL=57cm，绘袖上平线。

②绘袖肥线：袖山高 =AH/3+1=15cm。

③绘袖肘线：CL/2+3.5=32cm。

④绘袖山斜线：AH/2=21cm，绘上平线垂线 $\&_2$。

⑤绘袖中线：取半袖肥宽度的中点向前偏0.5cm画袖中线。

⑥前袖肥：在袖肥线上取袖中线前半部宽的2倍定前袖肥点。

⑦后袖肥：在袖肥线上取袖中线后半部宽的2倍定后袖肥点。

⑧绘前袖山斜线：连接袖中点与前袖肥点。

⑨绘后袖山斜线：连接袖中点与后袖肥点。

⑩绘袖山弧线：画出袖山弧线，注意拐点位置，以及线条的圆顺。

⑪绘袖底线和袖口线。

4. 袖原型应用

衣袖种类繁多，它可以与衣片相连接在同一平面内，如中式袖、连袖等；也可以与衣片相连接在不同的平面内，如圆装袖、插肩袖等。按袖片的数量分有一片袖、两片袖、三片袖等；按长度分有短袖、中袖、七分袖、长袖等。很多婚纱礼服款式没有衣袖，有衣袖的婚纱礼服类服装，衣袖也大多为贴身、合身的一片袖及其他款式的变款袖。

（1）横省独片袖

横省独片袖是更符合人体手臂形态的一片袖，在婚纱礼服袖中应用较多，其结构图如图4-34所示。本款袖是由袖原型变化而来，袖肥线以上结构不变，以下部分增加2.5cm的偏袖和省道。

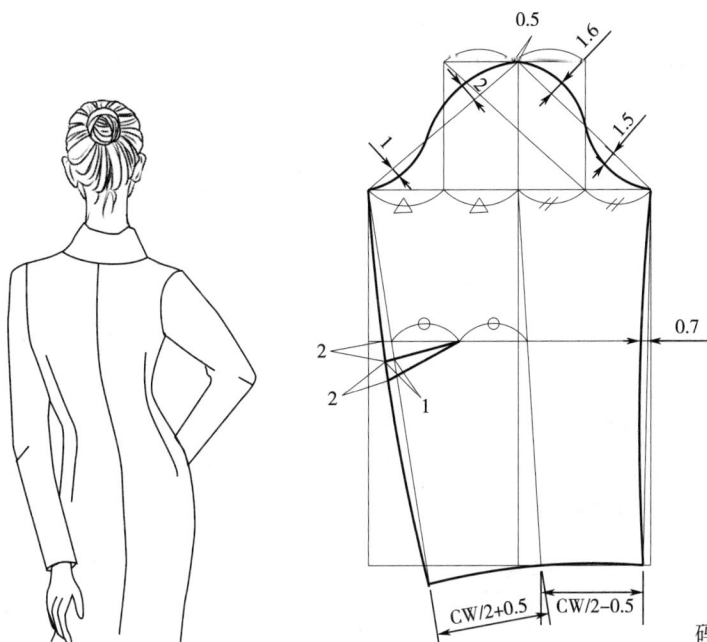

图4-34　横省独片袖的结构

码4-8　横省独片袖的
结构制图

（2）竖省独片袖

竖省独片袖与横省独片袖可以通过省道转移互相转化，也是更符合人体手臂形态的一片袖，在婚纱礼服袖中应用较多，其结构图如图4-35所示。本款袖可以由袖原型变化而来，袖肥线以上结构不变，以下部分增加2.5cm的偏袖和省道。

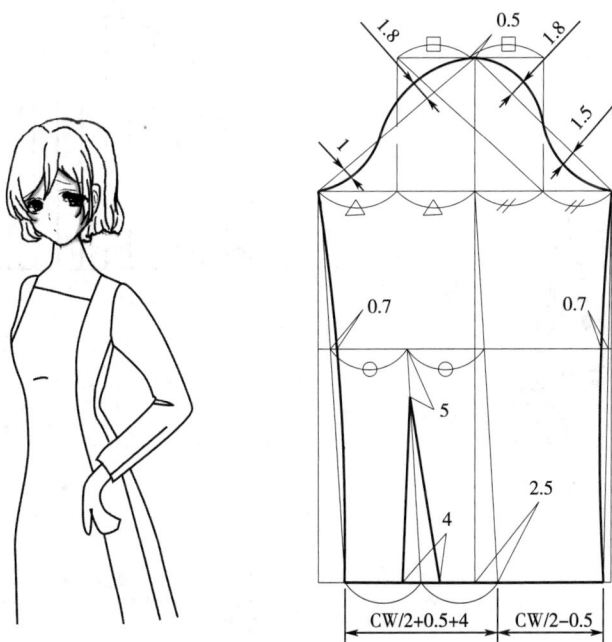

图4-35　竖省独片袖的结构

码4-9　竖省独片袖的
结构制图

（3）泡泡袖

泡泡袖有瘦袖身泡泡袖和宽袖身泡泡袖之分，其结构展开方式是不相同的。其结构图如图4-36、图4-37所示。

码4-10　瘦袖身泡泡袖的结构制图

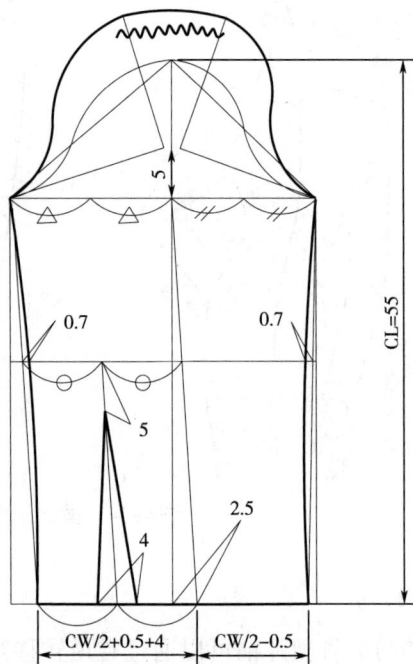

图4-36　瘦袖身泡泡袖的结构

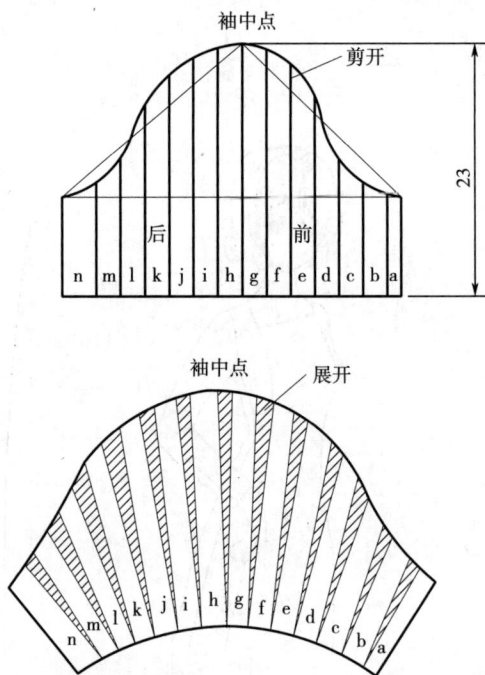

图4-37　宽袖身泡泡袖的结构

🌱 **举一反三**

🔘 **引导性问题1**

图4-38为荷叶边泡泡袖，如何进行该款袖的结构设计？

荷叶边泡泡袖是瘦身泡泡袖的变化款，其结构图如图4-39所示，结构制图步骤如下。

图4-38 荷叶边泡泡袖款式

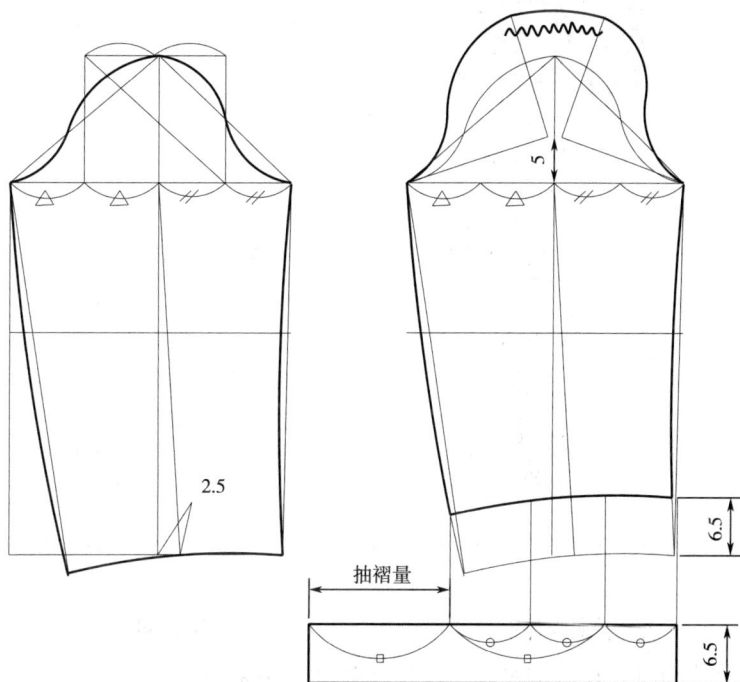

图4-39 荷叶边泡泡袖结构

①复制婚纱礼服衣袖原型，并按照横省独片袖的款式设计袖口，在制图过程中，根据款式去掉横省。

②距离袖肥线5cm，设置与之平行的泡泡袖的切展辅助线，沿切展辅助线切展，在袖山弧线上加入左右各2.5cm的泡泡量。

③距离袖口边6.5cm，设置与之平行的袖口基本形切展辅助线，沿该线切展，得到袖口基本形。

④将袖口基本形切展并均匀加入褶量，褶量是袖口基本形长度的0.6~1倍，抽褶形成袖口的荷叶边造型。

🔘 **引导性问题2**

图4-40为喇叭袖口泡泡袖，如何进行该款袖的结构设计？

喇叭袖口泡泡袖是瘦身泡泡袖的变化款，其结构图如图4-41所示，结构制图步骤如下。

图4-40 喇叭袖口泡泡袖款式

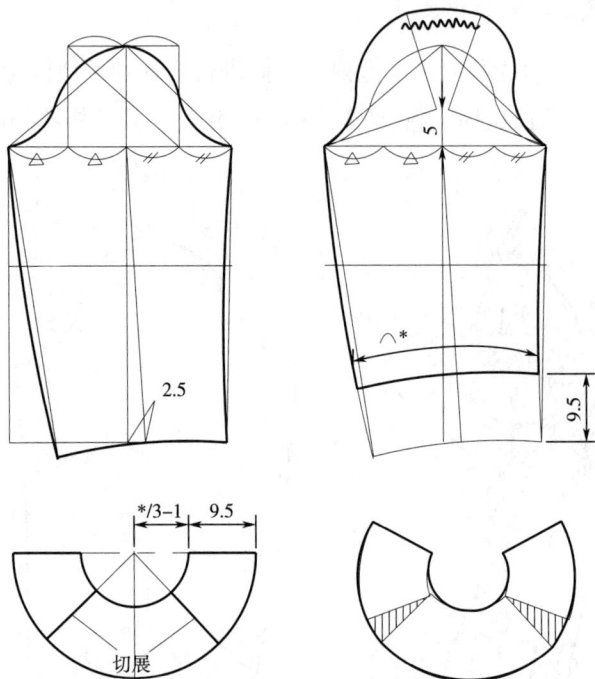

图4-41 喇叭袖口泡泡袖结构

①复制婚纱礼服衣袖原型，并按照横省独片袖的款式设计袖口，在制图过程中，根据款式去掉横省。

②距离袖口边9.5cm，设置与之平行的袖口分割线，沿该线分割，得到袖口分割线尺寸*。

③以分割线尺寸为小圆的半圆周长，将切割下来长9.5cm的袖口结构转化为半圆环形，其中小圆半径=*/3-1，大圆半径=小圆半径+9.5cm。

④将半圆环形的袖口进一步均匀切展，小半圆弧尺寸不变，依然等于分割线长度，大半圆弧尺寸加入切展量后变长，形成袖口的喇叭造型。

引导性问题3

图4-42为灯笼袖，如何进行该款袖的结构设计呢？

灯笼袖的结构与泡泡袖的结构处理方式相似，只是灯笼袖切展的是袖肥线的下半部分，通过在袖口处加入切展量形成灯笼形的袖口。灯笼袖结构图如图4-43所示。

图4-42 灯笼袖款式

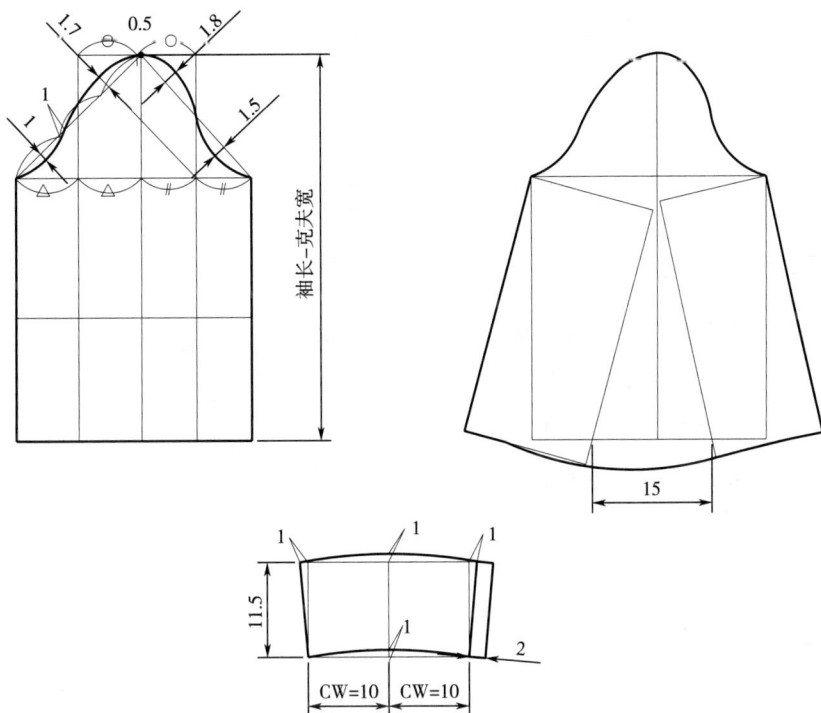

图4-43　灯笼袖结构图

巩固训练

1. 按1∶1比例、规范步骤绘制袖原型的结构图。要求有完整的尺寸标注。注意线条流畅、均匀，粗细得当，并绘制规格尺寸表。

2. 按1∶1比例、规范步骤绘制横省独片袖、泡泡袖的结构图。要求有完整的尺寸标注。注意线条流畅、均匀，粗细得当，并绘制规格尺寸表。

3. 使用服装CAD软件，绘制婚纱礼服袖原型的结构图，并在此基础上，完成任务二所述的各种款式衣袖的CAD结构制图。

学习评价

项目	评分要点	分值	自评	互评	师评	企业评价	备注
专业术语应用	准确、熟练	10					
结构制图	正确、规范	15					
图面	构图合理，线条流畅、均匀，粗细得当，图面整洁	15					
软件使用	熟练、方法正确	20					
袖原型应用	正确、合理、规范	40					
合计		100					

131

任务三　成果展示与评价

⤷ 任务导入

以项目组为单位，进行本组项目成果的展示与评价。

▤ 任务要求

1. 能够对本组阶段性成果与最终成果进行充分展示。
2. 能够对本组阶段性成果与最终成果进行合理自评。
3. 能够对他组成果进行合理评价。
4. 能够在成果多方评价后对本组成果进行优化。

✖ 任务实施

1. 项目成果展示与自评

项目组组长向全班展示项目组成果，给出自我评价。

2. 项目组互评

自评环节，其他组可以提问，全部展示完成之后，通过小组之间的互评选出学生心目中认为最优的项目成果。

3. 教师评价和企业评价

教师对项目教学进程进行综合评价，并给出教师认为最优的项目成果，最后，由企业教师给出企业评价，选出企业认为性价比最高的项目成果。比较评选结果，教师和学生交流，讨论，为下一轮学习做充分准备。

☷ 项目总结

能力进阶	能/不能	熟练/不熟练	任务名称
通过学习本模块，小组			描述婚纱礼服衣领、衣袖结构设计原理
			完成典型婚纱礼服衣领的结构设计与操作实践
			完成婚纱礼服衣袖原型的结构设计
			完成典型婚纱礼服衣袖的结构设计与操作实践
通过学习本模块，小组还			完成本组成果的充分展示与客观评价
			能够举一反三，完成不同款式服装领、袖的纸样设计与制板
			形成精益求精的工作习惯和善于协作的工作素养

大国工匠

中国优秀传统非遗技艺大师的工匠精神

中国优秀的传统非遗技艺作为中华民族智慧的结晶，承载着深厚的历史底蕴和民族情感。在其中不仅能窥见先人的智慧与创造力，更能感受到一代代工匠对于技艺的执着追求和无私奉献。此处将目标聚焦于在中国优秀传统非遗技艺领域中，传承着古老技艺，诠释着工匠精神深刻内涵的刺绣技艺大师——沈寿。

沈寿，出生在清末的一个刺绣世家，自幼聪明伶俐，跟随母亲学习绣花，练得一手好本领，到了十五六岁已名满苏城。她的绣品针法细腻，形态逼真，合色自然，精工非凡，沈寿也因此被誉为"神针"。

沈寿的原名是沈云芝，得名"沈寿"还因她精湛的刺绣技艺。清末苏州织造局的官员将沈云芝绣的《八仙上寿图》送到宫里祝寿。为此，织造官事先请名画师画了图样，沈云芝先用心揣摩画意，然后飞针走线，用时三个月绣成了《八仙上寿图》。《八仙上寿图》一送到宫里，太后十分满意，并赐"寿"字给沈云芝为名，自此，沈云芝便改名为沈寿。沈寿的刺绣作品，无论是花鸟鱼虫，还是山水人物，都栩栩如生，充满了生命力和艺术感染力，令人叹为观止。

沈寿的一生其实充满了坎坷和艰辛，特别是在清末民初的动荡年代里，她不仅要面对生活的艰辛，还要应对来自各方面的压力和挑战。然而，她从未放弃过对刺绣技艺的热爱和追求，始终坚守在刺绣事业上，用自己的双手创造出一幅幅精美的作品。这些作品不仅在国内享有盛誉，还远销海外，为中国刺绣赢得了国际声誉。

沈寿最有国际影响力的作品主要有以下几幅。

《意大利皇后爱丽娜像》。这幅作品展现了沈寿对西方绘画技法的精湛掌握，成功地将西方肖像画的立体感和光影变化融入刺绣之中。爱丽娜皇后的形象栩栩如生，面部肤色和衣裙佩饰的绣制都极其逼真，仿佛真人再现。沈寿通过这幅作品展示了她的创新精神和对技艺的极致追求。

《八仙上寿图》作为一幅典型的中国传统题材作品，沈寿在绣制过程中成功突破了传统中国画勾线填彩的工笔画局限，吸收了海外的立体透视、光影色变的美术绣法。绣像针刺特别精细，绣面上不见针迹，人物形象生动传神，色彩过渡变化微妙，体现了她对传统技艺的深厚理解和创新应用。

这些作品无不彰显了沈寿对技艺的极致追求、对传统文化的热爱与传承，以及永不停歇的创新探索。这恰恰是其工匠精神的精髓。她凭借细腻的针脚和绚丽的色彩，将人物、景物刻画得栩栩如生，仿佛跃然纸上。她深谙作品的文化内涵和艺术价值，通过刺绣这一载体，传递出深厚的文化底蕴和人文精神。在她的作品中，人们可以感受到对民族文化的自信与自豪，领略到中国传统文化的独特魅力和无限价值。

　　沈寿的工匠精神，不仅是技艺的精湛和创新的勇气，更是一种对生活的热忱和对文化的敬畏。她用自己的生命历程诠释了工匠精神的真谛，为人们树立了一座值得敬仰的丰碑。她的故事和精神将永远激励人们砥砺前行，不断探索技艺的极致，攀登艺术的高峰，探寻文化的深邃。

○ 项目五 ／ 婚纱礼服整体结构设计与样板制作

📖 项目描述

　　本项目重在训练学习者的婚纱礼服的综合结构设计能力，通过解析企业的典型案例，使学生拓展思维和眼界，依据婚纱礼服原型，尝试进行各种不同款式的经典款、时尚款的婚纱礼服类服装的结构设计（纸样设计）实践，获得婚纱礼服类服装的制板能力。本项目学习以企业客户定制项目中的婚纱礼服的制板任务为载体，要求学生能够完成企业不同款式婚纱礼服定制单品的结构设计、样板制作、坯布试样制作等工作任务。婚纱礼服有分体式和连身式，分体婚纱礼服由紧身胸衣和半身裙搭配而成（半身裙的相关内容见项目二）。本项目重点学习紧身胸衣和连身婚纱礼服的结构设计与样板，款式选择从腰线连接形式（断腰款、连腰款）和部件装配形式（领、袖）的角度来考虑。

⬡ 思维导图

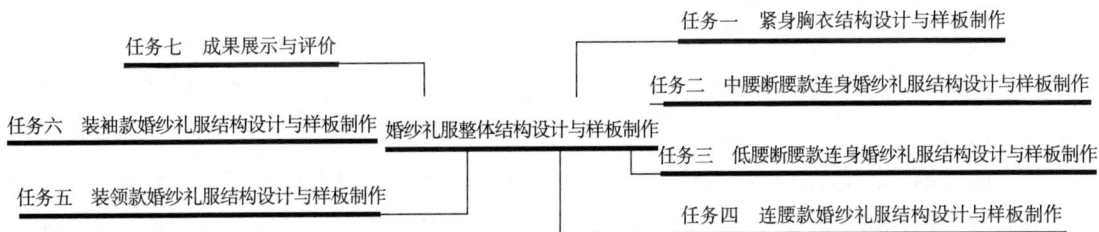

📚 学习目标

学习目标	知识目标	1. 理解婚纱礼服的结构设计变化原理 2. 理解婚纱礼服原型基础上婚纱礼服的结构设计规律 3. 了解婚纱礼服的制板规则、过程和方法 4. 了解婚纱礼服坯布试样制作的方法、步骤 5. 了解婚纱礼服的坯布别样工艺流程
	能力目标	1. 能完成不同款婚纱礼服的结构设计 2. 能完成不同款婚纱礼服的样板制作 3. 能完成不同款婚纱礼服的坯布试样制作 4. 能编写不同款婚纱礼服的坯布别样工艺流程
	素质目标	1. 培养精益求精的工作作风 2. 培养独立思考、善于动手的学习、工作习惯 3. 培养归纳总结、举一反三的知识应用能力 4. 培养操作归位、干净整洁、团结协作的职业素养

任务一　紧身胸衣结构设计与样板制作

▶▶ 任务导入

完成分体婚纱礼服中，基本款紧身胸衣的结构设计、样板制作和坯布试样制作。

▤ 任务要求

1. 能进行紧身胸衣的类型判断。
2. 能进行紧身胸衣的款式特征分析。
3. 能进行紧身胸衣的规格尺寸设计。
4. 能进行紧身胸衣的结构制图。
5. 能进行紧身胸衣的样板制作。
6. 能进行紧身胸衣的坯布试样制作。
7. 能进行紧身胸衣的坯布别样工艺流程编制。

✖ 任务实施

紧身胸衣属于基本款的婚纱礼服类服装，是婚纱礼服中常用的一种造型形式，其造型特点是要尽可能地紧贴身体，同时起到收腰、提胸的塑造功能。在实际穿着中，常将紧身胸衣与体量较大的下裙成套搭配，形成上紧下蓬的婚纱礼服造型，即分体式的婚纱礼服。紧身胸衣的款式变化主要围绕分割线的位置、数量、形式，腰线分割的位置、形式以及下摆的造型等要素来表现。

紧身胸衣的结构是在婚纱礼服原型的基础上演化而来，可以看作是原型和各种复杂定制款式之间的过渡样板，也常常被制板师用来作为打板的基础样板。下面以纵向分割线中腰紧身胸衣为例来展开任务实施。

1. 纵向分割线中腰紧身胸衣的结构设计

（1）纵向分割线中腰紧身胸衣的款式特征分析

纵向分割线中腰紧身胸衣是典型的中腰位的胸衣，长度及腰，前身通过左右对称的四条纵向分割线塑造了修长的衣身，通过一条环绕乳房形态的横向曲线分割线强调了女性人体的妩媚。其款式如图5-1所示，着装效果如图5-2所示。纵向分割线中腰紧身胸衣款式特征分析表见表5-1。

（2）纵向分割线中腰紧身胸衣的规格设计

纵向分割线中腰紧身胸衣在婚纱礼服原型的基础上制图，因为该款紧身胸衣的长度及腰，所以在规格设计时不必控制衣长尺寸。紧身胸衣规格尺寸设计说明表见表5-2，紧身胸衣规格尺寸表见表5-3。

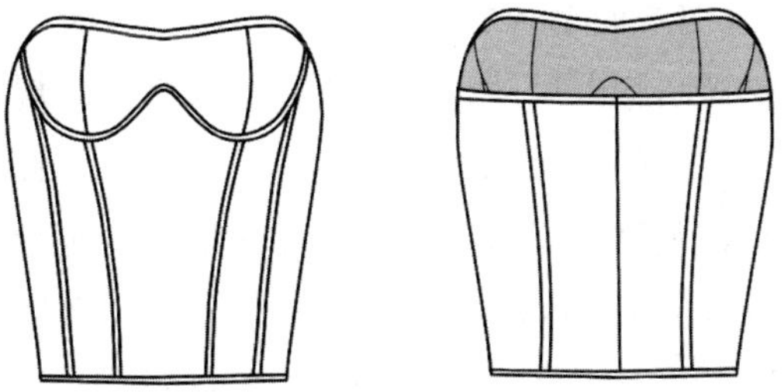

图5-1　紧身胸衣的款式图

表5-1　纵向分割线中腰紧身胸衣款式特征分析表

项目	特征	款式特征分析	款式着装图
服装类型	贴身型	本款服装为胸腰处紧贴身体的经典婚纱礼服胸衣。抹胸、无袖，前身有双道胸腰省直形分割线和横向曲线分割线，后身有单道腰背省直形分割线。后中装拉链。可选用网纱、丝绸、醋酸等面料制作，适合身材窈窕的年轻女性穿着	
轮廓结构	胸、腰紧贴身体，起束腰、提胸效果，长度及腰		
部件附件	抹胸、无袖，前身有双道胸腰省直形分割线和横向曲线分割线，后身有单道腰背省直形分割线，后中装拉链		
服装风格	婚纱礼服经典胸衣		
所用面料	网纱、丝绸、醋酸等面料均可		图5-2　紧身胸衣着装效果图

表5-2　紧身胸衣规格尺寸设计说明表

项目	公式	设计依据
号型	160/84A	国标号型的中间标准
胸围 B	净胸围 $B^*+2=86cm$	紧贴身体的贴身服装
腰围 W	净腰围 $W^*+0=66cm$	160/84A体的净腰围为66cm，因腰部紧贴身体，所以围度不加放

表5-3　紧身胸衣规格尺寸表

部位	号型	胸围 B	腰围 W
尺寸	160/84A	86	66

（3）纵向分割线中腰紧身胸衣的结构制图

制作紧身胸衣，不仅要控制胸围尺寸，还需要额外控制两个规格：胸上围尺寸和胸下围尺寸。控制胸上围会使最终成形的面料和胸部曲线尽可能贴合，控制胸下围可以精确地调整胸部轮廓，有助于重塑、凸显胸型。紧身胸衣的制作一般需要配合鱼骨来造型。本款紧身胸衣在横向、纵向分割线，顶边、底边内加装鱼骨。

纵向分割线中腰紧身胸衣的结构图如图5-3所示。结构制图过程如下。

码5-2　纵向分割线中
腰紧身胸衣的结构制图

图5-3　纵向分割线中腰紧身胸衣的结构图

①复制婚纱礼服连身原型。

②根据款式将前片从单腰省结构调整为双腰省结构，使前中省大约为2cm，前侧省大为1.5cm。

③将前片腋下省转移为肩胸省结构。

④按款式图进行前片分割线造型。紧身胸衣的上胸口距乳高点7cm；下胸口距乳高点6cm。

⑤在上胸围处增加0.5cm的省量（使胸上围尺寸减小0.5cm，顶边更贴合人体），在下胸围处增加1cm的省量（使胸下围尺寸减小1cm，更好地塑造胸形）。

⑥忽略罩杯上前侧省剩余的微小省量。

⑦根据款式绘制后片结构。

⑧标注必要的尺寸（只标注调整过的尺寸和新尺寸）。

2. 纵向分割线中腰紧身胸衣的样板制作

图5-4是纵向分割线中腰紧身胸衣的工业样板图，在图中对缝份加放、面料纱向、文字标注、定位定型点标注等关键操作进行了注释。说明如下。

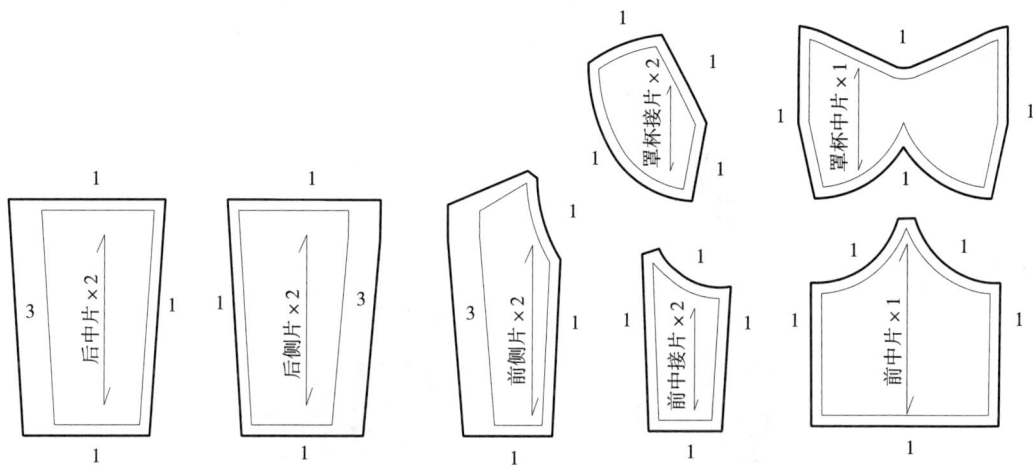

图5-4　纵向分割线中腰紧身胸衣的工业样板图

①后中、侧缝放缝3cm。婚纱礼服类的服装非常贴身，一般都在侧缝、后中的缝份加放中留有3cm调整尺寸的余量。

②对于加入鱼骨工艺的缝边，根据不同的鱼骨缝制工艺和鱼骨尺寸来进行缝份加放。如果直接把鱼骨缝在缝份上，则加放1cm的缝份。图5-4的紧身胸衣就是如此。如果需要缝制抽带管，把鱼骨穿入其中，缝份的宽度就要根据不同的鱼骨宽度、面料材质改变，一般加放1~2cm的缝份。

③除上述缝边外的其他缝份常规加放1cm。

④样板包括左右对称的前中片、罩杯中片、罩杯接片、前中接片、前侧片、后中片和后侧片。

3. 纵向分割线中腰紧身胸衣的坯布试样制作

坯样试样的目的在于对设计样板的检验和修正，以及对服装结构设计原理和应用的进一步理解。大多情况下，针对无弹力面料服装的样板试样使用坯布来进行。一般坯布试样的操作过程如下。

①裁剪。依样板裁剪坯布。

②别样。按净缝线缝合或用大头针别和坯布，使之立体成型。

③调样。在人台或人体上进行坯样的调整，使之尽可能贴合人体和契合款式，并在坯样上做出所有修改的标记。

④样板优化。将坯布修改标记转移到纸样上，完成纸样的修改。进行新一轮坯样试制。

在坯布试样过程中，坯布别样需要按照合理的工艺流程来进行。婚纱礼服类服装的材料包括面料、里料，以及鱼骨、弹力网、加强网等各类辅料，婚纱礼服的工艺缝制涉及面料层、里料层、各类辅料及其辅料层的缝制，工艺流程比较复杂，但其核心流程与坯布别样的顺序（也称为工艺流程）是一致的。图5-5纵向分割线中腰紧身胸衣的坯布别样（缝合或别和）工艺流程如下。

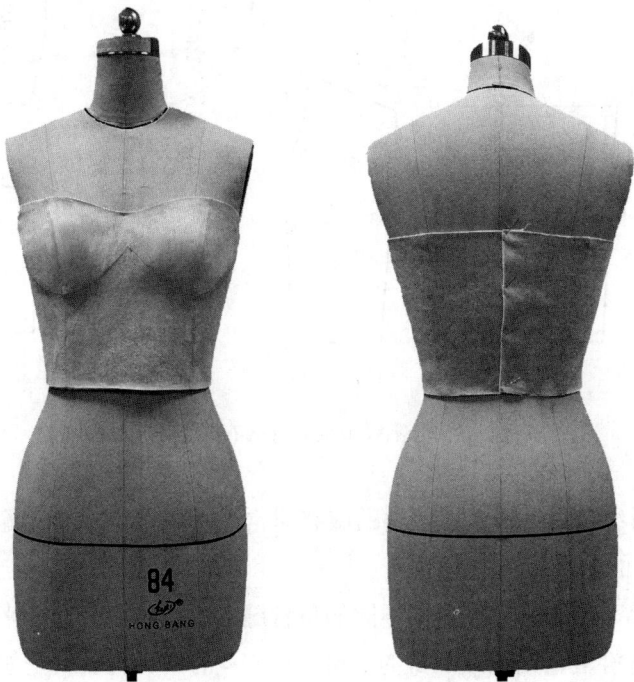

图5-5 纵向分割线中腰紧身胸衣的坯样

①做前片。

辑合罩杯中片、罩杯接片，熨烫，形成罩杯片；

辑合前中片、前中接片、前侧片，熨烫，形成前下片；

辑合罩杯片、前下片，熨烫，形成完整前片。

②做后片。分别辑合左、右后中片、后侧片，熨烫，形成左后片、右后片。

③合侧缝。辑合前片侧缝和后片侧缝，熨烫。

④做上下贴。裁剪4cm斜裁贴边，与紧身胸衣正面相对，分别辑合（1cm缝份）在紧身胸衣的顶边和底边，辑合时注意贴边在上，略收紧，熨烫。

⑤别和后中缝。将缝合好的坯样穿着在人台上，按缝份、别和规范别和后中缝。

🌱 举一反三

紧身胸衣的款式变化丰富。依腰线所在的位置，紧身胸衣分为高腰、中腰和低腰款式。结构设计时，针对不同腰位的紧身胸衣，需要以婚纱礼服连身原型为基础，结合款式来进行结构的调整，不同款式紧身胸衣的结构设计原理与方法是相同的。

💥 引导性问题1

如果紧身胸衣的款式如图5-6所示，其结构如何变化？

图5-6　V形下摆低腰紧身胸衣

本款紧身胸衣——V形下摆低腰紧身胸衣的结构设计要点如下。

（1）贴身度

紧身胸衣与纵向分割线中腰紧身胸衣的衣身贴身度相同，规格尺寸不变（$B=88cm$，$W=66cm$。详细内容见表5-2）。

（2）分割线

本款紧身胸衣的衣身分割线与纵向分割线中腰紧身腰衣形式相同，前后身分割线结构设计方式不变（图5-3）。

（3）下摆结构

本款紧身胸衣不同之处在于长度过腰，是常规的低腰款式，一般低腰量为2~3cm。下摆为V形的造型，在低腰的基础上按造型进行结构制图，本款前中下7cm。后衣身底边线为曲线，以保证纵向结构线与横向底边线形成的夹角为90°。本款V形下摆低腰紧身胸衣的结构如图5-7所示。

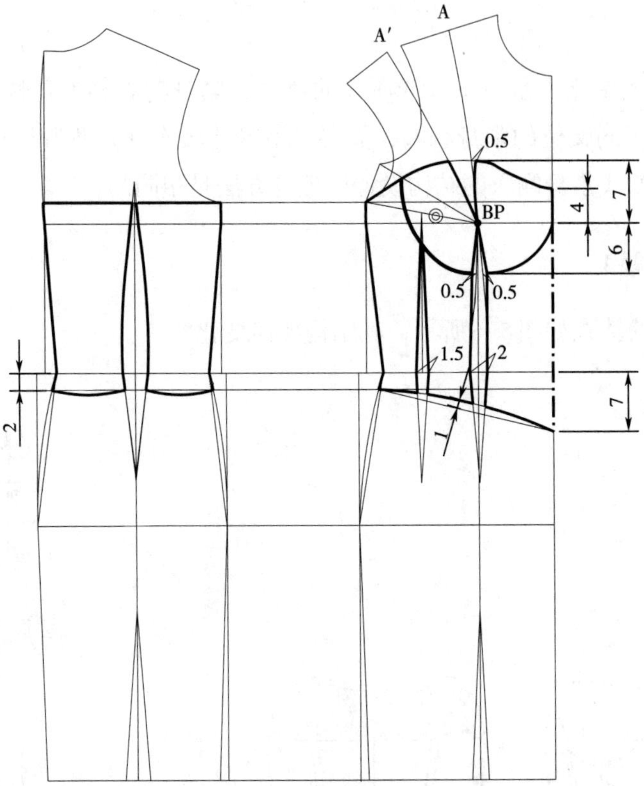

图5-7　V形下摆低腰紧身胸衣的结构图

引导性问题2

如果紧身胸衣的款式如图5-8所示，其结构和样板如何变化？

图5-8　罩杯横向分割中腰紧身胸衣

本款紧身胸衣——罩杯横向分割中腰紧身胸衣的结构设计要点如下。

（1）贴身度

紧身胸衣与纵向分割线中腰紧身胸衣的衣身贴身度相同，规格尺寸不变（B=88cm，W=66cm。详细内容见表5-2）。

（2）下摆结构

本款紧身胸衣长度及腰，是常规的中腰款式，与纵向分割线中腰紧身胸衣相同。

（3）分割线

本款紧身胸衣的衣身分割线与纵向分割线中腰紧身胸衣不同。前身的纵向分割线与纵向分割线中腰紧身胸衣相似，但在前中心线断开，增加一条前中的纵向分割线。前身左右各有一条对称的环绕乳房形态的独立曲线罩杯分割线，罩杯内为横向分割线。本款罩杯横向分割中腰紧身胸衣的结构如图5-9所示。其结构设计过程如下。

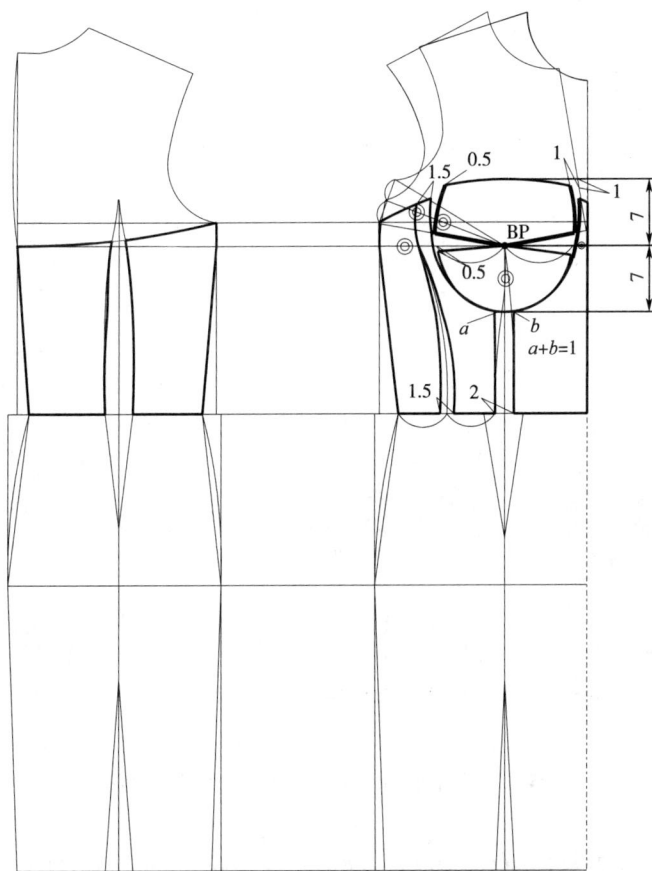

图5-9　罩杯横向分割中腰紧身胸衣的结构

①复制婚纱礼服连身原型。

②将前片腋下省分为两等份，一份转移为门襟省，另一份转移到胸围线上，成为胸围线上的腋下省。

③按款式图进行前片分割线造型。紧身胸衣的上胸口距乳高点7cm；下胸口距乳高点7cm。

④拼合前中上片与前中下片，修顺衣身上的罩杯曲线。

⑤拼合前侧上片和前侧下片，修顺衣身上的罩杯曲线。

⑥将前片单腰节省（3.5cm）根据款式调整为双腰节省（2cm+1.5cm），其中临近侧缝的省，依据款式绘制为曲线省，省大1.5cm，省位尺寸依据款式确定，省尖点在胸围线上，距离罩杯曲线1.5cm，省中点在腰节线上，在临近中线的省和侧缝之间约1/2处。

⑦将罩杯纵向省合并，转移为前门襟省。

⑧在上胸围处增加0.5cm的省量（使胸上围尺寸减小0.5cm，顶边更贴合人体），在下胸围处增加1cm的省量（使胸下围尺寸减小1cm，更好地塑胸）。

⑨依据款式绘制后片结构。

⑩标注必要的尺寸（只标注变化尺寸和新尺寸）。

引导性问题3

如果紧身胸衣的款式如图5-10所示，其结构如何变化？

图5-10 罩杯横向分割V形下摆低腰紧身胸衣

本款紧身胸衣——罩杯横向分割V形下摆低腰紧身胸衣的结构设计要点如下。

（1）贴身度

紧身胸衣与纵向分割线中腰紧身胸衣的衣身贴身度相同，规格尺寸不变（B=88cm，W=66cm。详细内容见表5-2）。

（2）分割线

本款紧身胸衣的衣身分割线与纵向分割线中腰紧身腰衣不同，与引导性问题2所述款式的分割线的形式相同，结构设计方法和过程如图5-9所示。

（3）下摆结构

本款紧身胸衣长度过腰，下摆为V形的低腰造型，与引导性问题1所述款式的下摆形式相同，结构设计方法如图5-7所示，最终的结构图如图5-11所示。

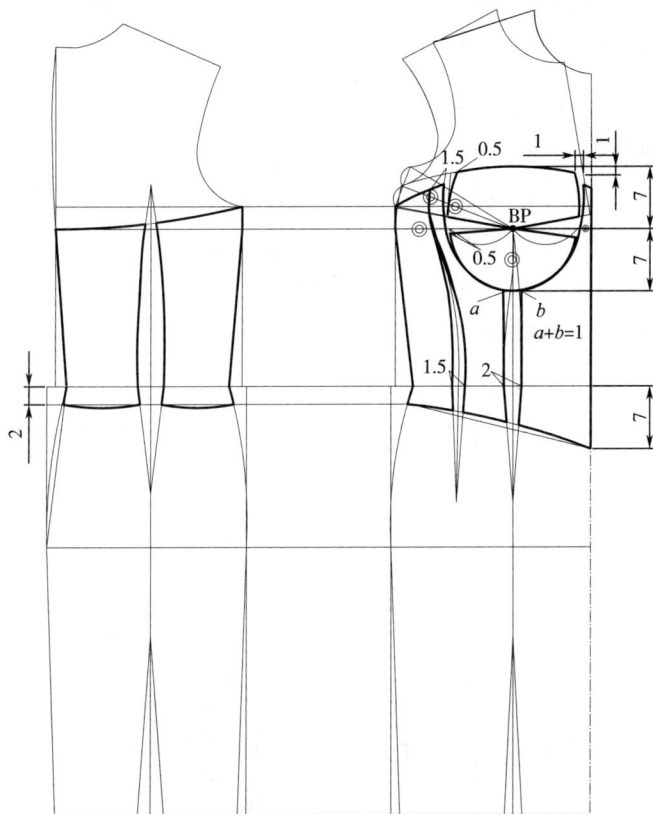

图5-11　罩杯横向分割V形下摆低腰紧身胸衣的结构图

🔬 引导性问题4

如果紧身胸衣的款式如图5-12所示，其结构如何变化？

本款紧身胸衣——长款纵向分割喇叭下摆紧身胸衣的结构设计要点如下。

（1）贴身度

本款胸衣是长款的紧身胸衣，在腰节线以下有较长的下摆，与纵向分割线中腰紧身胸衣在腰节线以上的衣身贴身度相同，规格尺寸不变（$B=88cm$，$W=66cm$。详细内容见表5-2）。在腰节线以下前短后长的下摆外展，形成松身的小喇叭造型。

（2）分割线

本款紧身胸衣的衣身分割线与纵向分割线中腰紧身胸衣形式相同，前后身分割线结构设计方式不变（图5-3）。分割线长度随衣身的款式变化而加长。

（3）下摆结构

本款紧身胸衣下摆呈前短后长的小喇叭造型，根据款式和比例，前中长度确定为腰节线以下7cm，后中长度确定为腰节线以下25cm。由于下摆呈小喇叭造型，所以在结构设计时，在衣身的每一条分割线上，腰节线以下绘制成向外展开的结构，展开的原则是后衣身展开量大一些。长款纵向分割喇叭下摆紧身胸衣的结构如图5-13所示。其中，前中片下摆不变，前中接片展开下摆左右各1cm，前侧片展开下摆左1.5cm右1cm，后侧片展开下摆左右各2cm，后中片展开下摆左2cm右2.5cm。

图5-12　长款纵向分割喇叭下摆紧身胸衣

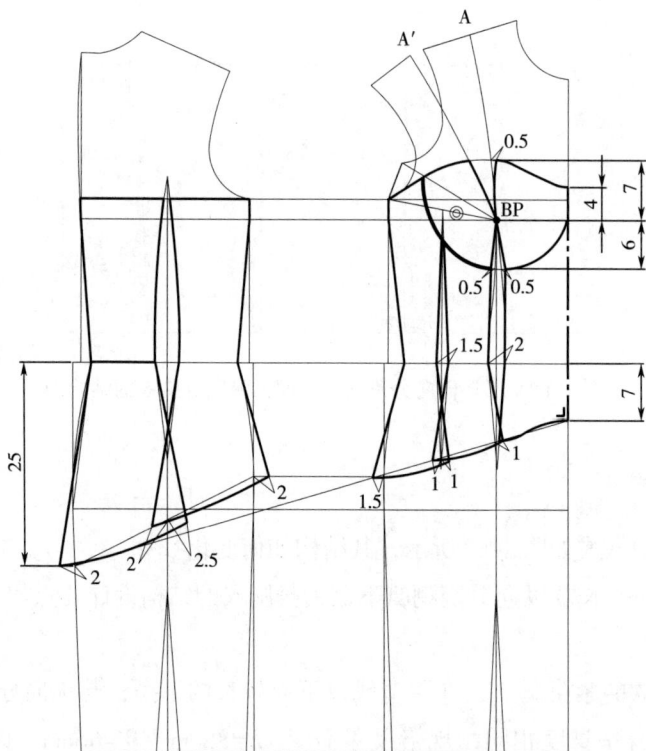

图5-13　长款纵向分割喇叭下摆紧身胸衣的结构图

巩固训练

1. 完成图5-10罩杯横向分割V形下摆低腰紧身胸衣的1：1比例的结构图、样板制作和坯样试制。

2. 以小组为单位，选择企业定制款紧身胸衣，完成本组选定款紧身胸衣的结构设计、样板制作和坯样试制。

3. 使用服装CAD软件，完成长款纵向分割喇叭下摆紧身胸衣的结构制图与制板。

学习评价

项目	评分要点	分值	自评	互评	师评	企业评价	备注
专业术语应用	准确、熟练	10					
操作过程	合理、工具使用正确、熟练	10					
结构设计	款式分析准确，规格设计合理，结构制图正确、线条规范，粗细得当，图面整洁。能够完成变化款式的纸样设计	30					
打板	线条流畅、均匀；缝份加放合理；标注、标记完整规范、样板裁切干净顺畅准确	20					
裁剪和别样	操作规范，成型整洁，缝迹顺畅	10					
调样和优化	操作规范，调样准确，标记齐全，有明显的优化成效	10					
坯样别样工艺流程	科学合理，利于操作	10					
合计		100					

任务二　中腰断腰款连身婚纱礼服结构设计与样板制作

任务导入

完成不同款式中腰位断腰的连身婚纱礼服的结构设计、样板制作和坯布试样制作。

任务要求

1. 能进行中腰断腰款连身婚纱礼服的类型判断。

2. 能进行中腰断腰款连身婚纱礼服的款式特征分析。

3. 能进行中腰断腰款连身婚纱礼服的规格尺寸设计。

4. 能进行中腰断腰款连身婚纱礼服的结构制图。

5. 能进行中腰断腰款连身婚纱礼服的样板制作。

6. 能进行中腰断腰款连身婚纱礼服的坯布试样制作。

7. 能进行中腰断腰款连身婚纱礼服的坯布别样工艺流程编制。

✖ 任务实施

连身的婚纱礼服从腰部结构进行区分，分为断腰款和连腰款。断腰款是衣身和下裙在腰部有横向断腰分割线的婚纱礼服款式，断腰位可以在中腰、高腰或低腰的位置。连腰款是衣身和下裙在腰部无横向分割线，不断开的婚纱礼服款式。不论是断腰款还是连腰款，其结构设计都在婚纱礼服连身原型的基础进行，结构设计原理都是一致的，只是因款式的不同其操作过程和步骤会有差别。对于同一款婚纱礼服，不同的制板师的操作过程也可以不同，但最终的结果是一致的。下面以中腰断腰大褶裥连身礼服为例来展开任务实施。

1. 中腰断腰大褶裥连身礼服的结构设计

（1）中腰断腰大褶裥连身礼服的款式特征分析

中腰断腰大褶裥连身礼服是经典款的婚纱礼服，胸、腰处贴身，下裙设置规则的阴阳大褶裥，形成自然的A形下摆，在中腰处断腰，长度及踝，前身肩胸省直行分割线，后身肩背省直行分割线，塑造了契合女性人体特征的适体造型，款式如图5-14所示，着装效果如图5-15所示，其款式特征分析表见表5-4。

图5-14 中腰断腰大褶裥连身礼服

表5-4 中腰断腰大褶裥连身礼服款式特征分析表

项目	特征	款式特征分析	款式着装图
服装类型	贴身型，连身礼服	本款服装为胸腰贴身、臀部宽松的大褶裥中腰断腰连身婚纱礼服。裙腰采用有规律的阴阳褶裥，形成有律动感的A形造型。圆领、无袖，前身有单道肩胸省直形分割线，后身有单道肩背省直形分割线。可选用网纱、丝绸、醋酸等面料制作，不同的面料应用于不同的场合	
轮廓结构	胸、腰贴身，臀宽松。下裙为腰部有阴阳褶裥的大褶裙，长度及踝		
部件附件	圆领、无袖，前身单道肩胸省直形分割线，后身单道肩背省直形分割线		
裙腰位置	中腰位断腰		
服装风格	经典款婚纱礼服		图5-15 中腰断腰大褶裥连身礼服效果图
所用面料	网纱、丝绸、醋酸等面料均可		

（2）中腰断腰大褶裥连身礼服的规格设计

中腰断腰大褶裥连身礼服规格尺寸设计说明表见表5-5，规格尺寸表见表5-6。

表5-5 中腰断腰大褶裥连身礼服规格尺寸设计说明表

项目	公式	设计依据
号型	160/84A，160/66A	国标中间标准体
后中总长	136+2=138cm	及踝连身礼服。160cm中间标准体颈椎点高为136cm，加放2cm长度松量
胸围B	净胸围B^*+2=86cm	胸部贴身型婚纱礼服
腰围W	净腰围W^*+2=68cm	腰部贴身。160/66A体的净腰围为66cm，腰加放2cm
原型臀围$H_{原型}$	$H_{原型}$=净臀围H^*+2=92cm	礼服下裙结构设计依婚纱礼服连体原型而来，臀部宽松，不控制成品臀围，选择控制原型臀围尺寸，即$H_{原型}$=净臀围H^*+2=92cm
肩宽S	S=38-2=36cm	依款式肩宽小于原型肩宽，左右各收1cm

表5-6 中腰断腰大褶裥连身礼服规格尺寸表

部位	号型	胸围B	腰围W	原型臀围$H_{原型}$	后中总长L	肩宽S
尺寸	160/84A，160/66A	86cm	68cm	92cm	138cm	36cm

（3）中腰断腰大褶裥连身礼服的结构制图

中腰断腰大褶裥连身礼服的结构设计要点如下。

①以婚纱礼服连身原型为基础，分别进行衣身和下裙的制图。

②中腰款式，断腰分割线定位在腰节线上。

③调整连身原型的腰省量，使成品腰围尺寸比原型增大2cm。

④将原型的腋下省转移为肩胸省，并连省成缝，形成前身肩胸省直行分割线。

⑤将后腰省融入后身的肩背省直行分割线。

⑥以连身原型腰节线以下结构为基础，进行加长、省道合并、裙片切展增加褶裥量等操作，形成本款礼服的下裙结构图。

⑦衣身和裙的匹配关键点在于：前裙腰尺寸－褶裥量＝前衣身腰尺寸；后裙腰尺寸－褶裥量＝后衣身腰尺寸。

中腰断腰大褶裥连身礼服的衣身结构图如图5-16所示，下裙结构图如图5-17所示。结构制图过程如下。

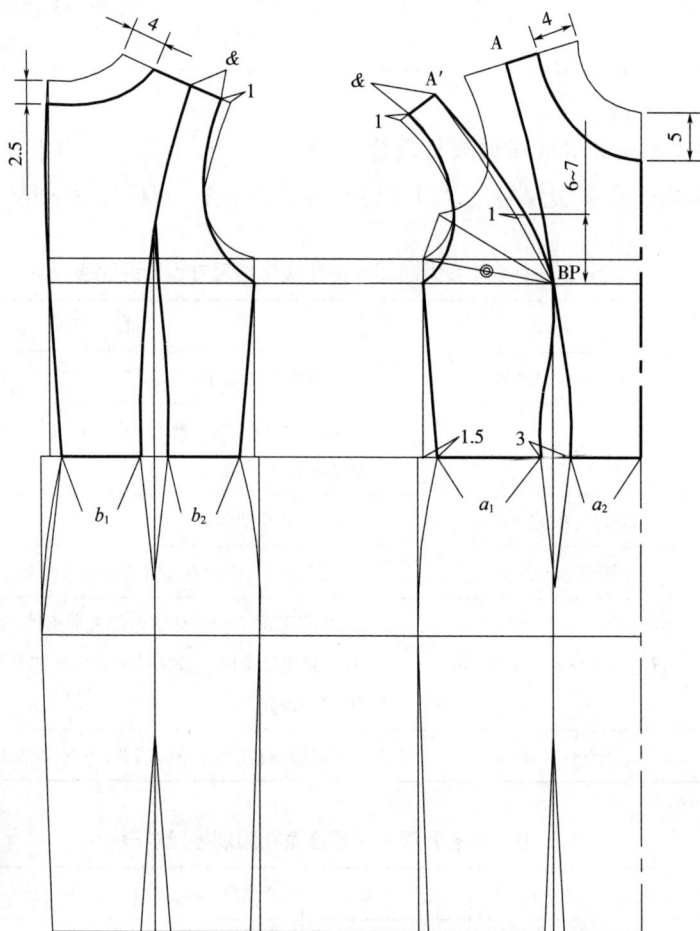

码5-3　中腰断腰大褶
裥连身礼服的结构制图

图5-16　中腰断腰大褶裥连身礼服的衣身结构图

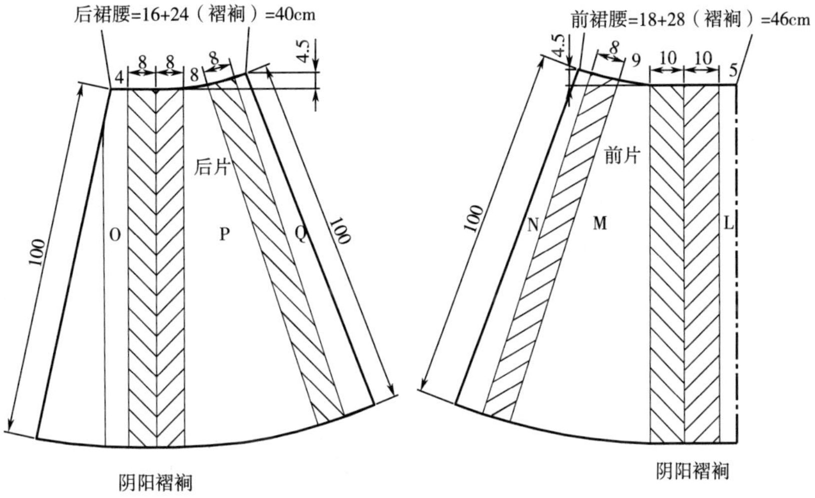

后裙腰=16+24（褶裥）=40cm

前裙腰=18+28（褶裥）=46cm

后片

前片

阴阳褶裥

阴阳褶裥

图5-17　中腰断腰大褶裥连身礼服的下裙结构图

①复制婚纱礼服连身原型。

②根据成衣尺寸调整胸围、腰围尺寸。礼服胸围尺寸与原型同，腰围尺寸增大2cm（即 W/2 增大1cm），使前侧缝腰省从2cm变为1.5cm，前腰节省从3.5cm变为3cm。

③将前片腋下省转移为肩省并连省成缝。

④调整肩宽、袖窿深尺寸。前后肩点沿肩斜各内收1cm（肩宽比原型缩小2cm），袖窿深向下扩展2.5cm，画顺新袖窿弧线。

⑤按款式调整横开领、直开领。前后横开领同时沿肩缝线扩大4cm，前直开领向下扩大5cm，后直开领向下扩大2.5cm。

⑥依前片分割线位置，绘制后片肩背省直行分割线，在其中融入后片腰省。

⑦标注衣身必要尺寸。从婚纱礼服连身原型到礼服衣身的结构转换过程如图5-18所示。

⑧根据衣长加出下裙长度。下裙长＝后中总长－背长=138-38=100（cm）。

⑨合并下裙腰省。原型裙底边省不影响造型，可忽略。

⑩根据款式设计裙片的切展位和褶裥量，裙片切展并加入褶裥。从婚纱礼服连身原型到礼服下裙的结构转化过程如图5-19所示。

⑪标注下裙的必要尺寸。

本款婚纱礼服下裙的结构从裙原型变化而来，经过了腰省合并，设立分割线并在其中加入阴阳褶裥的过程，图5-19说明了这个转化过程，最终得到了下裙结构，此结构在手工打板时可以依经验直接绘制，相关数据如图5-17所示。

2. 中腰断腰大褶裥连身礼服的样板制作

图5-20是中腰断腰大褶裥连身礼服的工业样板图，在图中对缝份加放、面料纱向、文字标注、定位定型点标注等关键操作进行了注释。说明如下。

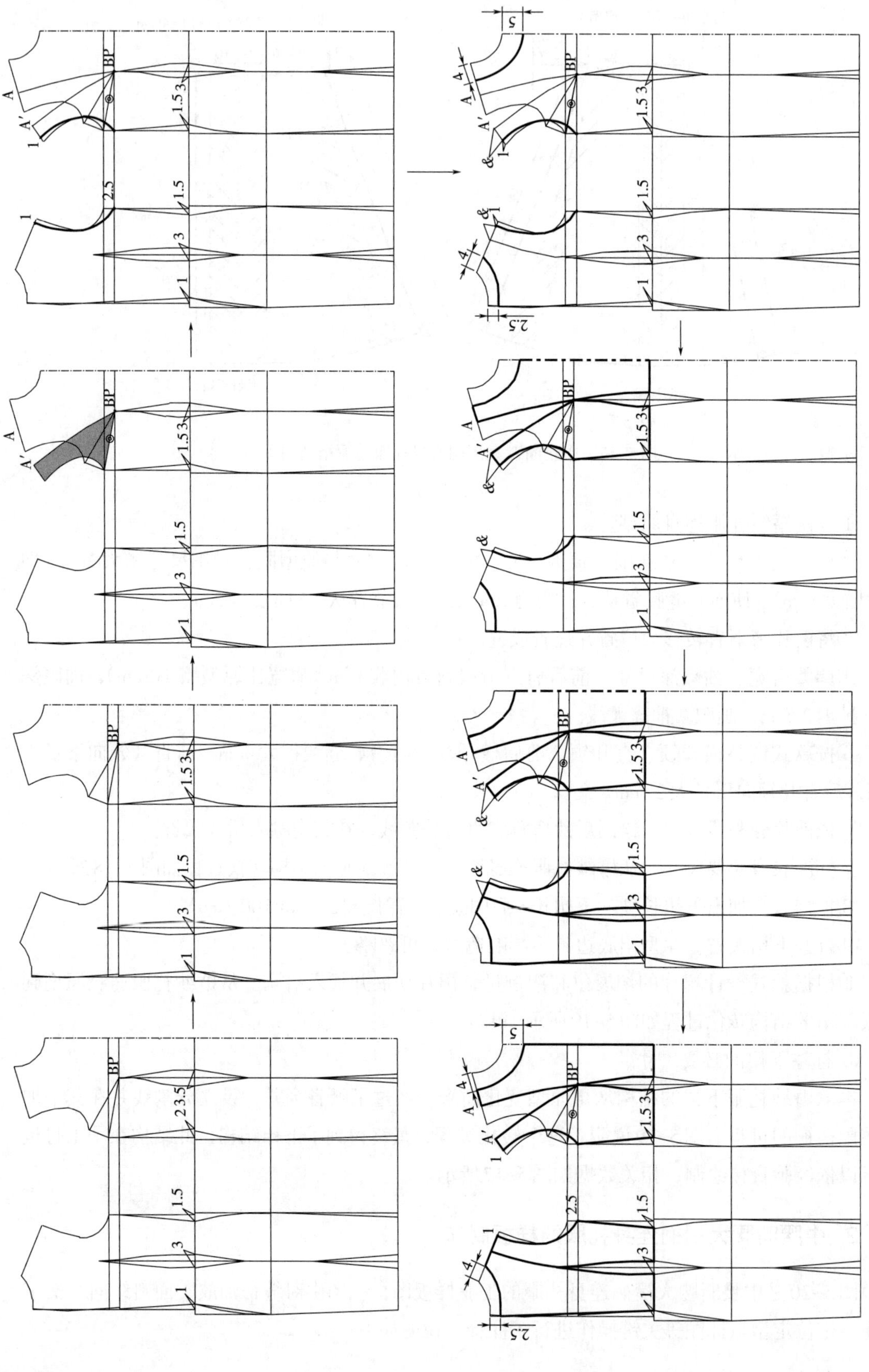

图5-18 从婚纱礼服连身原型到礼服衣身结构的转化过程

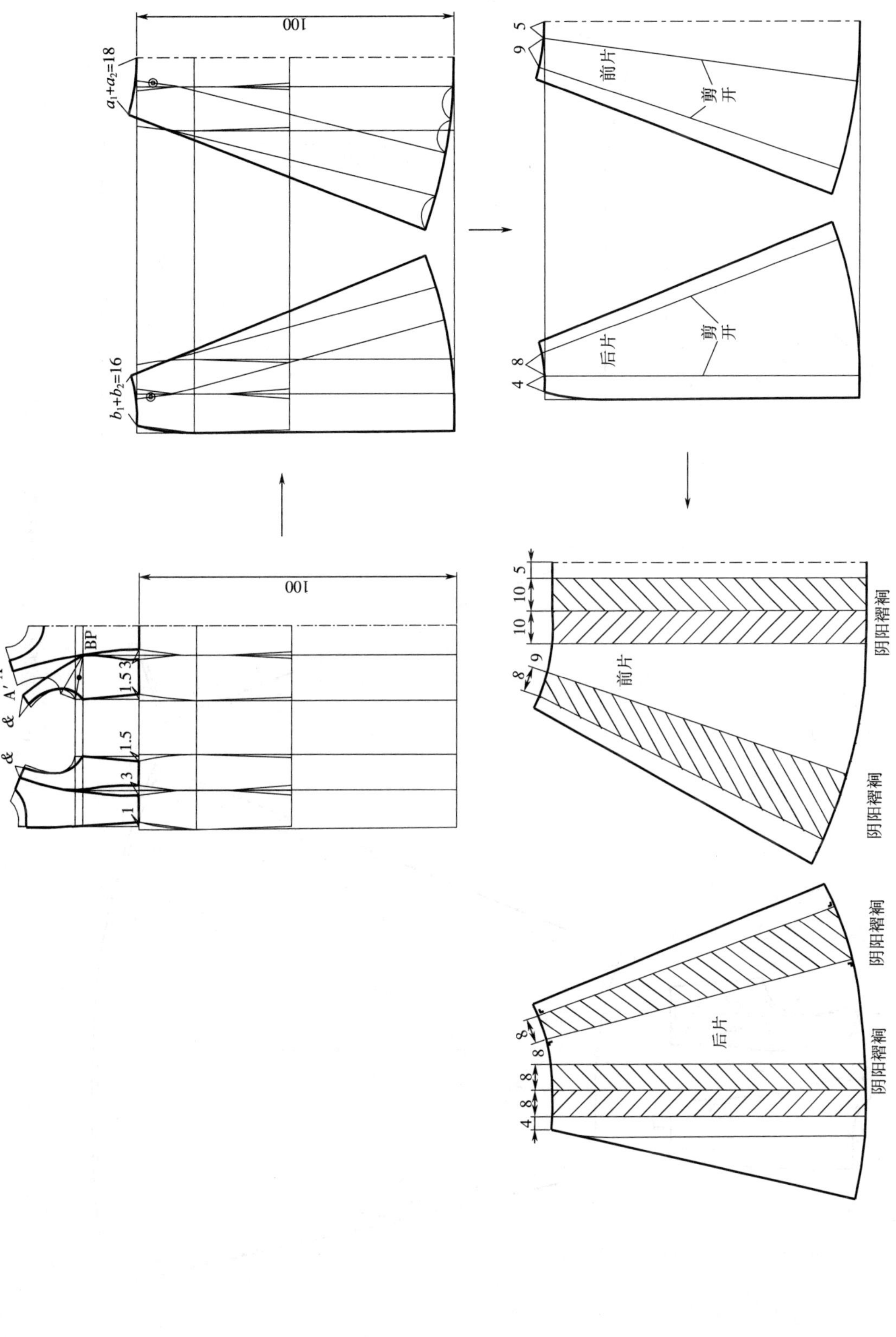

图 5-19　从婚纱礼服连身原型到礼服下裙的结构转化过程

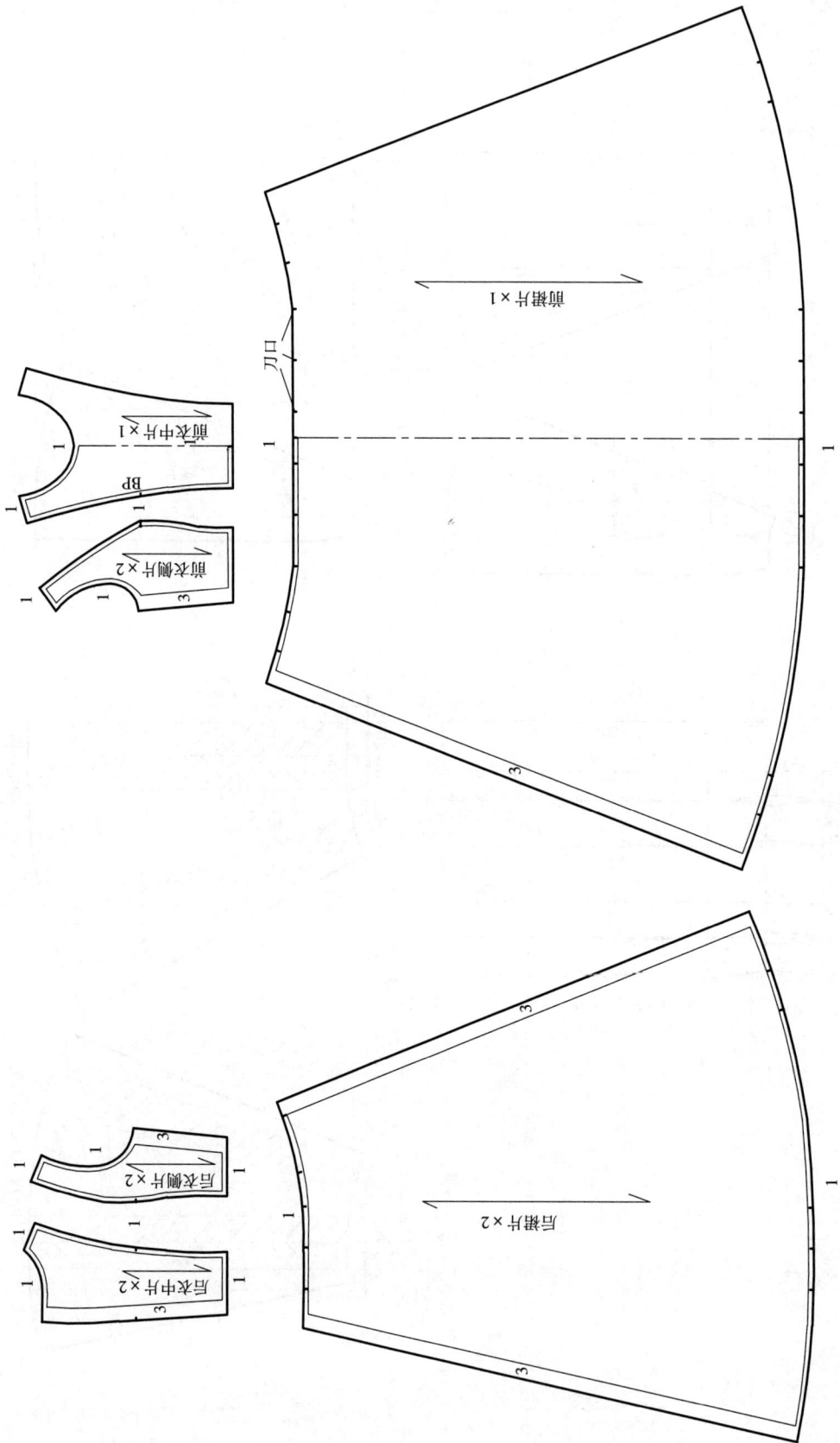

图5-20 中腰断腰大裙裾连身礼服的工业样板图

①后中、侧缝放缝3cm。

②底边放缝与面料和工艺相关，如果是加弹力网或斜裁面料等贴边的工艺，底边缝份加放1cm。如果底边直接卷边，则底边缝份加放4cm。本款礼服另加贴边，底边放缝1cm。

③其他缝份常规加放1cm。

④婚纱礼服不仅包括面料样板，还包括里料样板、衬料样板以及在面料和里料之间的托底样板。本款做坯样，主要制作面料样板。

⑤样板包括左右对称的前衣中片、前衣侧片、后衣中片、后衣侧片、裙前片、裙后片。

⑥本款礼服刀口针对各裁片拼合时的定位。刀口位包括：衣身分割线与胸围线的交点、前衣身中片腰口线中点、前后下裙腰口线中点、前后衣身辑合褶裥定位点、下裙褶裥位。本款礼服的下裙褶裥是从腰部定形直到底边的褶裥，裙腰口线和裙底边线都需要标示出刀口位。一般，在样板图上，某一个位置的刀口用垂直于该点切线方向的长0.5～1cm的线段表示（图5-20）。本款下裙刀口位依据褶裥的位置和大小来标注，如图5-21所示。

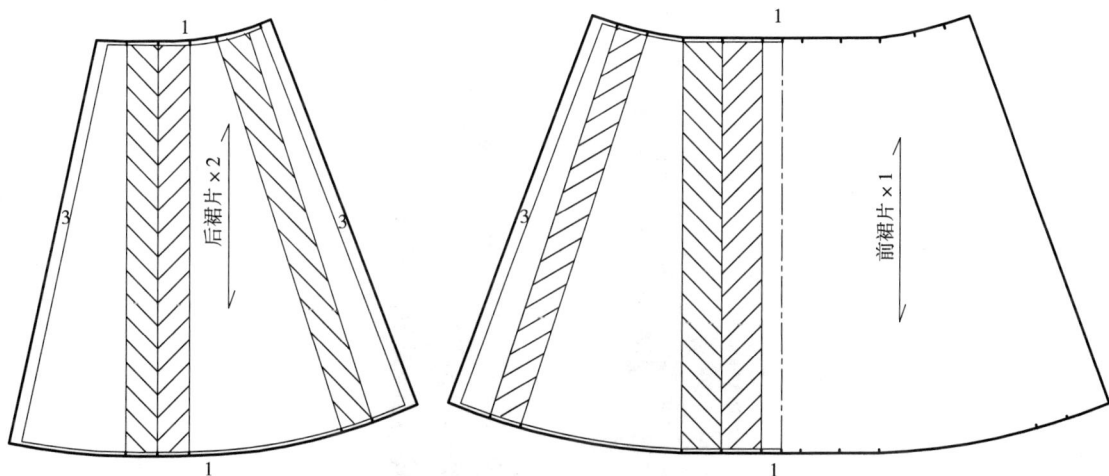

图5-21　中腰断腰大褶裥连身礼服下裙的刀口位参照

3. 中腰断腰大褶裥连身礼服的坯布试样制作

中腰断腰大褶裥连身礼服坯布试样遵循裁剪、别样、调样、样板优化的操作过程。

在坯布试样过程中，坯布别样需要按照合理的工艺流程来进行。本款中腰断腰大褶裥连身礼服坯的布别样（缝合或别和）工艺流程如下。

①做前片。对齐刀口位，分别辑合前衣中片、前衣侧片的分割线，熨烫，缝份倒向侧缝，形成前衣身片。

按1cm扣烫底边，然后按刀口位、阴阳折方向依次折叠前裙省，0.6cm粗缝固定，按折叠方向、刀口位依次从上到底边熨烫，形成前裙片。

辑合前衣身片、前裙片腰口线，熨烫，缝份倒向衣身，形成完整前片。

②做后片。对齐刀口位，分别辑合后衣中片、后衣侧片的分割缝，熨烫，缝份倒向侧缝，形成左右两片后衣身片。

按1cm缝份扣烫底边，然后按刀口位、阴阳折方向依次折叠后裙省，0.6cm粗缝固定，按折叠方向依次从上到底边熨烫，形成左、右后裙片。

辑合后衣身片、后裙片腰口线，熨烫，缝份倒向衣身，形成完整的左、右后片。

③合侧缝。辑合前片侧缝和后片侧缝，注意起点、腰口线、终点对齐，熨烫，缝份倒向后片。

④合肩缝。辑合前片肩缝和后片肩缝，注意起、终点对齐，熨烫，缝份倒向后片。

⑤做领、袖窿贴边。裁剪4cm宽斜裁贴边，与衣身正面相对，分别辑合（1cm缝份）在礼服的领圈、袖窿圈，辑合时注意贴边在上，略收紧，烫平缝迹线，衣身在上、贴边在下0.1cm扣烫，翻到衣身正面熨烫，使正面不漏贴边。

⑥别和后中缝。将缝合好的坯样穿着在人台上，按缝份、别和规范别和后中缝。

本款中腰断腰大褶裥连身礼服的坯样如图5-22所示。

图5-22　中腰断腰大褶裥连身礼服的坯样

🌱 举一反三

中腰断腰礼服的下裙款式可以是褶裙款、斜裙款以及褶裥和斜裙结合的大A形款。结构设计时，按下裙结构设计原理（参见项目二），进行下裙部分的结构设计。

🔬 引导性问题1

中腰断腰大A形露背连身礼服的款式如图5-23所示，参考中腰断腰大褶裥连身礼服，如何进行本款礼服的结构设计？

图5-23　中腰断腰大A形露背连身礼服的款式

　　本款中腰断腰大A形露背连身礼服的实物图片如图5-24所示，是胸腰贴身、臀部宽松的大A形露背经典礼服，前长及地，后片有小拖摆。前后裙腰各有一对面对面折叠的超大褶裥。圆领（造型偏方）、无袖，前身公主线分割，后身刀背缝分割。面料可选用黏胶纤维、丝绸、醋酸等面料。本款礼服实物为厚缎面料，结构设计要点如下。

图5-24　中腰断腰大A形露背连身礼服的实物图

（1）规格尺寸

本款礼服与中腰断腰大褶裥连身礼服的衣身贴身度相同，胸围、腰围、肩宽的规格尺寸不变（B=88cm，W=68cm，S=36cm）。下裙的前裙及地，且为大A摆的斜裙（中腰断腰大褶裥连身礼服为褶裙），面料又有一定的硬挺度，所以在裙长设计时，需要加放12cm左右的斜度余量，前裙总长L=136（颈椎点高）+12（斜度余量）+4（前上平线高于后上平线的尺寸）=152cm。同时，下裙的后裙有一个小拖摆，在136（颈椎点高）+12（斜度余量）=148cm的基础上再加放25cm的放量（一般拖摆需加放20cm以上），后中总长=148+25=173cm。本款中腰断腰大A形露背连身礼服的规格尺寸表见表5-7。

表5-7　中腰断腰大A形露背连身礼服的规格尺寸表

部位	号型	胸围B	腰围W	原型臀围$H_{原型}$	前裙总长L	后中总长L_1	肩宽S
尺寸	160/84A，160/66A	86cm	68cm	92cm	152cm	173cm	36cm

（2）分割线

礼服的前衣身分割线为公主分割线，后衣身分割线为刀背分割线，与中腰断腰大褶裥连身礼服形式不同，但省道处理方法类似，前片腋下省转移成袖窿省，后片将腰节省融入刀背分割线之中。

（3）领结构

礼服的领造型如图5-23所示。结构设计时，根据所见即所得的无领片领原理，依造型确定横开领、直开领的加放量。本款礼服为小露背礼服，露背造型由后横开领和后直开领的尺寸来控制。中腰断腰大A形露背连身礼服的衣身结构如图5-25所示。

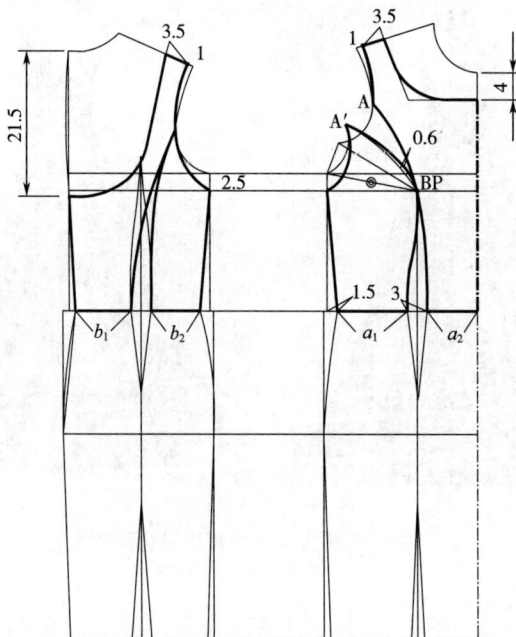

图5-25　中腰断腰大A形露背连身礼服的衣身结构图

（4）下裙结构

本款礼服在中腰处断腰，下裙结构偏向为大A摆的斜裙（中腰断腰大褶裥连身礼服偏向于褶裙），腰口线比中腰断腰大褶裥连身礼服的腰口线更加弯曲。结构设计时，首先裙腰尺寸不变，进行等份斜向切展，使下摆增大，形成大A形斜裙结构，再从腰口线上确定加入褶裥的位置点，在该点切线的垂直方向设计从腰口到下摆的剪开线，并加入前裙腰口18cm、底边36cm的上小下大褶裥，后裙腰口12cm、底边0（尺寸根据款式调整）的展开式褶裥。中腰断腰大A形露背连身礼服的下裙结构如图5-26所示。由婚纱礼服连身原型到下裙结构的裙结构转化过程如图5-27所示。

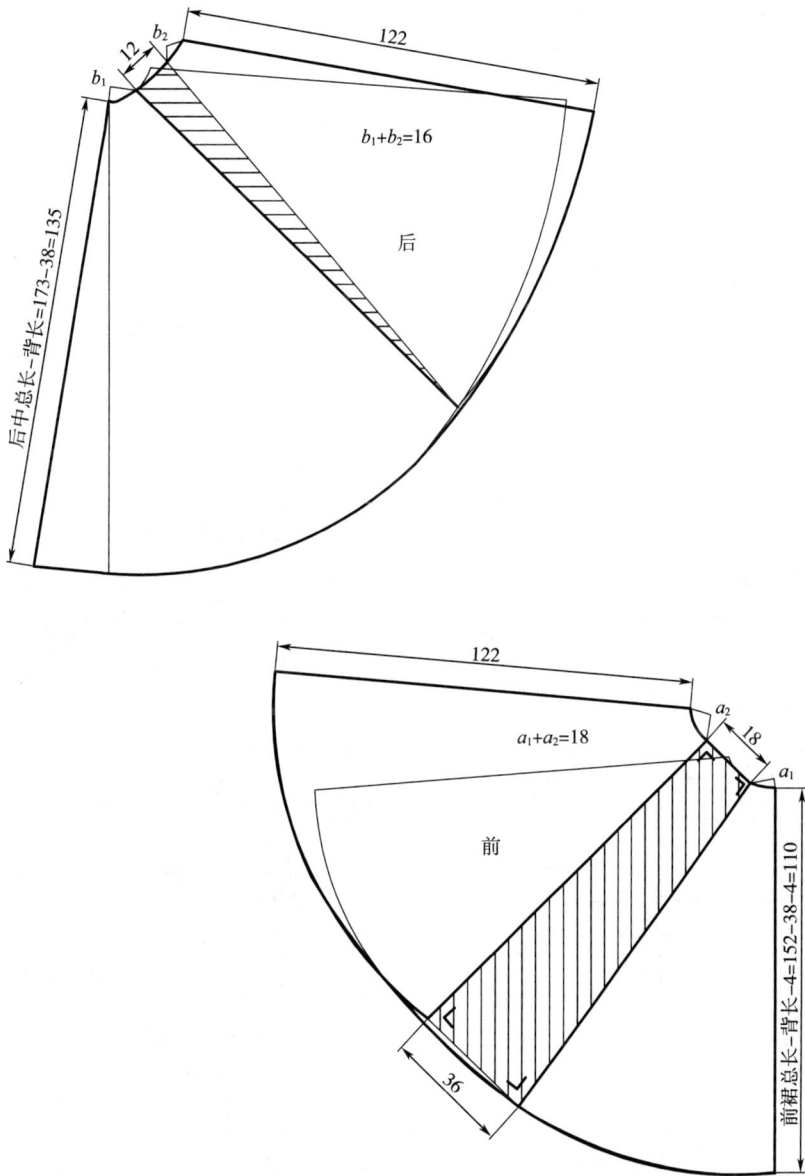

图5-26　中腰断腰大A形露背连身礼服的下裙结构

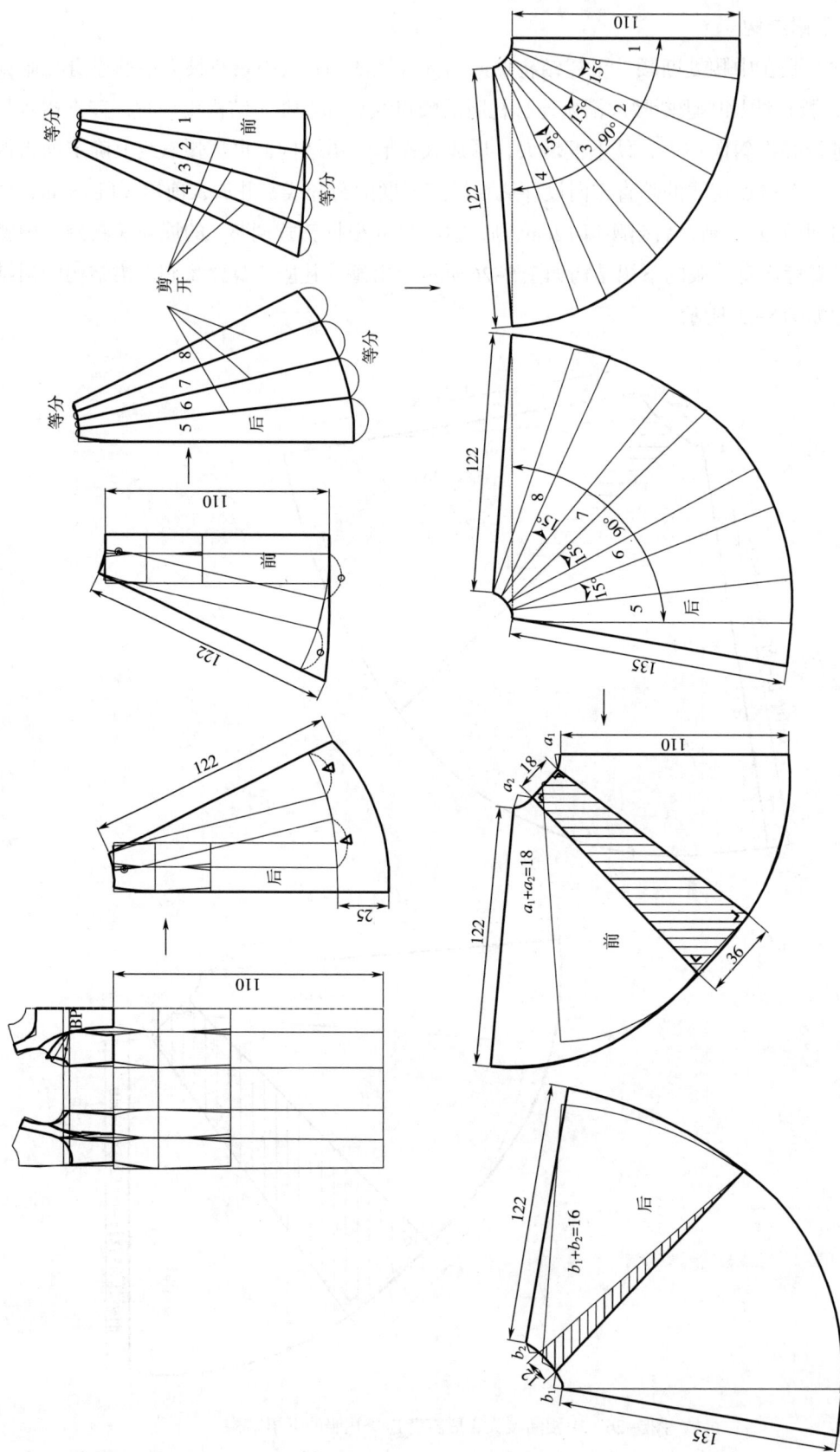

图5-27 由婚纱礼服连身原型到下裙结构的裙结构转化过程

引导性问题2

中腰断腰抽碎褶连身小礼服的款式如图5-28所示，参考引导性问题1所述的中腰断腰大A形露背连身礼服，如何进行该款小礼服的结构设计？

图5-28　中腰断腰抽碎褶连身小礼服的款式

中腰断腰抽碎褶连身小礼服在胸、臀的贴身程度，肩宽的大小，断腰位置和形式，衣身的分割形式、分割线位置，领部造型方面，都与引导性问题1所述的款式——中腰断腰大A形露背连身礼服相同，但腰部更为合身。下裙造型也是大A形，但整个腰身一圈抽均匀的碎褶，且下裙长度大大缩短，前后裙的裙底边及膝。

中腰断腰抽碎褶连身小礼服的结构设计要点如下。

（1）规格尺寸

本款礼服与引导性问题1所述款式——中腰断腰大A形露背连身礼服的胸围B、臀围H、肩宽S尺寸相同，腰部更为合身，取腰围W为净腰围尺寸66cm。裙长缩短，底边及膝，针对女性中间标准体160cm身高的号，齐膝下裙的长度为58cm（见项目二），因此，本款小礼服的后中总长=38（BAL背长）+58=96cm。中腰断腰抽碎褶连身小礼服的规格尺寸见表5-8。

表5-8　中腰断腰抽碎褶连身小礼服规格尺寸表

部位	号型	胸围B	腰围W	原型臀围$H_{原型}$	后中总长L	肩宽S
尺寸	160/84A，160/66A	86cm	66cm	92cm	96cm	36cm

（2）衣身结构

本款礼服的衣身结构与引导性问题1所述的中腰断腰大A形露背连身礼服的衣身结构非常相似，结构处理方法也基本相同，因为腰部更为贴身，腰部尺寸与婚纱礼服原型相同，所以腰部结构依婚纱礼服连身原型不做调整，成品腰围为66cm。结构图如图5-29所示。

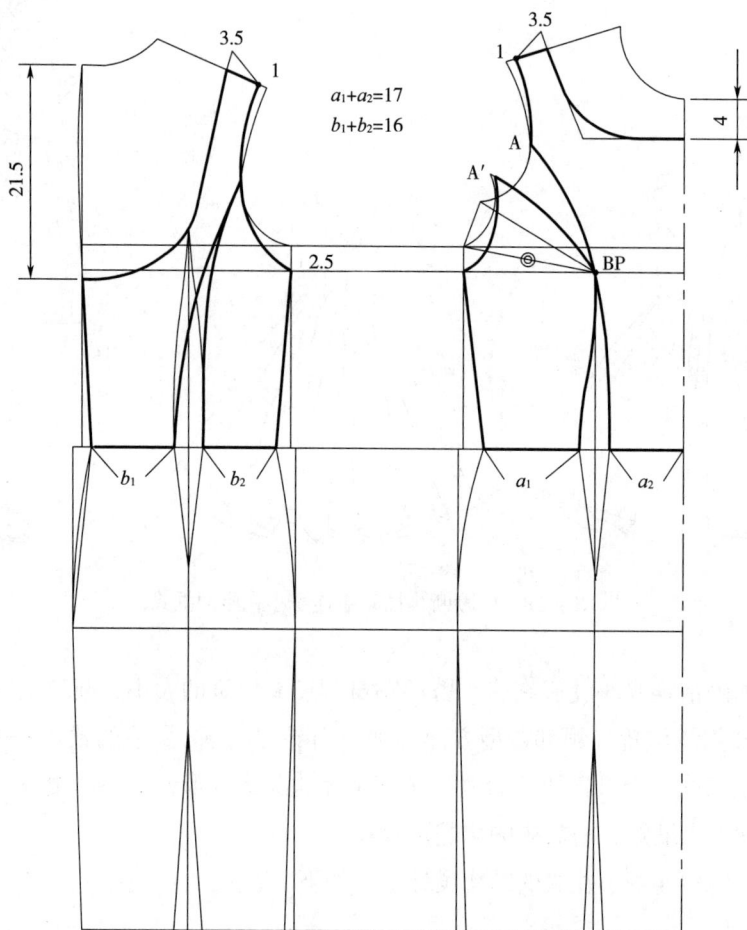

图5-29　中腰断腰抽碎褶连身小礼服衣身结构

（3）下裙结构

本款礼服的下裙是结构偏向为大A摆的斜裙，整个腰身一圈均匀地抽碎褶，一般抽碎褶量是原尺寸的1倍，也就是下裙的腰口尺寸是原尺寸（衣身的腰口尺寸）的2倍。结构设计时，进行等份的斜向切展，使裙腰和下摆同时增大，裙腰的增大加入碎褶，下摆的增大形成大A形斜裙结构。下裙结构图的获得是从婚纱礼服连身原型通过等份切展、加入褶量转化而来（图5-30），这个操作在服装CAD制板中非常方便，但在手工打板操作中，下裙的切展、加入褶量需要几个步骤完成，操作效率不高。为了提高效率，服装样板师可以根据自身经验，采用直接制图的方法完成婚纱礼服下裙的结构图（图5-31）。

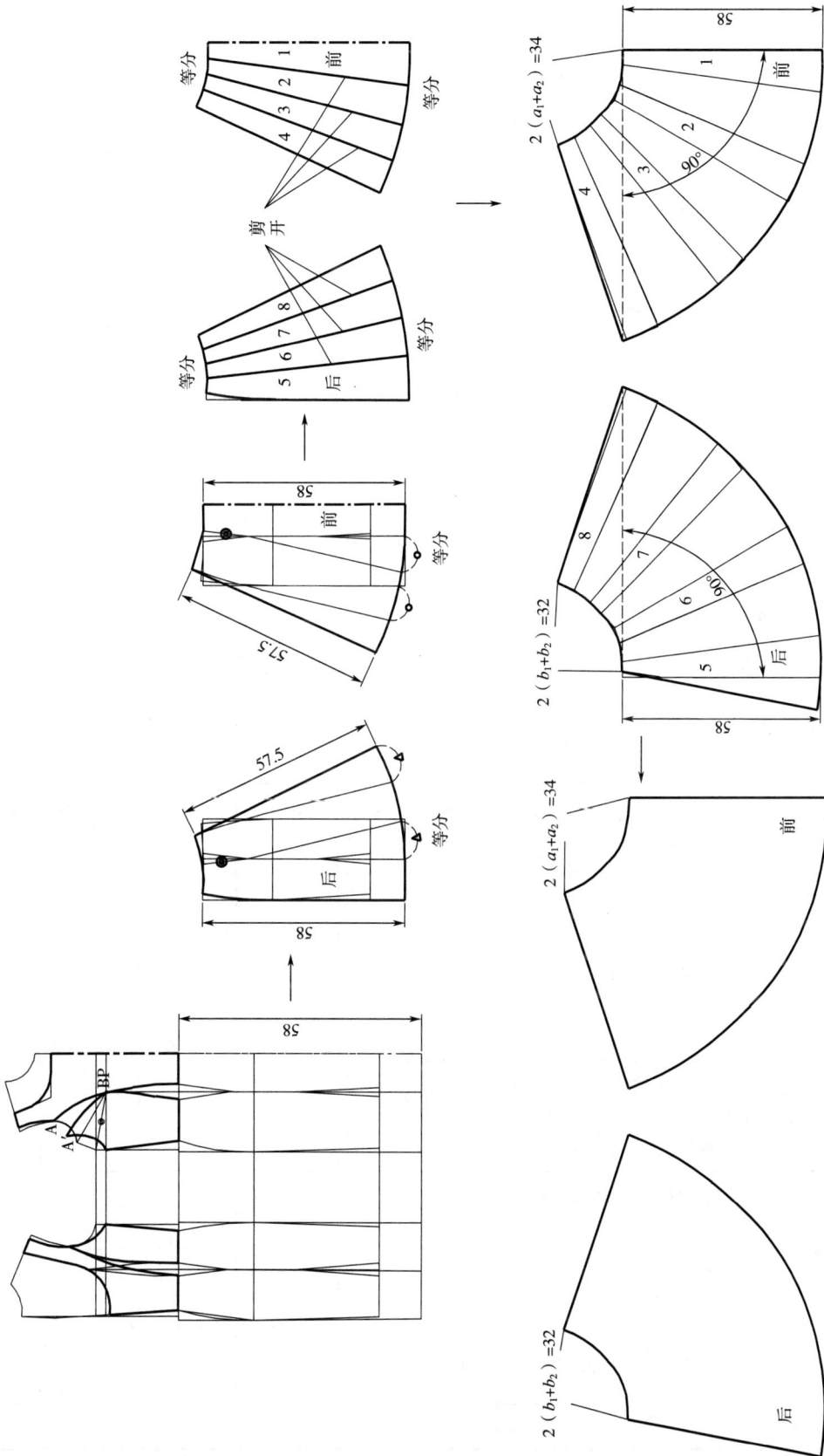

图 5-30　从婚纱礼服连身型原型到礼服下裙的结构转化过程

163

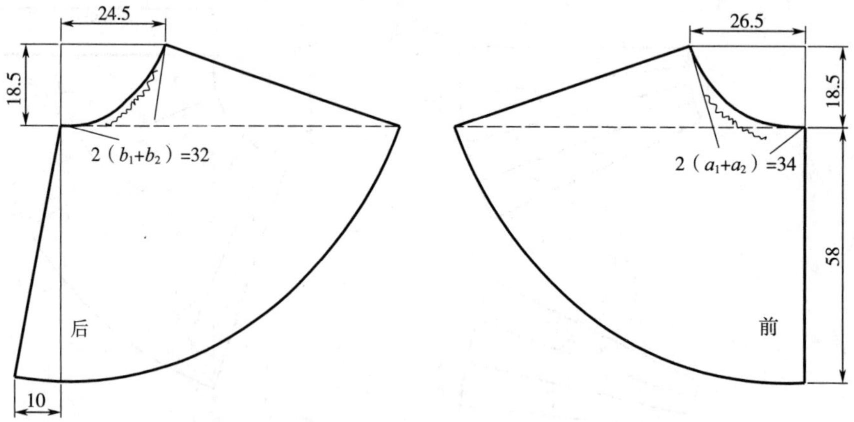

图5-31　中腰断腰抽碎褶连身小礼服下裙结构图

✎ **巩固训练**

1. 完成中腰断腰大褶裥连身礼服的1：1比例的结构图、样板制作和坯样试制。

2. 以小组为单位，选择企业定制款中腰断腰连身婚纱礼服，完成本组选定款婚纱礼服的结构设计、样板制作和坯样试制。

3. 使用服装CAD软件，完成任务二所讲述婚纱礼服的结构制图与制板。

🎖 **学习评价**

项目	评分要点	分值	自评	互评	师评	企业评价	备注
专业术语应用	准确、熟练	10					
操作过程	合理、工具使用正确、熟练	10					
结构设计	款式分析准确，规格设计合理，结构制图正确、线条规范，粗细得当，图面整洁。能够完成变化款式的纸样设计	30					
打板	线条流畅、均匀；缝份加放合理；标注、标记完整规范、样板裁切干净顺畅准确	20					
裁剪和别样	操作规范，成型整洁，缝迹顺畅	10					
调样和优化	操作规范，调样准确，标记齐全，有明显的优化成效	10					
坯样别样工艺流程	科学合理，利于操作	10					
合计		100					

任务三　　低腰断腰款连身婚纱礼服结构设计与样板制作

➡️ 任务导入

完成不同款式低腰断腰的连身婚纱礼服的结构设计、样板制作和坯布试样制作。

📋 任务要求

1. 能进行低腰断腰款连身婚纱礼服的类型判断。
2. 能进行低腰断腰款连身婚纱礼服的款式特征分析。
3. 能进行低腰断腰款连身婚纱礼服的规格尺寸设计。
4. 能进行低腰断腰款连身婚纱礼服的结构制图。
5. 能进行低腰断腰款连身婚纱礼服的样板制作。
6. 能进行低腰断腰款连身婚纱礼服的坯布试样制作。
7. 能进行低腰断腰款连身婚纱礼服的坯布别样工艺流程编制。

✖️ 任务实施

与中腰断腰款相比，低腰断腰款婚纱礼服在纸样设计时，需要将上身和下裙的分割线依据腰节线的位置做适度的下落，常规的腰下落量在2～6cm，也有特殊款式的婚纱礼服需要下落更大的量，这主要依据设计图的设计要求来确定。在本书中，没有将高腰断腰的婚纱礼服单独作为任务样例来呈现，这主要是由于高腰断腰款的婚纱礼服与其他款式相比出镜率较低，而且，高腰断腰款婚纱礼服的结构设计处理方法与低腰断腰款非常相似，即将上身和下裙的分割线，根据腰节线的位置做适度的提高，常规的腰提升量为7～8cm。高腰断腰款婚纱礼服的结构设计与样板任务实施可以参见本任务的低腰断腰款来进行。

1. 低腰断腰配肩饰抹胸连身晚装的结构设计

（1）低腰断腰配肩饰抹胸连身晚装的款式特征分析

低腰断腰配肩饰抹胸连身晚装是贴身型婚纱礼服类服装，款式如图5-32所示，胸、腰贴身，前身有单道肩胸省分割线，后身有单道肩背省直形分割缝，在低腰位V造型断腰，下裙腰部抽碎褶，形成宽松的臀部造型，呈现出上紧下松的底边过膝的大摆A形晚装。抹胸、无袖、肩部有自然褶裥装饰片，可作为婚礼的伴娘小礼服。本款晚装的着装效果如图5-33所示，其款式特征见表5-9。

（2）低腰断腰配肩饰抹胸连身晚装的规格设计

低腰断腰配肩饰抹胸连身晚装规格尺寸设计说明表见表5-10，规格尺寸表见表5-11。

图5-32　低腰断腰配肩饰抹胸连身晚装款式图

表5-9　低腰断腰配肩饰抹胸连身晚装款式特征分析表

项目	特征	款式特征分析	款式着装图
服装类型	贴身型、低腰断腰	本款服装为贴身型的连身婚纱礼服，胸、腰处贴身，臀部宽松，形成上紧下松的腰部抽碎褶底边过膝的大摆A裙。抹胸、无袖，肩部有褶裥装饰片，前身肩胸省、后身肩背省直形分割缝塑形，低腰位V造型断腰。可选用网纱、缎类、真丝、醋酸等面料制作，适合青年女性穿用。可作为婚礼的伴娘小礼服	
轮廓结构	胸、腰贴身，裙为腰部碎褶大摆A裙，底边过膝		
部件附件	抹胸、无袖、肩部有装饰片、前身有单道肩胸省直形分割线、后身有单道肩背省直形分割线		图5-33　低腰断腰配肩饰抹胸连身晚装着装效果
裙腰位置	低腰位V造型断腰		
服装风格	活泼、俏皮感小礼服		
所用面料	网纱、丝绸、醋酯等礼服面料均可		

表5-10　低腰断腰配肩饰抹胸连身晚装规格尺寸设计说明表

项目	公式	设计依据
号型	160/84A，160/66A	国标中间标准体
后中总长L	0.7号-6=106cm	本款礼服是膝下连身礼服，在膝下10cm左右，可用经验公式得出。也可根据背长38+齐膝裙长58+膝下放量10=106cm计算得出
胸围B	净胸围B^*+2=86cm	贴身礼服
腰围W	净腰围W^*+2=68cm	160/66A体的净腰围为66cm，腰加放0~2cm
原型臀围$H_{原型}$	$H_{原型}$=净臀围H^*+2=92cm	礼服下裙A造型，臀围宽松。下裙结构设计依婚纱礼服连体原型而来，选择控制臀围原型尺寸，即$H_{原型}$=净臀围H^*（90）+2=92cm

表5-11 低腰断腰配肩饰抹胸连身晚装规格尺寸表

部位	号型	胸围B	腰围W	原型臀围H$_{原型}$	后中总长L
尺寸	160/84A，160/66A	86cm	68cm	92cm	106cm

（3）低腰断腰配肩饰抹胸连身晚装的结构制图

低腰断腰配肩饰抹胸连身晚装的结构设计要点分析如下。

①以婚纱礼服连身原型为基础，分别进行衣身和下裙的制图。

②低腰款式，前后V形断腰分割线，尖点下落9cm，侧腰下落3cm。

③调整连身原型的腰省量，使成品腰围尺寸比原型增大2cm。

④将原型的腋下省转移为肩胸省，并连省成缝，形成前身肩胸省直形分割线。

⑤以连身原型低腰断腰线以下结构为基础，进行加长、省道合并、裙片切展增加褶裥量等操作，形成本款礼服的下裙结构图。

⑥衣身和下裙的匹配关键点在于：前裙腰尺寸−褶裥量=前衣身腰尺寸；后裙腰尺寸−褶裥量=后衣身腰尺寸。

⑦肩部装饰片前片有切展形成的3道褶裥，结构制图时肩饰前片需切展。肩饰前中可装上用本布料制成的花饰一朵。

码5-4 低腰断腰配肩饰抹胸连身晚装的结构制图

低腰断腰配肩饰抹胸晚装的衣身结构图如图5-34所示，下裙结构图如图5-35所示，肩部装饰片结构图如图5-36所示。结构制图过程如下。

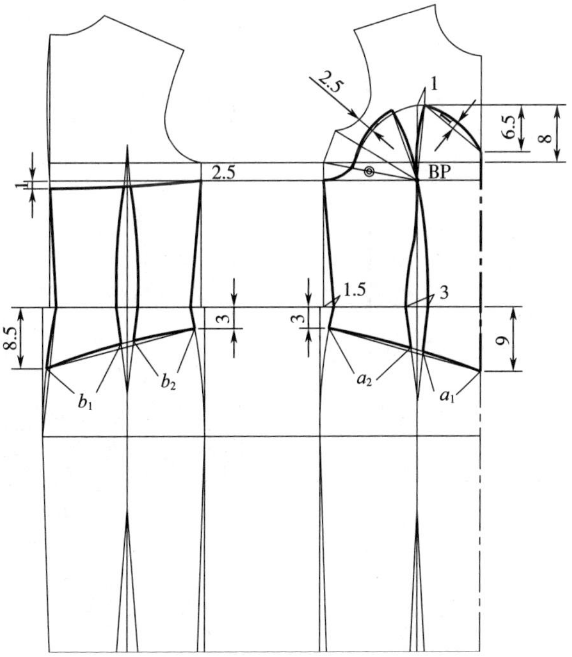

图5-34 低腰断腰配肩饰抹胸晚装衣身结构图

图5-35　低腰断腰抹胸露背连身晚装下裙结构图

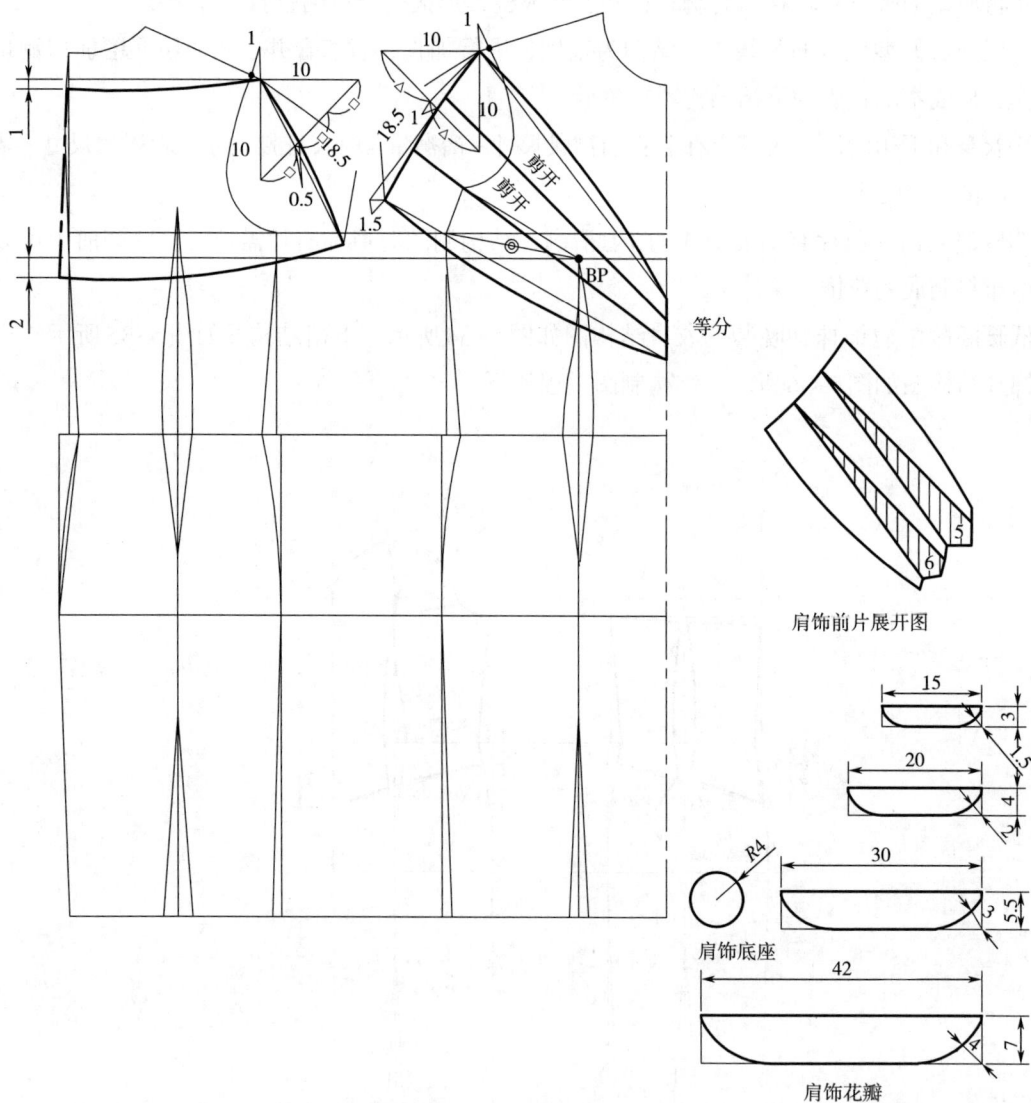

图5-36　低腰断腰抹胸露背连身晚装的肩部装饰片、花朵结构图

①复制婚纱礼服连身原型。

②根据成衣尺寸调整胸围、腰围尺寸。礼服胸围尺寸与原型同，腰围尺寸增大2cm（即 $W/2$ 增大1cm），使前侧缝腰省从2cm变为1.5cm，前腰节省从3.5cm变为3cm。

③从BP竖直向上延长腰省中线8cm（纵向分割线），依据该点和造型绘制前片抹胸曲线，袖窿深下沉2.5cm到胸围线。

④将前片腋下省转移到纵向分割线上并连省成缝。

⑤将上胸围线上的省调大1cm，使上胸围线长剪短1cm并画顺抹胸曲线。

⑥根据造型确定低腰量前中9cm、侧缝3cm，并绘制前片V形低腰分割线。衣身前腰大 $=a_1+a_2$。

⑦画顺衣身前片的纵向分割线。注意遵循贴身服装胸部周围的省都是枣核形省的原则，且纵向分割线的整体线条要光滑圆顺的连接。

⑧绘制后衣身结构。袖窿下沉2.5cm，后中胸围线下沉1cm，低腰量后中8.5cm、侧缝3cm。衣身后腰大 $=b_1+b_2$。

⑨标注衣身必要尺寸。

⑩根据衣长加出下裙长度。下裙长＝后中总长－背长＝106－38＝68cm。

⑪合并下裙腰省。原型裙底边省不影响造型，可忽略。

⑫本款晚装为抽碎褶裙，需要均匀设计切展位置和褶量，一般碎褶量是腰尺寸的1倍，也就是下裙腰大为成品尺寸的2倍，即前下裙腰大 $=2（a_1+a_2）$，后下裙腰大 $=2（b_1+b_2）$。沿剪开线剪开做横向、斜向的同时拉展（一般手工操作设计三条剪开线以方便操作，服装CAD制板设计9～10条剪开线以获得更为均匀的造型），并均匀加入褶量。具体裙摆展开量可以通过调整 α 角来控制。其中 α 角是前后中心线与前后中心点到前后摆围最远点连线之间的夹角。一般婚纱礼服大A形下裙样板的 $\alpha \geq 90°$，本款晚装 α 取95°（图5-35）。

⑬标注下裙的必要尺寸。

⑭依婚纱礼服连身原型绘制肩部装饰片。

⑮切展肩部装饰片前片，加入5～6cm的切展量，形成肩饰前片里料结构。

⑯标注肩部装饰片的必要尺寸。

⑰绘制装饰花朵结构图并标注尺寸。

断腰款婚纱礼服的下裙结构是依据婚纱礼服连身原型，在衣身分割线结构、尺寸的基础上来设计并制板的，在手工制板操作中，为了提高打板效率，制板师往往根据经验，省略下裙腰省合并、裙身切展等操作，利用数据直接制图，如本款下裙结构的图5-35所示。在学习过程中也要不断试验归纳总结，不断提高自身直接出图的能力。从婚纱礼服连身原型到礼服下裙的结构转化过程如图5-37所示。

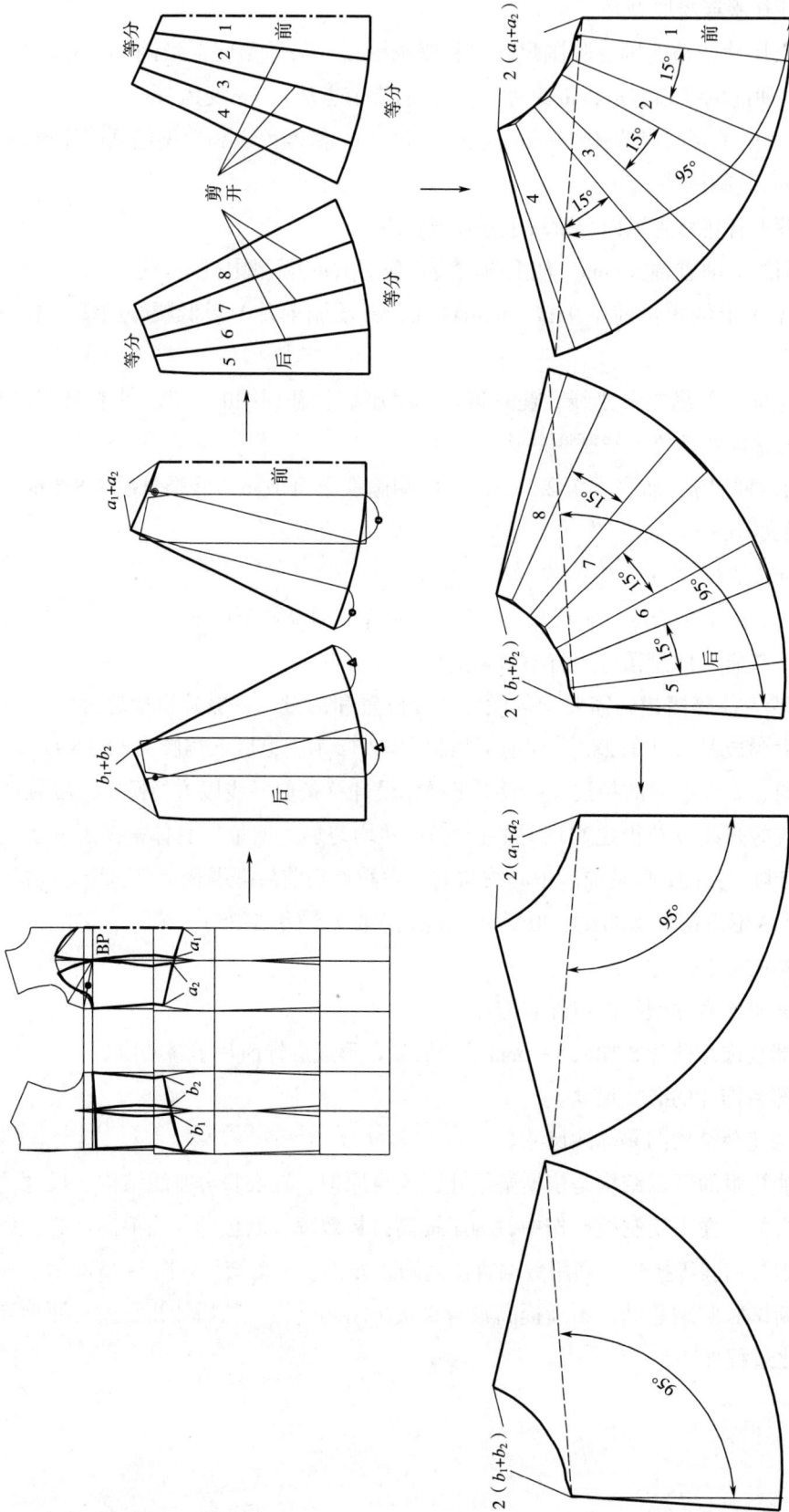

图5-37 从婚纱礼服连身型原型到礼服下裙的结构转化过程

2. 低腰断腰配肩饰抹胸连身晚装的样板制作

图5-38是低腰断腰配肩饰抹胸连身晚装的样板图，在图中对缝份加放、面料纱向、文字标注、定位定型点标注等关键操作进行了注释。说明如下。

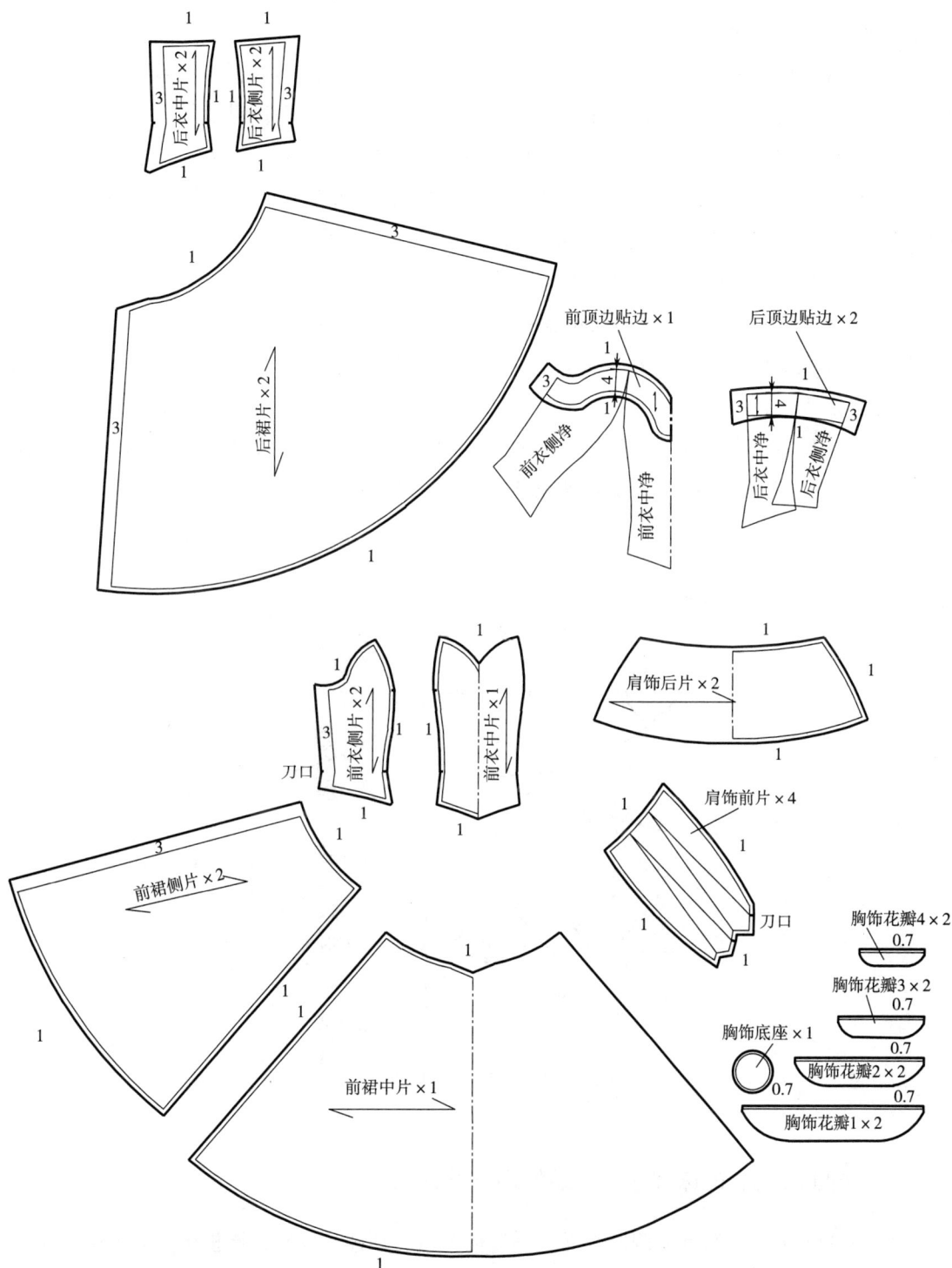

图5-38　低腰断腰配肩饰抹胸连身晚装的样板图

①后中、侧缝放缝3cm。

②底边放缝与面料和工艺相关，如果是加弹力网或斜裁面料等贴边的工艺，底边缝份加放1cm。如果底边直接卷边，则底边缝份加放4cm。本款礼服另加贴边，底边放缝1cm。

③本款晚装胸部装饰胸花，胸花为双层结构，胸花顶边放缝0.7cm，胸花底边不放缝。

④其他缝份常规加放1cm。

⑤本款晚装抹胸前中有较深的V字造型，线条起伏较大，需要按照晚装顶边形状做前顶边贴边、后顶边贴边，贴边宽为4cm，四周放缝规律与衣身放缝规律相同。

⑥本款晚装样板主要包括左右对称的前衣中片、前衣侧片、后衣中片、后衣侧片、前顶边贴片、后顶边贴片、前裙中片、前裙侧片、后裙片、肩饰前片、肩饰后片、胸饰花瓣1、胸饰花瓣2、胸饰花瓣3、胸饰花瓣4和胸饰底座。

⑦本款晚装刀口位主要是裁片拼合时的定位标记，包括衣身分割线与胸围线的交点、衣身分割线与腰围线的交点，以及肩饰的褶裥位。

⑧本款晚装前裙片样板切分为前裙中片和前裙侧片。这是针对大裙摆婚纱礼服所做的操作。当裙摆过大门幅宽度不足时，一般就将裙片从腰口的两等分点一分为二，且将前裙中片纱向设计为横丝缕（即前裙中片的宽度方向与面料的长度方向一致），从而保证前裙中心线无接缝（图5-38）。裙前片样板形成过程如图5-39所示。

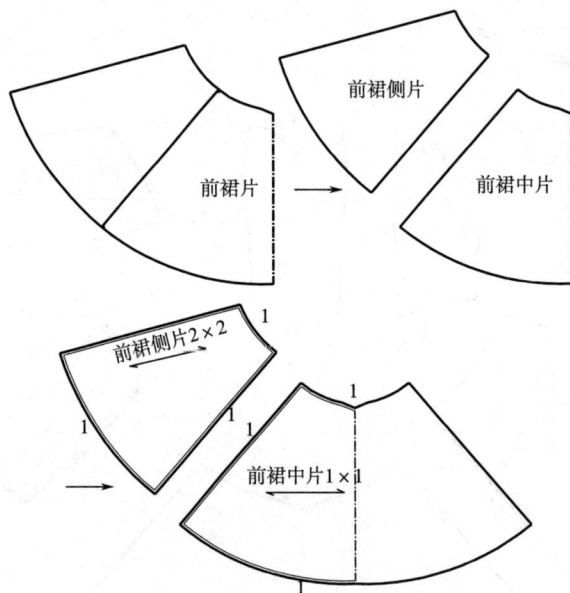

图5-39　裙前片样板形成过程

3. 低腰断腰配肩饰抹胸连身晚装的坯布试样制作

低腰断腰配肩饰抹胸连身晚装坯布试样遵循裁剪、别样、调样、样板优化的操作过程。在坯布试样过程中，坯布别样需要按照合理的工艺流程来进行。本款低腰断腰配肩饰抹胸连身晚装坯布别样（缝合或别和）工艺流程如下。

①做前片。对齐刀口位，分别辑合前衣中片、前衣侧片的分割缝，熨烫，缝份倒向侧缝，形成前衣身片；辑合前裙中片、前裙侧片的分割缝，熨烫，缝份倒向侧缝，形成前裙片；0.6cm粗缝，左右对称皱缩前裙腰，使皱缩后的裙腰尺寸与衣身腰尺寸相等，前中对位，辑合前衣身片和前裙片，熨烫，缝份倒向衣身，形成完整前片。

②做后片。对齐刀口位，分别辑合后衣中片、后衣侧片的分割缝，熨烫，缝份倒向侧缝，形成左右两片后衣身片；0.6cm粗缝，分别皱缩左右后裙腰，使皱缩后的裙腰尺寸与后衣身腰尺寸相等，分别辑合左、右后衣身片和后裙片，熨烫，缝份倒向衣身，形成完整的左、右后片。

③合侧缝。辑合前片侧缝和后片侧缝，注意起点、腰口线、终点对齐，熨烫，缝份倒向后片。

④做顶边贴边。3cm缝份辑合前顶边贴边和左右后顶边，熨烫，贴边正面与衣身从左后中心到右后中心的顶边正面相对，辑合（1cm缝份），注意贴边在上，略收紧，烫平缝迹线，衣身在上、贴边在下0.1cm扣烫，翻到衣身正面熨烫，使正面不漏贴边。1cm向内扣烫底边。

⑤别和后中缝。将缝合好的坯样穿在人台上，按缝份、别和规范别和后中缝。

⑥做肩饰并别和。取两片肩饰前片裁片，依刀口按褶裥位熨烫左右肩饰前片褶裥，0.6cm粗缝固定褶位，形成肩饰前片面层；取另两片肩饰前片裁片，依刀口按褶裥位画线，并沿画线辑合成省结构，形成肩饰前片里层；1cm缝份分别辑合面层、里层的肩饰前片和肩饰后片，熨烫，缝份倒向后片；肩饰面里层正面相对，在反面1cm缝份辑合肩饰四周，底边留15cm翻身孔，肩饰面在上0.1cm扣烫，翻到正面熨烫，使肩饰面层不漏里层；将肩饰坯样穿在人台上别和。

⑦做胸饰花。将相同大小的胸饰花瓣正面两两相对，0.6cm辑合顶边，翻过来熨烫平整；从小到大依次卷折并手针固定胸饰花瓣裁片形成胸饰花，手针缝将胸饰底座毛边折光固定在胸饰花上；将胸饰花别和在肩饰前中。

本款低腰断腰配肩饰抹胸连身晚装的坯样如图5-40所示。

图5-40　低腰断腰配肩饰抹胸连身晚装的坯样

🌱 举一反三

💥 引导性问题1

低腰断腰吊带齐膝连身小礼服的款式如图5-41所示，参考低腰断腰配肩饰抹胸连身晚装和项目五任务一所学习的紧身胸衣变化款，如何进行本款小礼服的结构设计？

图5-41　低腰断腰吊带齐膝连身小礼服的款式

本款低腰断腰吊带齐膝连身小礼服的款式特点分析如下。

①胸、腰贴身，在低腰位V造型断腰，下裙腰部抽碎褶，形成宽松的臀部，呈现出上紧下松的大A下摆造型，裙长在膝下，与低腰断腰配肩饰抹胸连身晚装相同。

②衣身分割线结构与项目五任务一紧身胸衣的变化款相同。前身有前中分割线，四道肩胸省直形分割线，还有两道环绕乳房形态的独立曲线罩杯分割线，且罩杯内再设有横向分割线。后身有两道肩背省直形分割线。

③小礼服设计有肩部吊带。

本款低腰断腰吊带齐膝连身小礼服可作为婚礼的伴娘小礼服。结构设计要点如下。

（1）规格尺寸

本款礼服与低腰断腰配肩饰抹胸连身晚装相比，胸围尺寸不变（B=88cm），腰部更加合身塑形（W=66cm），臀围尺寸依据原型为基础不变（$H_{原型}$=92cm），裙长不变（L=106cm）。

（2）衣身结构

　　本款小礼服的衣身分割结构与项目五任务一紧身胸衣的变化款（举一反三模块中的引导性问题3）相同，结构设计可参见项目五任务一的举一反三模块。需要注意的是，任务一的变化款是紧身胸衣，其袖窿深较浅，胸侧点设计在袖窿线上，本款小礼服是连身款婚纱礼服，为了更舒适，可以把袖窿深增大1～3cm（结构图中取2.5cm）。本款小礼服需要设计肩部吊带的结构，其衣身结构如图5-42所示。

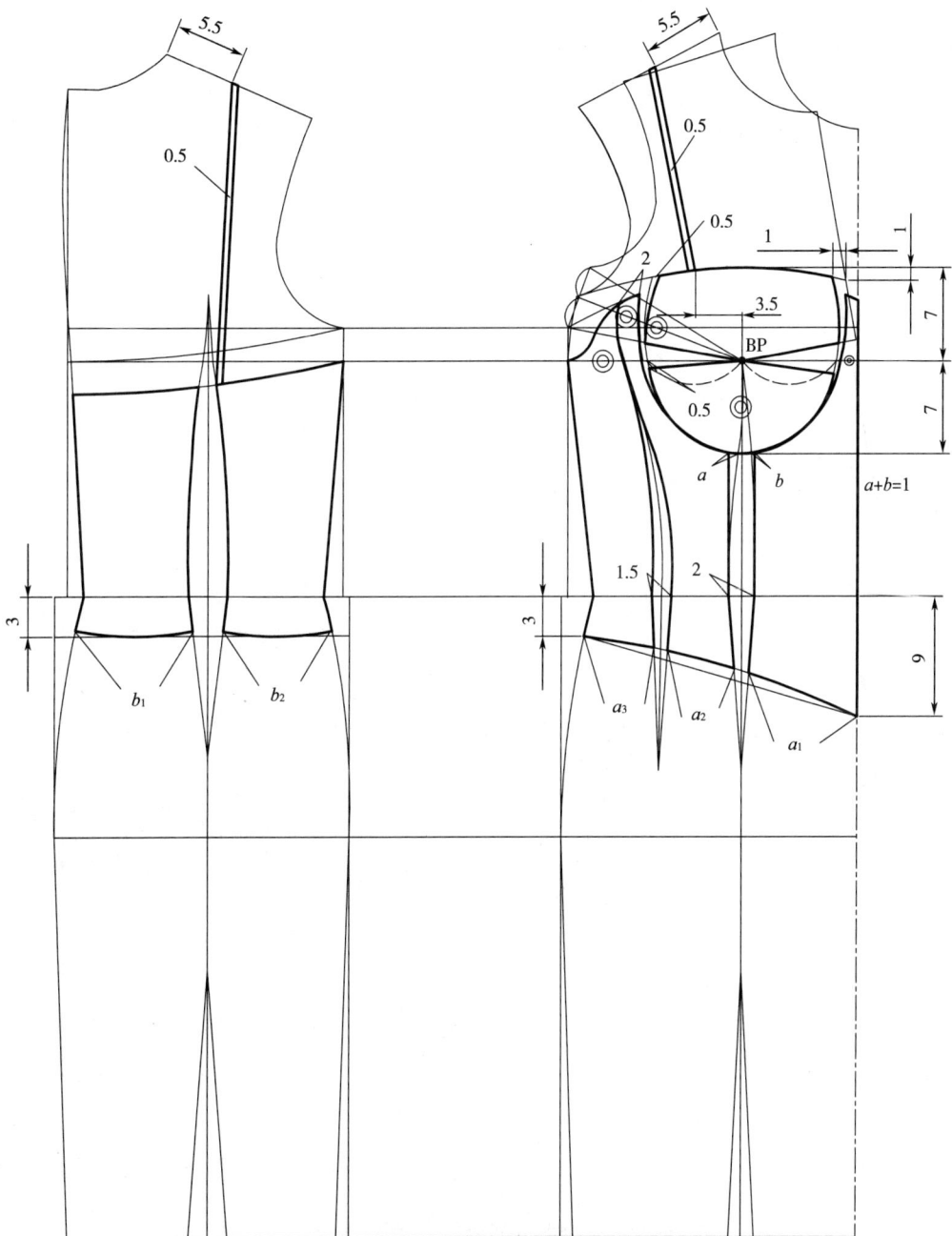

图5-42　低腰断腰吊带齐膝连身小礼服的衣身结构

175

（3）下裙结构

本款小礼服下裙的变化原理和过程与低腰断腰配肩饰抹胸连身晚装基本相同，需要改变的是后片断腰的腰口形态以及由此产生的下裙后中线的长度变化。低腰断腰吊带齐膝连身小礼服的下裙结构如图5-43所示，其中，α取95°。裙结构设计转化过程如图5-44所示。

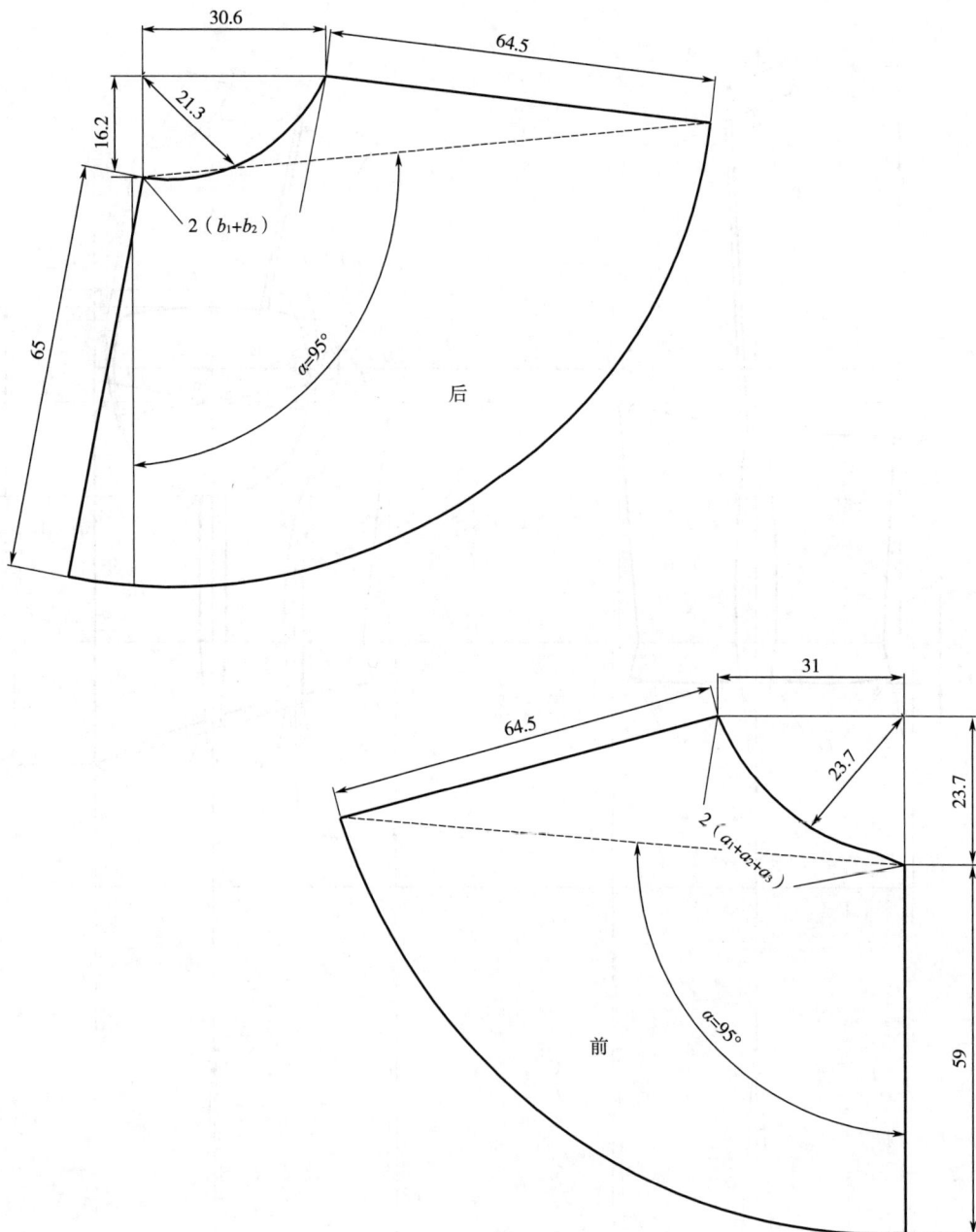

图5-43　低腰断腰吊带齐膝连身小礼服的下裙结构

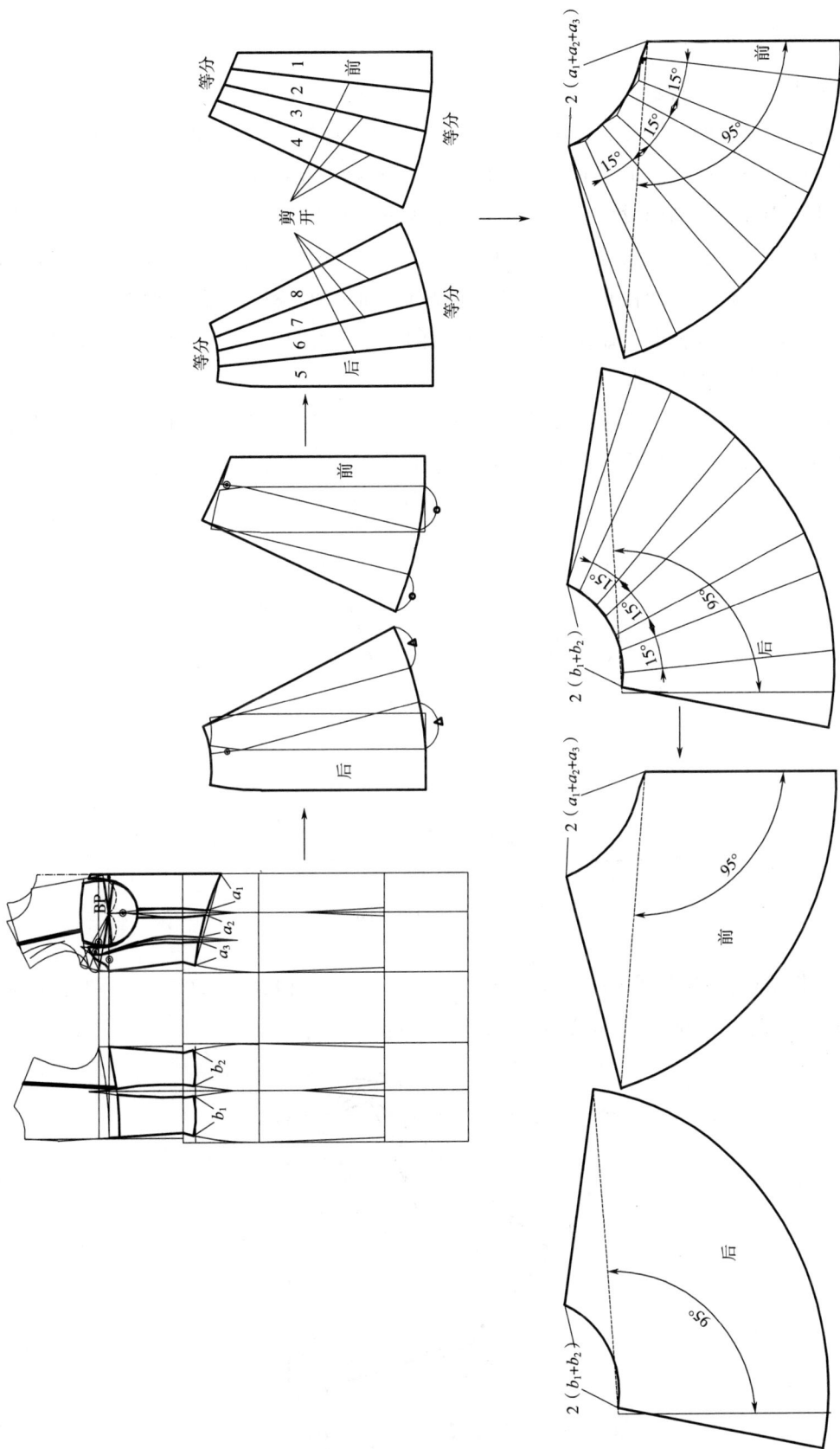

图 5-44 从婚纱礼服连身原型到礼服下裙的结构转化过程

🔬 引导性问题2

婚纱礼服类服装有自己独特的工艺，特别是那些面料轻薄（常使用网纱类面料）且在造型上追求下裙大体量的婚纱礼服，往往包含面料层、里料层以及面料层、里料层之间的托底层。针对这样的婚纱礼服，如何在结构设计基础上进行样板制作呢？

婚纱礼服类服装的结构设计主要研究的是最为重要的面料样板（如项目五任务一、任务二中的样板制作）。其实，在实际的工业制板中，婚纱礼服类服装的样板不仅包括面料样板，还包括里料样板，很多婚纱礼服在下裙部分还设有在面料和里料之间起造型支撑作用的托底样板。在实际的企业制板中，如何进行婚纱礼服的工业样板制作呢？现以低腰断腰配肩饰抹胸连身晚装的工业样板来说明。

婚纱礼服衣身的面料、里料样板是基本相同的，但下裙的面料、里料、托底样板则不相同。这里涉及参数α角，即下裙的前后中心线与前后中心点到前后摆围最远点连线之间的夹角，如图5-45所示。

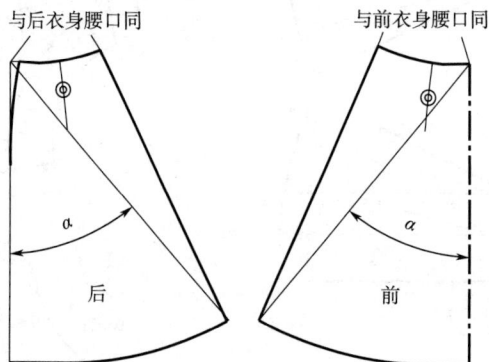

图5-45　α角的示意图

样板制作时往往根据α角的大小来控制下裙的面料、里料和托底的结构。一般，里料样板 $\alpha \geq 30°$，托底板 $\alpha \geq 60°$，面料样板 $\alpha \geq 90°$（图5-46）。

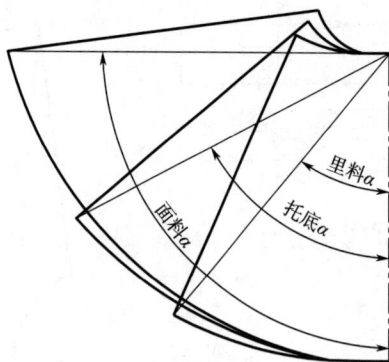

图5-46　里料、托底、面料α角示意图

　　图5-47是低腰断腰配肩饰抹胸连身晚装的工业样板图，在图中对面料样板、里料样板、托底样板以及其他的常规标注（此处不做说明，参见本节任务实施的样板部分）等关键操作进行了注释。说明如下。

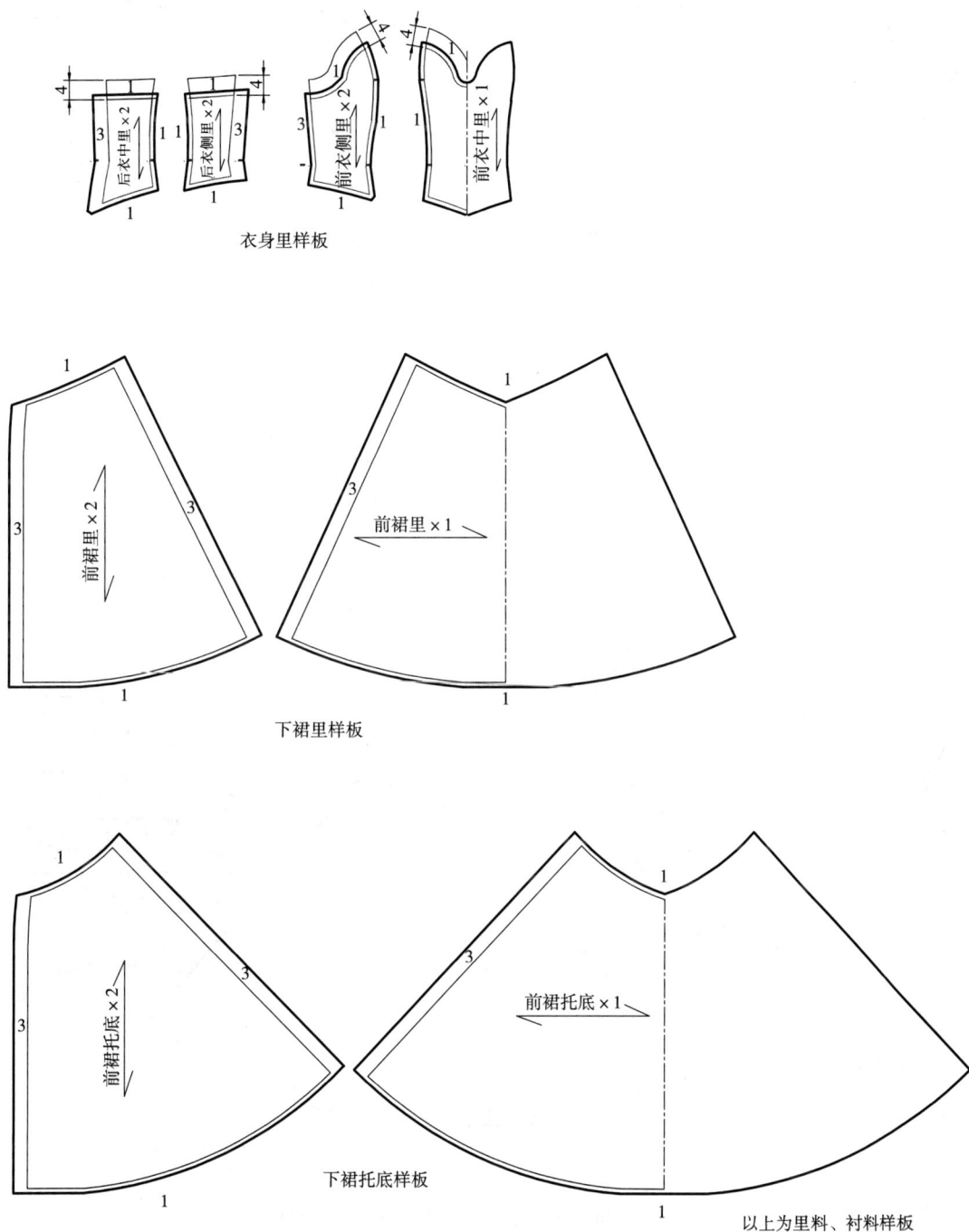

衣身里样板

下裙里样板

下裙托底样板

以上为里料、衬料样板

图5-47

衣身面样板

顶边贴边样板

后裙面×2

前裙侧面×2

前裙中面×1

下裙面样板

前顶边贴边×1

后顶边贴边×2

前衣侧净

前衣中净

后衣中净

后衣侧净

肩饰前片×4

刀口

肩饰样板

肩饰后面×2

胸饰花瓣4×2 0.7

胸饰花瓣3×2 0.7

胸饰底座×1

胸饰花瓣2×2 0.7

胸饰花瓣1×2 0.7

胸饰花样板

以上均为面料样板

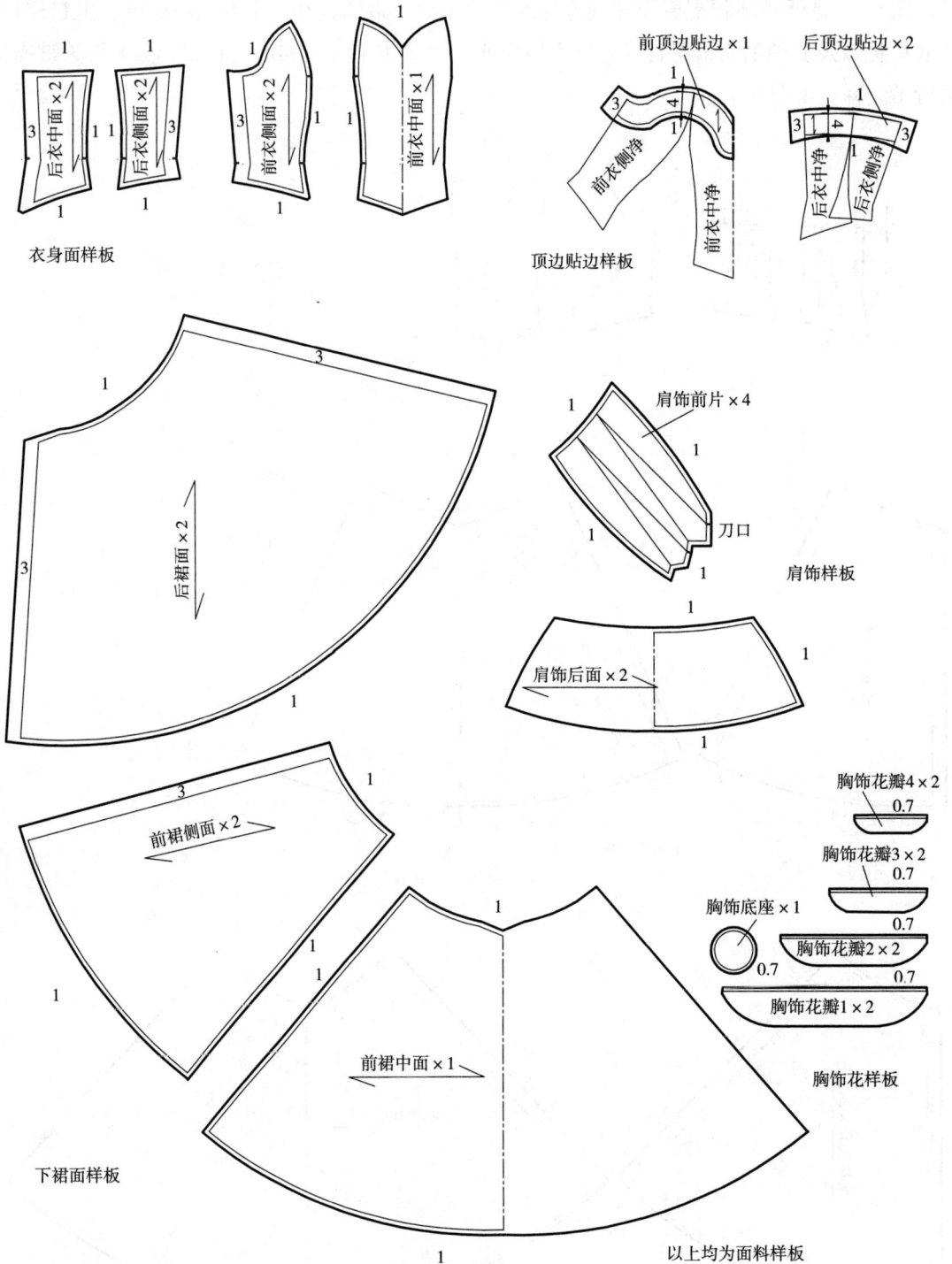

图5-47 低腰断腰配肩饰抹胸连身晚装的工业样板图

注 衣身有宽度为4cm的贴边，在做衣里样板时，需要先在衣身净尺寸上切去贴边的4cm宽度，再按照放缝规律放缝。

（1）衣身与贴边样板

婚纱礼服衣身包括面料层和里料层，里料样板制作时，需要先在净尺寸上切去贴边的4cm宽度，然后再放缝，衣身里料样板的放缝规律与面料样板相同。贴边使用面料制作，一般宽度为4~5cm，本款晚装前身、后身都有分割线，在制作贴边样板时，需要将前中和前侧在贴边处的分割缝拼合后，再制作完整的前顶边贴边样板，后顶边贴边样板也这样操作。

（2）裙里料结构与样板

裙里料结构设计时，腰口尺寸不变（与衣身断腰处的腰口尺寸相同），要求 $\alpha \geqslant 30°$。一般的情况，从连身原型到下裙结构演化的第一步，合并下裙的腰省所获得的结构，就可以直接作为下裙的里料结构，且里料尺寸要比面料尺寸小3cm，然后在此基础上按婚纱礼服放缝规律进行打板操作。低腰断腰配肩饰抹胸连身晚装的前片 $\alpha=44°$，后片 $\alpha=45°$，符合要求（图5-48）。也可以将侧缝内收一些，使 α 角变小为30°。

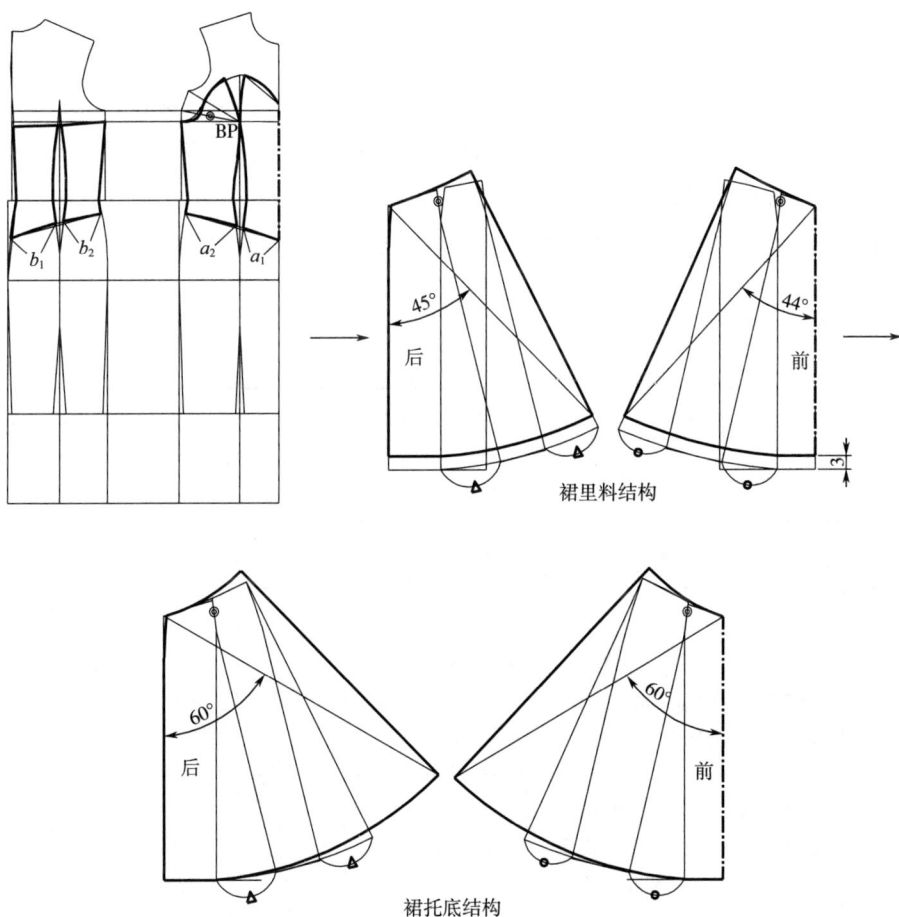

图5-48 婚纱礼服下裙的里料、托底结构

（3）裙托底结构与样板

裙托底结构设计时，腰口尺寸不变（与衣身断腰处的腰口尺寸相同），要求 $\alpha \geqslant 60°$，可以

设计 $\alpha=60°$。托底长度与面料长度相同（图5-48）。托底样板的放缝规律符合婚纱礼服样板制作的一般规律。

（4）裙面料样板

裙面料样板的腰口尺寸因款式而发生变化，低腰断腰配肩饰抹胸连身晚装的下裙为抽碎褶款，其变化后的腰口尺寸是原尺寸（衣身断腰处的腰口尺寸）的2倍，且 $\alpha \geqslant 90°$，本款晚装将 α 设计为95°。

（5）肩饰样板

本款肩饰在结构设计时，进行了结构的切展，以形成表面良好的折叠褶皱效果，肩饰全部采用面料制作。

（6）胸饰样板

胸饰是只有面料的胸花，无里料。

✎ 巩固训练

1. 完成低腰断腰配肩饰抹胸连身晚装的1：1比例的结构图、样板制作和坯样试制。

2. 以小组为单位，选择企业定制款低腰断腰连身婚纱礼服，完成本组选定款婚纱礼服的结构设计、样板制作和坯样试制。

3. 使用服装CAD软件，完成任务三所讲述婚纱礼服的结构制图与制板。

🎓 学习评价

项目	评分要点	分值	自评	互评	师评	第三方评价	备注
专业术语应用	准确、熟练	10					
操作过程	合理、工具使用正确、熟练	10					
结构设计	款式分析准确，规格设计合理，结构制图正确、线条规范，粗细得当，图面整洁。能够完成变化款式的纸样设计	30					
打板	线条流畅、均匀；缝份加放合理；标注、标记完整规范、样板裁切干净顺畅准确	20					
裁剪和别样	操作规范，成型整洁，缝迹顺畅	10					
调样和优化	操作规范，调样准确，标记齐全，有明显的优化成效	10					

续表

项目	评分要点	分值	自评	互评	师评	第三方评价	备注
坯样别样 工艺流程	科学合理，利于操作	10					
合计		100					

任务四　连腰款婚纱礼服结构设计与样板制作

任务导入

完成不同款式的连腰款婚纱礼服的结构设计、样板制作和坯布试样制作。

任务要求

1. 能进行连腰款婚纱礼服的类型判断。

2. 能进行连腰款婚纱礼服的款式特征分析。

3. 能进行连腰款婚纱礼服的规格尺寸设计。

4. 能进行连腰款婚纱礼服的结构制图。

5. 能进行连腰款婚纱礼服的样板制作。

6. 能进行连腰款婚纱礼服的坯布试样制作。

7. 能进行连腰款婚纱礼服的坯布别样工艺流程编制。

任务实施

连腰款婚纱礼服是衣身与下裙之间没有分割线的款式，在结构设计特别是衣身的省道变换时，要同时考虑下裙的结构也发生变化。连腰款婚纱礼服的结构设计（纸样设计）同样以婚纱礼服连身原型为基础来展开。

1. 连腰脖吊带露背小A摆连身礼服的结构设计

（1）连腰脖吊带露背小A摆连身礼服的款式特征分析

连腰脖吊带露背小A摆连身礼服是一款简洁、端庄的经典晚礼服。该礼服贴身但又不过于拘束，呈现的是胸部贴身，腰、臀合身，下摆A形外展的视觉造型。精致的脖吊带使抹胸与人体更为贴合，前身袖窿省、胸腰省塑造女性人体的胸部形态，而胸腰省与口袋分割线连省成缝，又很好地满足了结构和造型的双重需求。后身露背，衣身与下裙连腰，呈现颀长的视觉效果。连腰脖吊带露背小A摆连身礼服款式如图5-49所示，着装效果如图5-50所示，属于连腰连身的礼服款式，其款式特征见表5-12。

图5-49　连腰脖吊带露背小A摆连身礼服款式图

表5-12　连腰脖吊带露背小A摆连身礼服款式特征分析表

项目	特征	款式特征分析	款式着装图
服装类型	贴身型、连腰礼服	本款服装为胸部贴身，腰部、臀部合身，下摆A形外展的及踝连腰连身礼服。吊带、抹胸结构，前身袖窿省、胸腰省塑胸，且胸腰省连接口袋分割线形成连续的分割缝。后身腰节省塑形。可选用丝绸、醋酸等礼服面料制作，适合青年、中年女性穿用	
轮廓结构	胸贴身、腰合身，裙为臀部合身下摆展开的A形裙，长度及踝		
部件附件	脖吊带、抹胸，前身有袖窿省，前身胸腰省连接口袋分割线形成连续的分割缝，后身腰节省塑形		
裙腰位置	连腰		
服装风格	经典礼服		图5-50　连腰脖吊带露背小A摆连身礼服的着装效果
所用面料	醋酸、丝绸等礼服面料		

（2）连腰脖吊带露背小A摆连身礼服的规格设计

连腰脖吊带露背小A摆连身礼服规格尺寸设计说明表见表5-13，规格尺寸表见表5-14。

表5-13 连腰脖吊带露背小A摆连身礼服规格尺寸设计说明表

项目	公式	设计依据
号型	160/84A，160/66A	国标设定的中间标准体
后中总长L	0.7号+16=128cm	长度在脚踝附近的连身礼服
胸围B	净胸围B^*+2=86cm	胸部贴身的吊带晚礼服
腰围W	净腰围W^*+4=70cm	160/66A体的净腰围为66cm，本款礼服腰部视觉合身但不紧绷，胸、腰、臀自然随身
臀围H	净臀围H^*+4=94cm	礼服下裙A造型，臀围合身，成品臀围加放2~4cm。婚纱礼服连体连身原型的臀围为90cm，本款在此基础上可进一步加放2cm，即： $H=H+2=（90+2）+2=94cm$

表5-14 连腰脖吊带露背小A摆连身礼服规格尺寸表

部位	号型	胸围B	腰围W	臀围H	后中总长L
尺寸	160/84A，160/66A	86cm	70cm	94cm	128cm

（3）连腰脖吊带露背小A摆连身礼服的结构制图

连腰脖吊带露背小A摆连身礼服结构设计要点分析如下。

①调整连身原型的腰省量，使成品腰围尺寸比原型增大4cm。

②调整连身原型的臀围尺寸，使成品臀围尺寸比原型增大2cm。

③原型前片的腋下省转移为袖窿省。

④原型前胸腰省（腰节线以上）转移到前片分割线。

⑤原型前裙腰省（腰节线以下）做切展、合并变换，侧缝外展，形成本款礼服的下裙结构。

⑥由于前衣身分割线是月牙形，所以前腰节省不宜大，设2.5cm左右。

⑦吊带不能按实长，应减去1.5~2cm，一头固定，另一头做活系扣。

连腰脖吊带露背小A摆连身礼服的结构图如图5-51所示，结构制图过程如下。

①复制婚纱礼服连身原型。

②根据成衣尺寸调整胸围、腰围尺寸。礼服胸围尺寸与原型同，腰围尺寸增大4cm（即W/2增大2cm），使前侧缝腰省从2cm变为1.5cm，前腰节省从3.5cm变为2.5cm，后腰节省从3cm变为2.5cm。

③按后中总长加长下裙。

④按款式绘制抹胸线和前衣身弧形分割线。

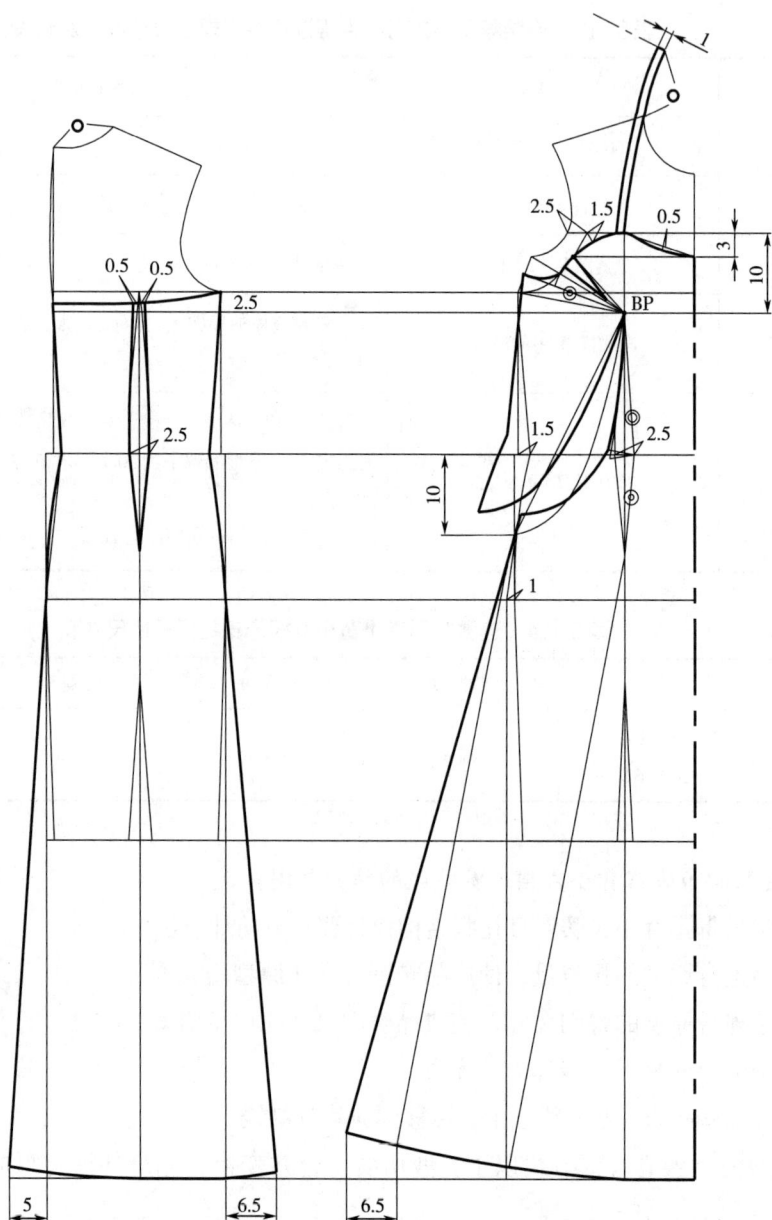

图5-51 连腰脖吊带露背小A摆连身礼服的结构

⑤将腋下省分为两等份。一份按款式转移为袖窿省，省尖缩短3cm形成款式所呈现的袖窿省。另一份转移到前片弧形分割线。转移后注意修正抹胸线上袖窿弧线部分。

⑥合并衣身腰节省。

⑦合并下裙腰节省，使下裙摆外展呈A形，再适度增大侧缝外展度，并修顺下摆弧线。画顺衣身分割线。

⑧在前身绘制脖吊带结构，到肩部延伸出去，延伸的量等于后领弧长。礼服前衣身结构转化过程如图5-52所示。

图5-52　礼服前衣身结构转化过程

⑨绘制后身的露背结构。后中下沉1.5cm，光滑圆顺绘制后身顶边线。

⑩后片下摆适度外展，并在此基础上绘制后中线、侧缝线和底边线。

⑪调整后片顶边省，使其左右各增大0.5cm，从而使后片顶边缩短，使礼服后片顶边更服帖。

⑫标注必要尺寸。

2. 连腰脖吊带露背小A摆连身礼服的样板制作

图5-53是连腰脖吊带露背小A摆连身礼服的工业样板图，在图中对缝份加放、面料纱向、文字标注、定位定型点标注等关键操作进行了注释。说明如下。

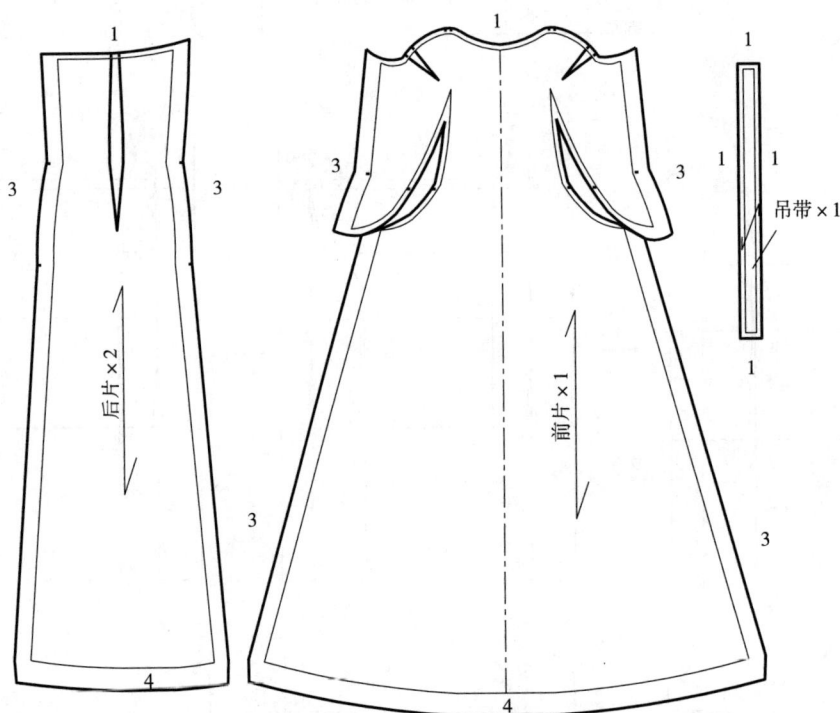

图5-53　连腰脖吊带露背小A摆连身礼服的工业样板图

①后中、侧缝放缝3cm。

②底边缝份加放4cm。

③其他缝份常规加放1cm。

④样板包括左右对称的前片、后片、吊带。

⑤本款礼服的刀口位包括：袖窿省省大刀口位、省尖点钻眼位、衣身分割线与胸围线的交点、衣身分割线与腰节线的交点、吊带安装位。

⑥吊带宽度1cm，双层，四周放缝1cm，且45°斜裁。

3. 连腰脖吊带露背小A摆连身礼服的坯布试样制作

连腰脖吊带露背小A摆连身礼服的坯布试样遵循裁剪、别样、调样、样板优化的操作过程。

在坯布试样过程中，坯布别样需要按照合理的工艺流程来进行。本款连腰脖吊带露背小A摆连身礼服的坯布别样（缝合或别和）工艺流程如下。

①做前片。按刀口位、省尖点位辑合袖窿省，熨烫，缝份倒向腰节线；对齐起点、终点、刀口位，按1cm缝份辑合前片分割线，熨烫，缝份倒向后片，形成完整前片。

②做后片。分别按刀口位、省尖点位辑合后身腰背省，熨烫，缝份倒向侧缝，形成左、右两片后衣身片。

③合侧缝并做底边。辑合前片侧缝和后片侧缝，注意起点、腰口线、终点对齐，熨烫，缝份倒向后片。按缝份4cm扣烫底边。

④做吊带。吊带缝份内折，宽度方向双层对折，纵向长度方向0.1cm明线辑合。

⑤做抹胸线贴边。裁剪4cm宽斜裁贴边，与衣身正面相对，从后中经前身再到后中的抹胸线，辑合（1cm缝份）。贴边在礼服上辑合时注意按刀口位夹入吊带，且贴边在上，略收紧，烫平缝迹线，衣身在上、贴边在下0.1cm扣烫，翻到衣身正面熨烫，使正面不漏贴边。

⑥别和后中缝。将缝合好的坯样穿在人台上，按缝份、别和规范别和后中缝。

本款连腰脖吊带露背小A摆连身礼服的坯样如图5-54所示。

图5-54　连腰脖吊带露背小A摆连身礼服的坯样

🌱 **举一反三**

🦠 **引导性问题**

连腰旗袍式肩吊带连身礼服的款式如图5-55所示，参考连腰脖吊带露背小A摆连身礼服，如何进行本款礼服的结构设计？

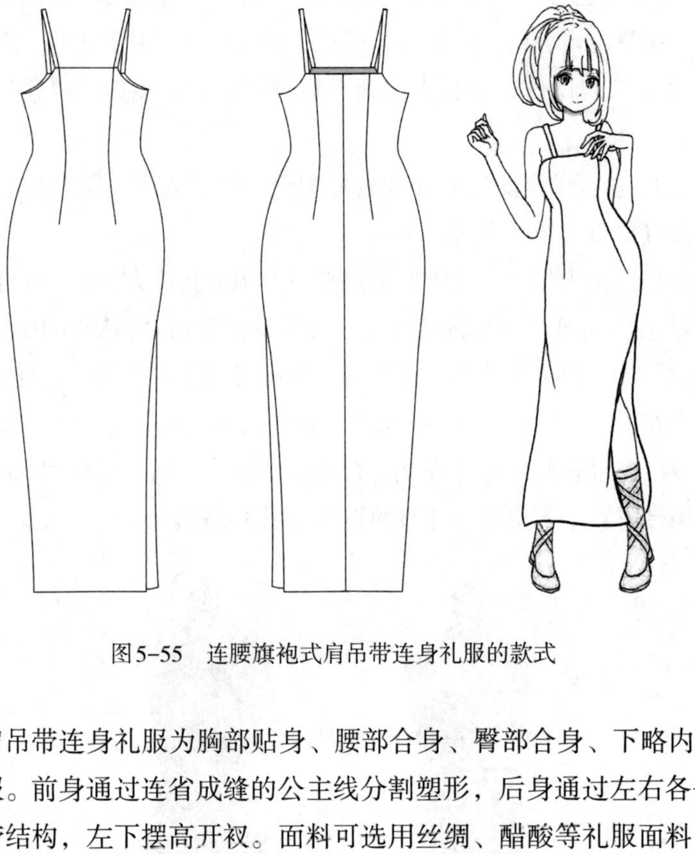

图5-55 连腰旗袍式肩吊带连身礼服的款式

连腰旗袍式肩吊带连身礼服为胸部贴身、腰部合身、臀部合身、下略内收的踝上经典H形旗袍式连身礼服。前身通过连省成缝的公主线分割塑形，后身通过左右各一道腰背省来塑形。抹胸、肩吊带结构，左下摆高开衩。面料可选用丝绸、醋酸等礼服面料，适合青年和中年女性作为晚礼服穿用。其结构设计要点如下。

（1）规格尺寸

本款礼服与连腰脖吊带露背小A摆连身礼服的衣身贴身度相似，胸围、臀围的规格尺寸不变（B=86cm，H=94cm），腰围更贴身一点，在净腰围尺寸上加放3cm（W=69cm）。裙长接近脚踝，且为H形高开衩款式，其长度设计要比连腰脖吊带露背小A摆连身礼服的及踝款式短3~4cm，所以后中长取124cm。本款连腰旗袍式肩吊带连身礼服的规格尺寸表见表5-15。

表5-15 连腰旗袍式肩吊带连身礼服的规格尺寸表

部位	号型	胸围B	腰围W	臀围H	后中长L
尺寸	160/84A，160/66A	86cm	69cm	94cm	124cm

（2）分割线与省道转移

本款礼服的前衣身分割线是从下腹部直接开始的公主线分割，尽管有分割，但前衣身还是完整的一片，常规的省转移操作会使BP点处无法加放缝份，这在工艺中是行不通的。因此，需要拆分腋下省，通过二次转省的操作方式来打开BP点的缝子量，如图5-56所示。

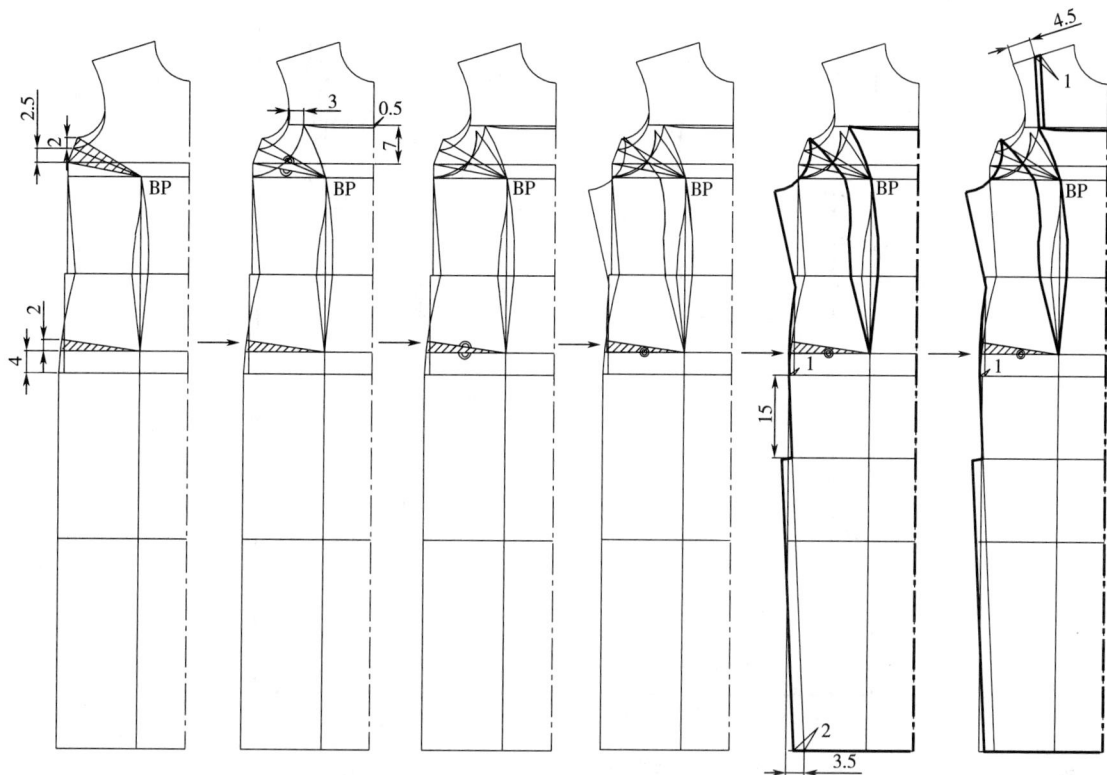

图5-56　连腰旗袍式肩吊带连身礼服前衣身二次转省的结构转化

在图5-56中，将竖直长度为4.5cm的腋下省拆分为竖直长度为2cm和2.5cm的两个省；将竖直长度为2cm的省沿侧缝移动到臀围线向上4cm的下腹部成为肚省，同时延长前腰节省使两者省尖相交；修正因省移动使胸侧点下沉而改变的前袖窿弧线；按款式设计光滑圆顺的前身分割线，将竖直长度为2.5cm的腋下省转移为袖窿省并与胸腰省连省成缝；将移动到下腹部竖直长度为2cm的肚省合并，使得与之相连的衣身结构发生逆时针转动，从而打开分割缝处的缝子量，以便BP点处能够加放缝份。

（3）开衩结构

本款礼服左侧开高衩，开衩点设计在臀下15cm，衩边宽度2cm，右侧不开衩。

本款连腰旗袍式肩吊带连身礼服的结构图如图5-57所示。

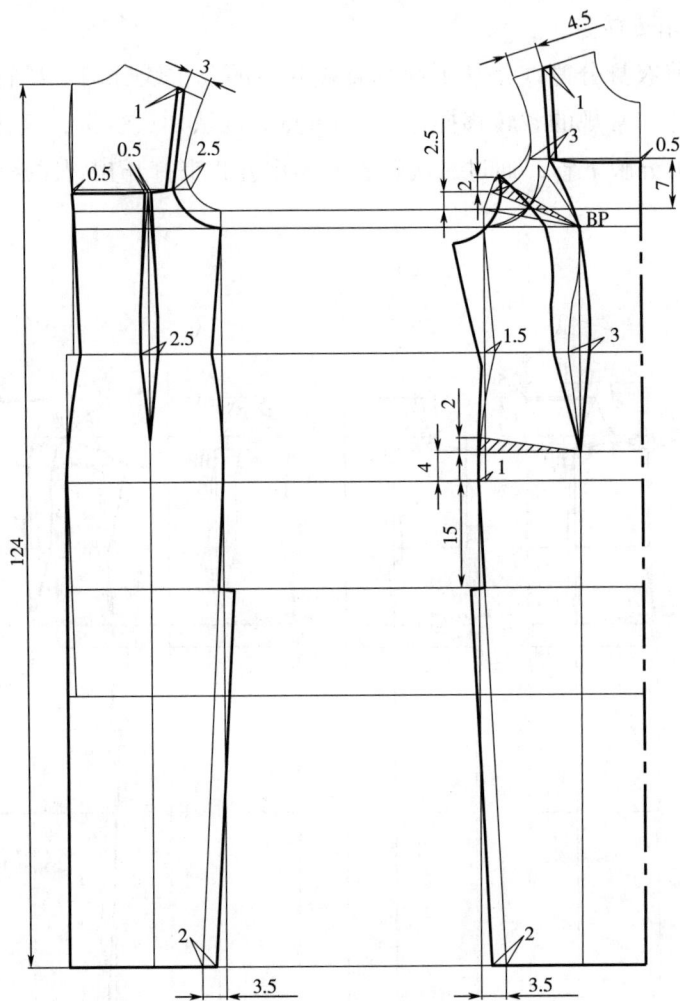

图5-57　连腰旗袍式肩吊带连身礼服的结构图

巩固训练

1. 完成连腰脖吊带露背小A摆连身礼服的1：1比例的结构图、样板制作和坯样试制。

2. 以小组为单位，选择企业定制连腰款连身婚纱礼服，完成本组选定款婚纱礼服的结构设计、样板制作和坯样试制。

3. 使用服装CAD软件，完成任务四所讲述婚纱礼服的结构制图与制板。

学习评价

项目	评分要点	分值	自评	互评	师评	企业评价	备注
专业术语应用	准确、熟练	10					
操作过程	合理、工具使用正确、熟练	10					

续表

项目	评分要点	分值	自评	互评	师评	企业评价	备注
结构设计	款式分析准确，规格设计合理，结构制图正确、线条规范，粗细得当，图面整洁。能够完成变化款式的纸样设计	30					
打板	线条流畅、均匀；缝份加放合理；标注、标记完整规范、样板裁切干净顺畅准确	20					
裁剪和别样	操作规范，成型整洁，缝迹顺畅	10					
调样和优化	操作规范，调样准确，标记齐全，有明显的优化成效	10					
坯样别样工艺流程	科学合理，利于操作	10					
合计		100					

任务五　装领款婚纱礼服结构设计与样板制作

▶ 任务导入

完成不同款式装领款婚纱礼服的结构设计、样板制作和坯布试样制作。

▤ 任务要求

1. 能进行装领款婚纱礼服的类型判断。

2. 能进行装领款婚纱礼服的款式特征分析。

3. 能进行装领款婚纱礼服的规格尺寸设计。

4. 能进行装领款婚纱礼服的结构制图。

5. 能进行装领款婚纱礼服的样板制作。

6. 能进行装领款婚纱礼服的坯布试样制作。

7. 能进行装领款婚纱礼服的坯布别样工艺流程编制。

任务实施

1. 低腰断腰立领蝴蝶结腰饰大A摆连身礼服的结构设计

（1）低腰断腰立领蝴蝶结腰饰大A摆连身礼服款式特征分析

低腰断腰立领蝴蝶结腰饰大A摆连身礼服是贴身型婚纱礼服，胸、腰贴身，下裙宽松，斜裙大摆结构和多个有规律的大褶裥形成了大A形下摆，低腰断腰，前长及地，后裙是拖摆款式。前后身均有横向育克分割和左右对称的双道纵向分割线，塑造了女性在视觉上更为婀娜的贴身造型，后腰身装饰大蝴蝶结，凸显了腰部的纤细。贴合颈部的立领，简洁大方的无袖，轻柔感、致密感混搭的材质，使该款礼服呈现出既庄重又妩媚的整体风格。低腰断腰立领蝴蝶结腰饰大A摆连身礼服款式图如图5-58所示，实物效果如图5-59所示，实物局部效果如图5-60所示；着装效果如图5-61所示，其款式特征分析见表5-16。

图5-58　低腰断腰立领蝴蝶结腰饰大A摆连身礼服的款式图

图5-59　低腰断腰立领蝴蝶结腰饰大A摆连身礼服的实物

图5-60　低腰断腰立领蝴蝶结腰饰大A摆连身礼服的侧面局部效果

表5-16　低腰断腰立领蝴蝶结腰饰大A摆连身礼服款式特征分析表

项目	特征	款式特征分析	款式着装图
类型判断	贴身型	本款服装为贴身型的连身婚纱礼服，胸、腰处贴身，臀部宽松，裙为腰部有多个大褶裥的大A摆裙，前长及地，后有中拖摆。立领、无袖，前后身均有横向育克分割，育克下均有左右对称的双道纵向分割缝。后腰部装饰大蝴蝶结。在低腰位断腰。面料可选用丝绸、醋酸等面料致密的礼服面料与轻柔通透的网纱面料进行材质混搭，形成更为柔美有层次的视觉效果。适合年轻女性穿着	
轮廓结构	胸、腰贴身，裙为腰部大褶裥大A摆裙，前长及地，后有中拖摆		
部件附件	立领、无袖，前后身均有横向育克分割，育克下均有左右对称的双道纵向分割缝。后腰部装饰大蝴蝶结		
裙腰位置	低腰位断腰，腰侧低腰量约3cm左右		图5-61　低腰断腰立领蝴蝶结腰饰大A摆连身礼服着装效果
风格	造型感非常强的庄重感大礼服		
面料	丝绸、醋酸等礼服面料与网纱面料，可以材质混搭		

（2）低腰断腰立领蝴蝶结腰饰大A摆连身礼服的规格设计

本款连身礼服的下裙前裙及地，且为大A摆的斜裙，面料又有一定的挺度，所以在裙长设计时，需要加放12cm左右的斜度余量，前裙总长L=136（颈椎点高）+4（落地量）+12（斜度余量）+4（前上平线高于后上平线的量）=156cm。同时，下裙的后裙有一个中拖摆，在原后中尺寸基础上加放34cm的拖摆放量（一般拖摆须加放20cm以上），后中总长=136（颈椎点高）+4（落地量）+12（斜度余量+34（拖摆量）=186cm。低腰断腰立领蝴蝶结腰饰大A摆连身礼服的规格尺寸设计说明表见表5-17，规格尺寸表见表5-18。

表5-17　低腰断腰立领蝴蝶结腰饰大A摆连身礼服的规格尺寸设计说明表

项目	公式	设计依据
号型	160/84A，160/66A	国标中间标准体
前裙总长L	136+4+12+4=156cm	前裙及地，且下裙是大A摆。可根据颈椎点高136cm、落地量4cm、大A摆产生的斜度余量12cm、前上平线高于后上平线的4cm的总和计算得出156cm
后中总长L_1	136+4+12+34=186cm	后裙有中拖摆，加放34cm的拖摆长度。可根据颈椎点高136cm、落地量4cm、大A摆产生的斜度余量12cm、后拖摆量34cm的总和计算得出186cm
胸围B	净胸围B^*+2=86cm	贴身礼服
腰围W	净腰围W^*+0=66cm	160/66A体的净腰围为66cm
肩宽S	S=38cm	肩宽与原型相同
原型臀围$H_{原型}$	$H_{原型}$=净臀围H^*+2=92cm	礼服下裙A造型，臀围宽松。下裙结构设计依婚纱礼服连体原型而来，选择控制原型臀围尺寸，即$H_{原型}$=净臀围H^*（90）+2=92cm

表5-18　低腰断腰立领蝴蝶结腰饰大A摆连身礼服的规格尺寸表

部位	号型	胸围B	腰围W	原型臀围$H_{原型}$	肩宽S	前裙总长L	后中总长L_1
尺寸	160/84A 160/66A	86cm	66cm	92cm	38cm	156cm	186cm

（3）低腰断腰立领蝴蝶结腰饰大A摆连身礼服的结构制图

低腰断腰立领蝴蝶节腰饰大A摆连身礼服的结构设计要点分析如下。

①以婚纱礼服连身原型为基础，分别进行衣身和下裙的制图。

②低腰断腰款式，断腰分割线在腰节线以下3～3.5cm。

③按款式比例进行前后身横向育克分割。

④将原型的前腋下省转移为育克下的肩胸省，并连省成缝，形成前身的肩胸省直形分割线。

⑤前身原腰节省从单省3.5cm调整为双省，省大分别为2cm、1.5cm。后身腰节省从单省

3cm调整为双省，省大分别为1.5cm、1.5cm。

⑥袖窿深下沉1.5cm。

⑦以连身原型腰节线以下结构为基础，进行加长、省道合并、裙片切展增加褶裥量等操作，形成本款礼服的下裙结构图。

⑧衣身和裙的匹配关键点在于：前裙腰尺寸–褶裥量=前衣身腰尺寸；后裙腰尺寸–褶裥量=后衣身腰尺寸。

低腰断腰立领蝴蝶结腰饰大A摆连身礼服的衣身、领结构图如图5-62所示，下裙结构图如图5-63所示，蝴蝶结结构如图5-64所示。结构制图过程如下。

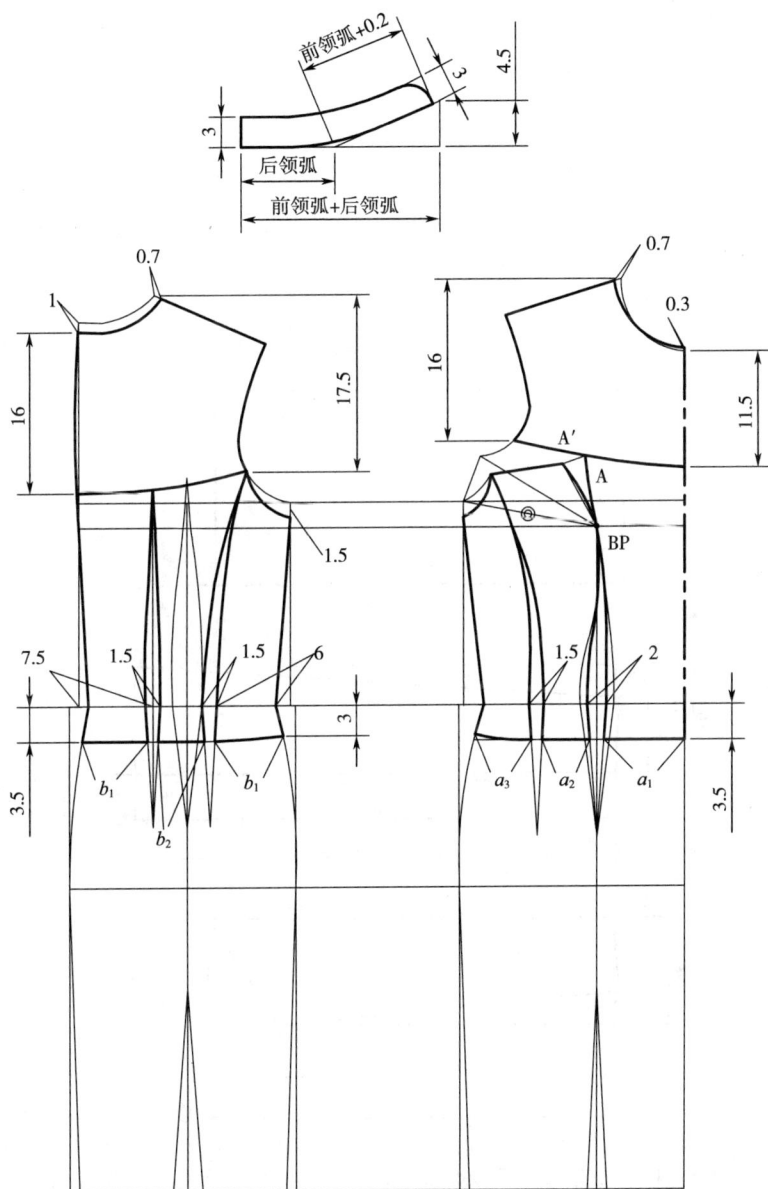

图5-62　低腰断腰立领蝴蝶结腰饰大A摆连身礼服衣身、领结构图

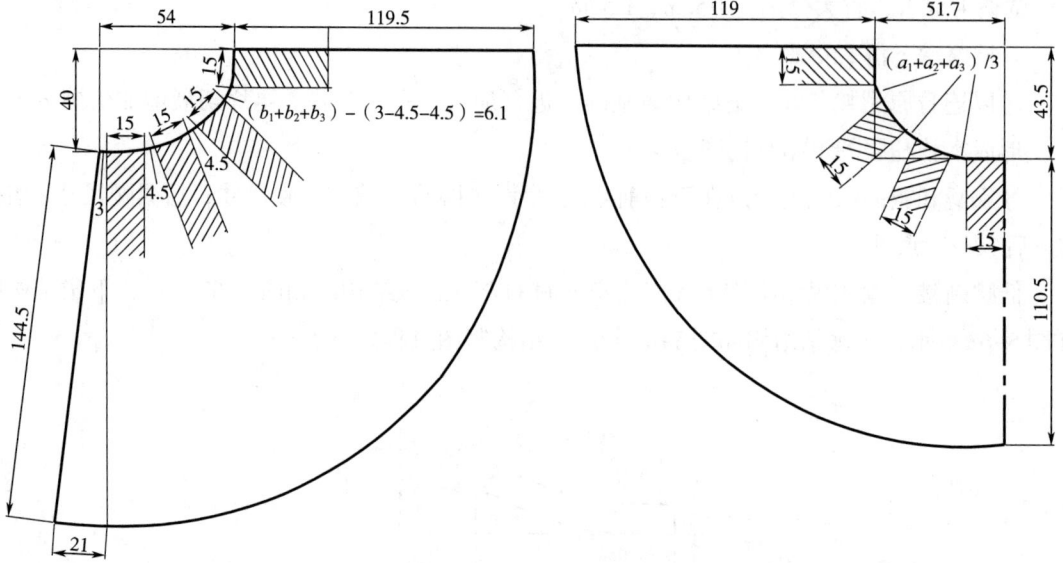

图5-63 低腰断腰立领蝴蝶结腰饰大A摆连身礼服下裙结构图

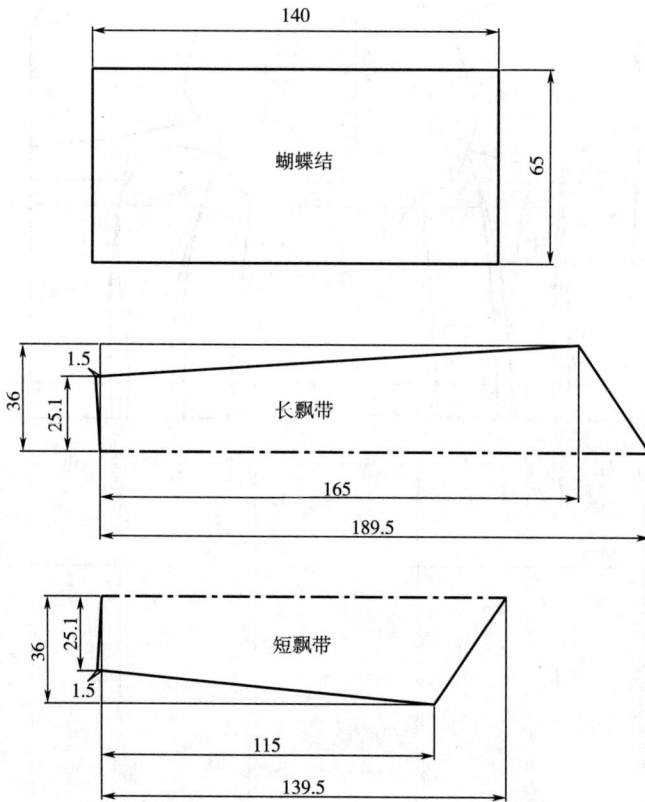

图5-64 低腰断腰立领蝴蝶结腰饰大A摆连身礼服蝴蝶结的结构图

①复制婚纱礼服连身原型。

②根据成衣尺寸调整胸围、腰围尺寸。本款礼服胸围、腰围、原型臀围尺寸、肩宽与原型同，不调整。

③绘制低腰分割线，前中、侧缝、后中的低腰量分别为3.5cm、3cm、3.5cm。

④按款式绘制前育克分割线。

⑤将前片腋下省转移形成肩胸省。

⑥按款式将3.5cm的前腰节单省调整为双省，省大分别为2cm、1.5cm。其中2cm的省在原腰节省位置，1.5cm的省根据款式定位在2cm省中线和侧缝线的中间并表现为曲线省。

⑦将2cm的腰省和转移形成的肩胸省连省成缝，注意省形状为下宽上尖的枣核形。

⑧前后袖窿同时下沉1.5cm。修正袖窿弧线。

⑨前横开领扩0.7cm，前直开领上抬0.3cm，修正前领弧线。

⑩按款式绘制后育克分割线。

⑪按款式将3cm的后腰节单省调整为双省，省大分别为1.5cm、1.5cm。一个省在原腰节省位置，另一个根据款式定位在1.5cm省中线和后中心线的中间，并表现为曲线省。

⑫后横开领扩0.7cm，后直开领下沉1cm，修正后领弧线。

⑬标注衣身必要尺寸。

⑭根据衣长加出下裙长度。前下裙长 = 前裙总长 − （背长 +3.5+4）=156−（38+3.5+4）= 110.5cm。后下裙长 = 后中总长 − （背长 +3.5）=186−（38+3.5）=144.5cm。

⑮合并下裙腰省。原型裙底边省不影响造型，可忽略。

⑯设计裙片的切展位，裙片切展并加入褶裥。从婚纱礼服连身原型到礼服下裙的结构转化过程如图5-65所示。下裙部分的结构展开是先沿等分切展位剪开后下摆拉展，形成腰口尺寸不变，下摆展开的大A摆斜裙结构，展开量用 $\alpha \geqslant 90°$ 来控制，取 $\alpha=90°$。然后，再一次按省位设计切展位，沿切展位剪开后加入褶裥，每1/4片加入4个15cm的褶裥，形成腰口尺寸增大，下摆进一步增大的大A摆结构，并再取 $\alpha \geqslant 90°$ 来控制最终的下摆量。

⑰标注下裙的必要尺寸。

⑱测量前领弧线、后领弧线的尺寸，按照尺寸绘制立领结构。立领前起翘量取4.5cm。

⑲绘制蝴蝶结的结构，包括蝴蝶结、长短飘带。

2. 低腰断腰立领蝴蝶结腰饰大A摆连身礼服的样板制作

服装样板按照用途不同分为裁剪样板和工艺样板。裁剪样板主要用于面辅料的裁剪，工艺样板主要用于缝制工艺过程中部件的定型和定位。对于婚纱礼服类服装来说，有些款式不需要使用工艺样板（如前述任务的连腰脖吊带露背小A摆连身礼服），而有些款式则需要，如本款低腰断腰立领蝴蝶结腰饰大A摆连身礼服，就需要领工艺样板，这是领子的定型样板，实际上是领的净样，所有装领款婚纱礼服都需要领工艺样板来进行领的定型定位缝制。图5-66是低腰断腰立领蝴蝶结腰饰大A摆连身礼服的衣领工艺样板图。图5-67是衣身、衣领的裁剪样板图，图5-68是下裙的裁剪样板图，图5-69是蝴蝶结的裁剪样板图。在图中，对缝份加放、面料纱向、文字标注、定位定型点标注等关键操作进行了注释。说明如下。

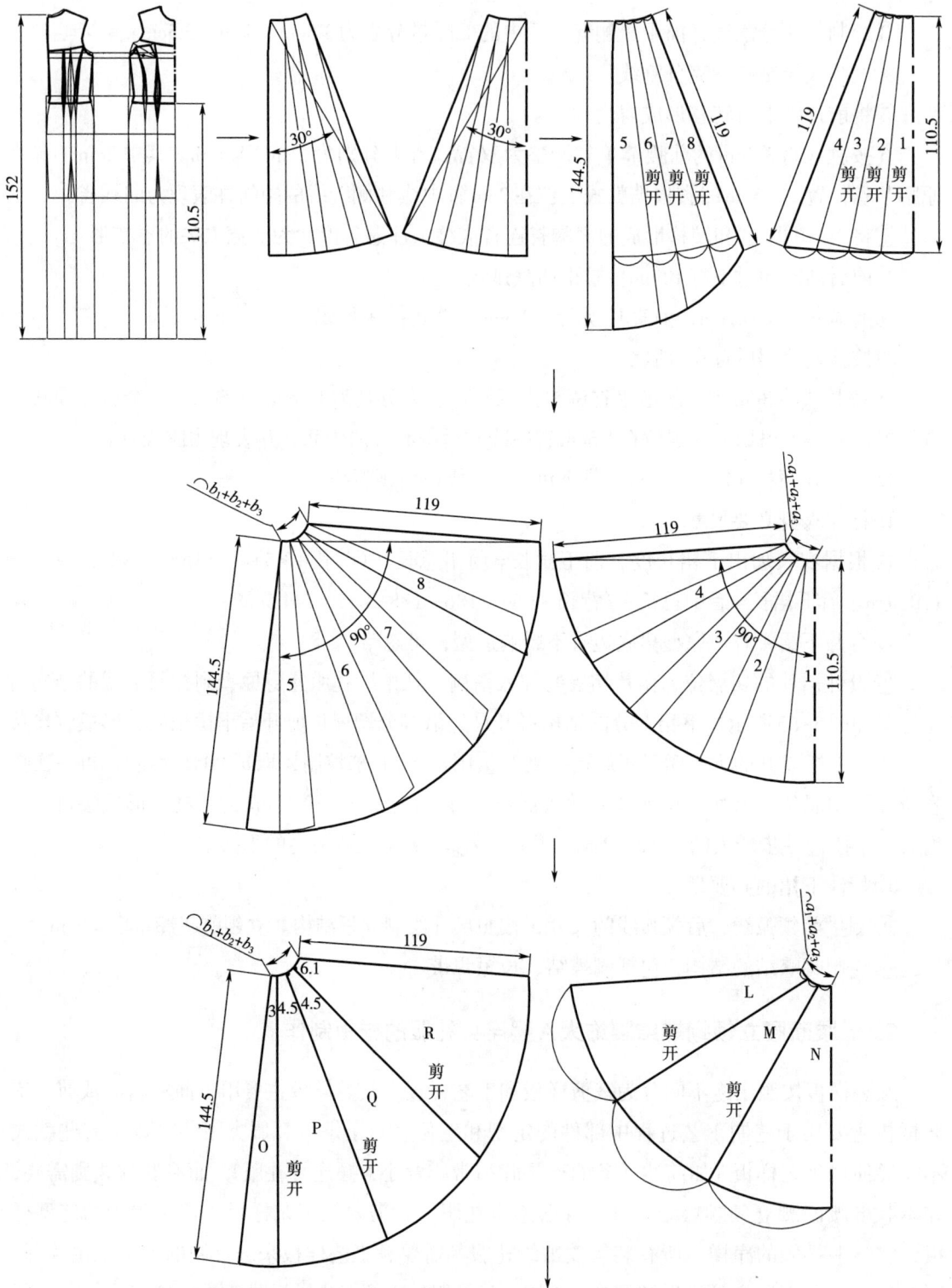

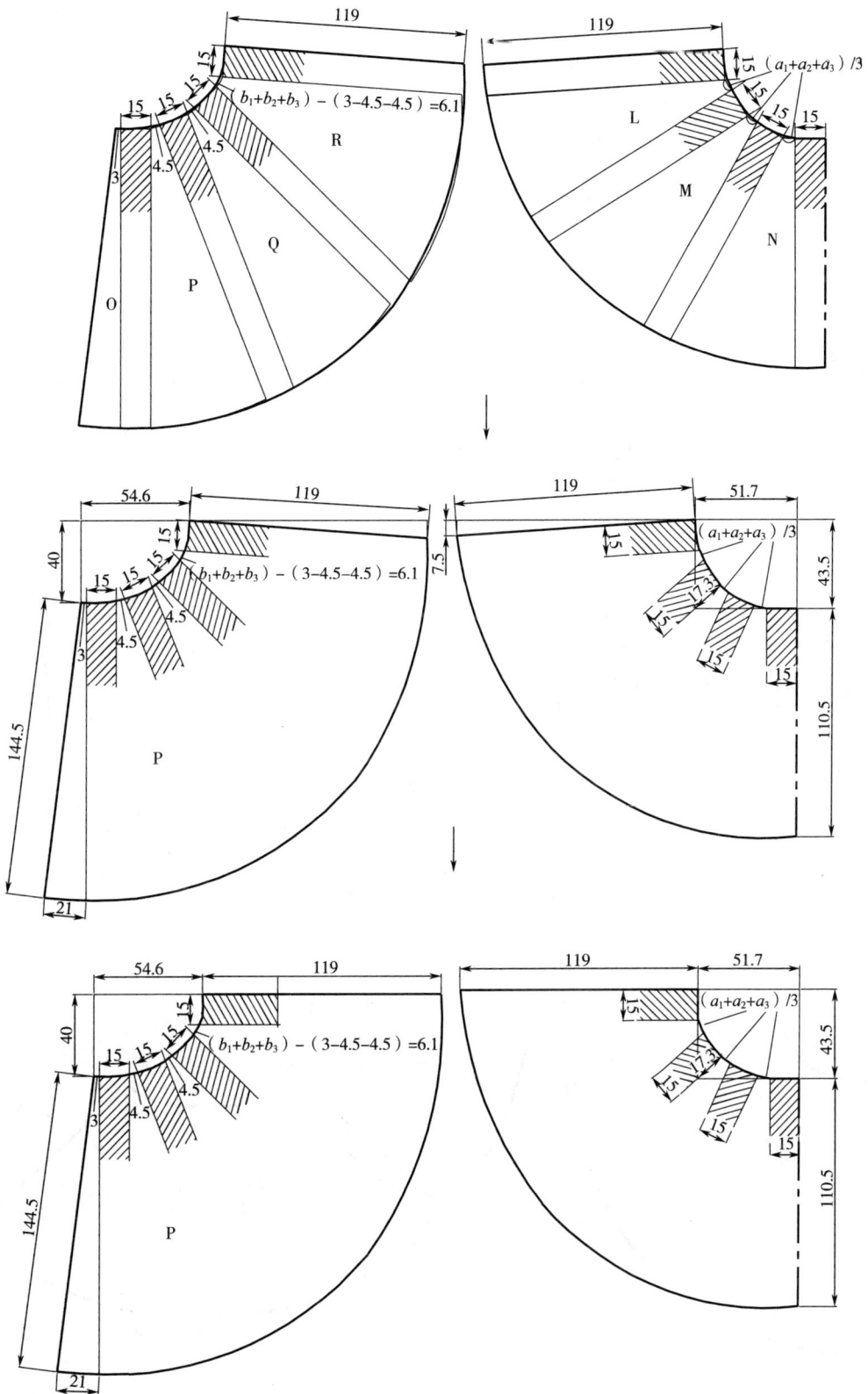

图5-65　从婚纱礼服连身原型到礼服下裙的结构转化过程

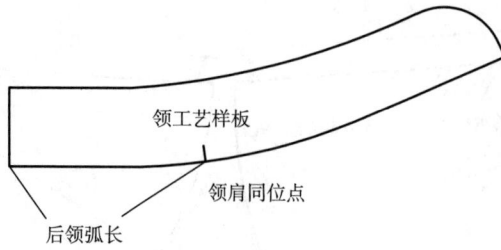

领工艺样板

领肩同位点

后领弧长

图5-66　衣领工艺样板图

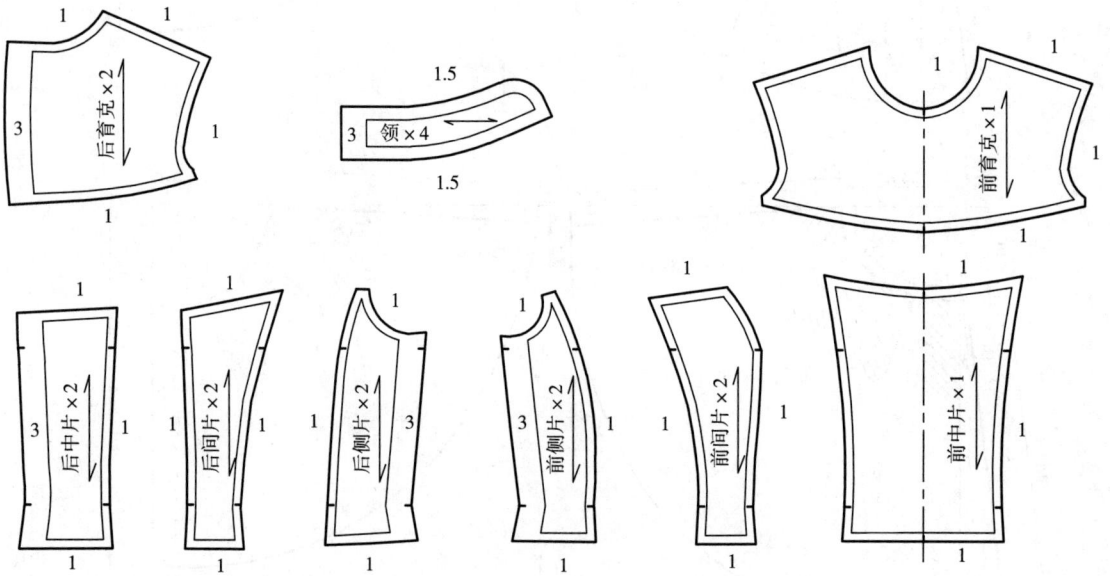

图5-67　衣身、衣领的裁剪样板图

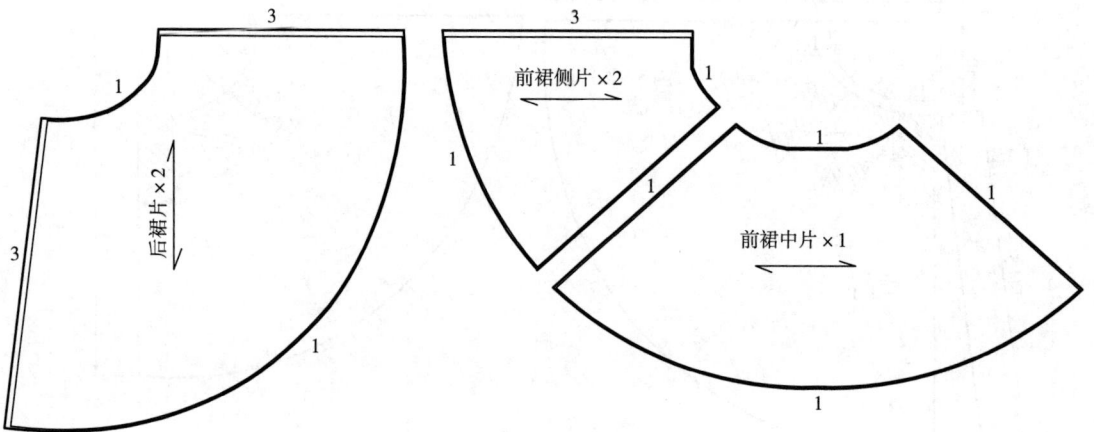

图5-68　下裙的裁剪样板图

①后中、侧缝放缝3cm。

②领后中放缝3cm，其他边放缝1.5cm。

③底边放缝与面料和工艺相关，如果是加弹力网或斜裁面料等贴边的工艺，底边缝份加放1cm。如果底边直接卷边，则底边缝份加放4cm。本款礼服另加贴边，底边放缝1cm。

④其他缝份常规加放1cm。

⑤样板包括左右对称的前育克、前中片、前间片、前侧片、后育克、后中片、后间片、后侧片、前裙中片、前裙侧片、后裙片、领。其中，因面料门幅所限，前裙样板需要从中间剪开，并将纱向设计为横丝缕。剪开线的位置要根据款式、面料门幅等因素来设置，应尽可能使剪开线在成形后的服装中比较隐蔽，所以常将剪开线设置在裙褶裥中间。

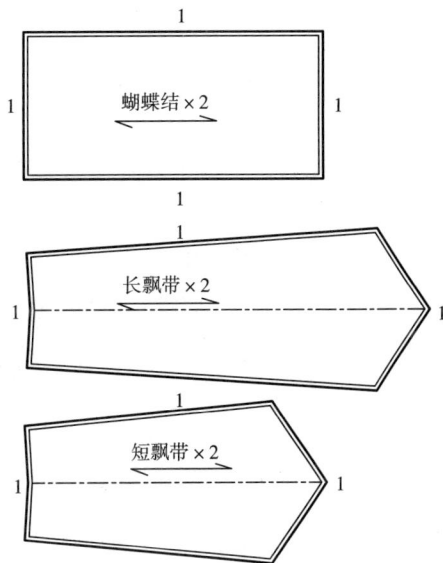

图5-69　蝴蝶结的裁剪样板图

本款礼服前裙剪开位设置在第三个褶裥开始处，通过层叠的褶裥将其隐藏起来。如图5-70所示。需要说明的是，在服装样板设计时，应尽可能保证裁片的完整，保证纱向沿面料的长度方向（径向，也称直丝缕），这是服装打板首先遵循的原则。对于下裙阔大的婚纱礼服类服装，特别是整体的前裙片，无法满足上述基本原则，所以采用将前片剪开、纱向改变为面料的宽度方向（横向，也称横丝缕）的处理方法。

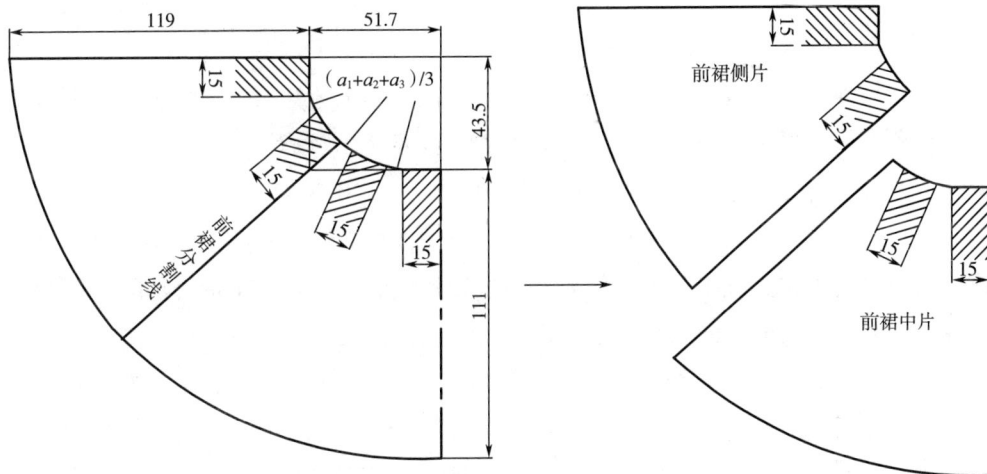

图5-70　前裙片剪开线位置的设计

⑥本款礼服的刀口位较多，用于各裁片拼合时定位。刀口位包括：衣身分割线与胸围线的交点、衣身分割线与腰节线的交点、前育克分割线上的对称点、前中片顶边、底边的对称点、裙前片腰口线中点、下裙褶裥位。

⑦蝴蝶结飘带为对称结构，样板不能只做出一半，需要做出完整的飘带样板。

3. 低腰断腰立领蝴蝶结腰饰大A摆连身礼服的坯布试样制作

低腰断腰立领蝴蝶节腰饰大A摆连身礼服坯布试样遵循裁剪、别样、调样、样板优化的操作过程。

在坯布试样过程中，坯布别样需要按照合理的工艺流程来进行。本款低腰断腰立领蝴蝶结腰饰大A摆连身礼服坯布别样（缝合或别和）工艺流程如下。

①做前片。对齐刀口位，1cm缝份辑合前中片、前间片、前侧片的分割缝，熨烫，缝份倒向侧缝，形成前衣身下片；对齐刀口位，1cm缝份辑合前育克和前衣身下片的分割缝，熨烫，缝份倒向前衣身下片，形成前衣身整体；1cm缝份辑合前裙中片和前裙侧片，熨烫，缝份倒向前裙侧片；按1cm扣烫底边，然后按刀口位、褶裥方向依次折叠左右各4个15cm大的前裙省，0.6cm粗缝固定，形成前裙片；辑合前衣身片、前裙片腰口线，熨烫，缝份倒向衣身，形成完整前片。

②做后片。对齐刀口位，1cm缝份分别辑合左右后中片、后间片、后侧片的分割缝，熨烫，缝份倒向侧缝，分别形成左右后衣身下片；对齐刀口位，1cm缝份分别辑合左右后育克和后衣身下片的分割缝，熨烫，缝份倒向后衣身下片，形成左右后衣身；分别按1cm扣烫底边，然后按刀口位、褶裥方向依次折叠左右各4个15cm大的后裙省，0.6cm粗缝固定，形成左右后裙片；分别辑合左右后衣身片、后裙片腰口线，熨烫，缝份倒向衣身，形成左右后片。

③和侧缝、肩缝。对齐刀口位，3cm缝份辑合前后衣身侧缝，熨烫，缝份倒向后片；1cm缝份辑合前后衣身肩缝，熨烫，缝份倒向后片。

④做领。领面、领里裁片里面黏一层无纺衬，依据领工艺样板，分别在左右领里裁片的衬料上，沿领工艺样板边沿画领外轮廓（净尺寸），注意标出领肩同位点；沿领里下领弧线修剪，保证下领弧线的剩余缝份1cm，剪出领肩同位点刀口（0.5cm），沿净缝线将下领弧线的缝份向内扣烫；左右领面、领里分别正面相对，后领中线对齐，领里在上，沿领外轮廓辑缝上领弧线，辑缝时适当拉紧领里；分别修剪左右上领弧线的缝份到0.7cm，圆角处修剪到0.3cm左右；左右领面朝上，分别向内扣烫上领弧线的缝份，扣烫时要使烫迹线在缝迹线0.1cm内；左右领翻转到正面，烫上领弧线，注意保证领面比领里大0.1cm左右；依左右领里下领弧线分别在左右领面里画出领面净缝线，修剪左右领面下领弧线，使得领面下领弧线的缝份为1cm，依左右领里的领肩同位点分别标出左右领面领肩同位点，打剪口。

⑤装领。领面和前衣身前领中点、领肩同位点对位，后领中线和后衣身中线对位，1cm辑合领面和衣身；领里下领弧线压住刚刚辑缝的装领缝迹线0.15cm，从左后领中线开始，0.1cm明线辑合领里的下领弧线和衣身，到右后领中线结束，熨烫缝迹线。

⑥做袖窿贴边。裁剪4cm宽斜裁贴边，与衣身正面相对，辑合（1cm缝份）在礼服的袖窿圈，辑合时注意贴边在上，略收紧，烫平缝迹线，衣身在上、贴边在下0.1cm扣烫，翻到衣

身正面熨烫，使正面不漏贴边。

⑦别和后中缝。将缝合好的坯样穿在人台上，按缝份、别和规范别和后中缝。

⑧制作蝴蝶结并别和。正面和正面相对，1cm缝份分别辑合蝴蝶结、长飘带和短飘带裁片，每个部件留8~10cm的翻身孔，蝴蝶结翻身孔留在中下部，长飘带、短飘带翻身孔留在侧边；将蝴蝶结、长飘带、短飘带翻到正面，四角翻出，手工暗缲针缝合翻身孔，并熨烫平整；用长飘带夹紧蝴蝶结，将长飘带、短飘带和蝴蝶结装配在一起，别和在后腰的位置。本款低腰断腰立领蝴蝶结腰饰大A摆连身礼服的坯样如图5-71所示。

图5-71　低腰断腰立领蝴蝶结腰饰大A摆连身礼服的坯样

🌱 举一反三

🔗 引导性问题

中腰断腰立翻领大A摆连身礼服的款式如图5-72所示，参考低腰断腰立领蝴蝶结腰饰大A摆连身礼服，如何进行本款礼服的结构设计？

图5-72　中腰断腰立翻领大A摆连身礼服

中腰断腰立翻领大A摆连身礼服为胸部贴身、腰部贴身，臀部宽松的拖地大A摆连身礼服，有小后拖摆。通过前身连省成缝的公主线、后身刀背缝分割来塑形，立翻领、无袖，中腰断腰，且在中腰束有腰带。下裙宽大，前后身分别有多个左右对称的顺风褶裥，面料可选用丝绸、醋酸、多层网纱等礼服面料，适合青年女性作为礼服穿用。其结构设计要点如下。

（1）规格尺寸

本款礼服与低腰断腰立领蝴蝶结腰饰大A摆连身礼服的衣身贴身度相似，胸围、腰围规格尺寸不变（B=86cm，W=66cm），臀围宽大，下裙造型和褶裥处理方式都与示例款相似，规格尺寸设计上，依然以连身原型的原型臀围$H_{原型}$=90cm为基础进行结构变换。裙长拖地，与低腰断腰立领蝴蝶结腰饰大A摆连身礼服相似，拖摆比低腰断腰立领蝴蝶结腰饰大A摆连身礼服拖摆小，最终前中长取156cm，后中长取178cm。本款中腰断腰立翻领大A摆连身礼服的规格尺寸设计说明表见表5-19，规格尺寸表见表5-20。

表5-19　中腰断腰立翻领大A摆连身礼服规格尺寸设计说明表

项目	公式	设计依据
号型	160/84A，160/66A	国标中间标准体
前裙总长 L	136+4+12+4=156cm	前裙及地，且下裙是大A摆。可根据颈椎点高136cm、落地量4cm、大A摆产生的斜度余量12cm、前上平线高于后上平线的4cm的总和计算得出156cm
后中总长 L_1	136+4+12+26=178cm	后裙有中拖摆，加放26cm的小拖摆长度。可根据颈椎点高136cm、落地量4cm、大A摆产生的斜度余量12cm、后拖摆量26cm的总和计算得出178cm
胸围 B	净胸围 B^*+2=86cm	贴身礼服
腰围 W	净腰围 W^*+0=66cm	160/66A体的净腰围为66cm
肩宽 S	S=38-2=36cm	肩宽在原型基础上左右各内收1cm，比原型肩宽小2cm
原型臀围 $H_{原型}$	$H_{原型}$=净臀围 H^*+2=92cm	礼服下裙A造型，臀围宽松。下裙结构设计依婚纱礼服连身原型而来，选择控制原型臀围尺寸，即 $H_{原型}$=净臀围 H^*（90）+2=92cm

表5-20　中腰断腰立翻领大A摆连身礼服规格尺寸表

部位	号型	胸围 B	腰围 W	原型臀围 $H_{原型}$	肩宽 S	前裙总长 L	后中总长 L_1
尺寸	160/84A，160/66A	86cm	66cm	92cm	36cm	156cm	178cm

（2）分割线与省道转移

本款礼服前衣身通过连省成缝的公主线分割塑形，即在原型基础上，将腋下省转移为袖窿省并连省成缝；后衣身通过刀背缝分割塑形，即将后腰节省从直线省变换为曲线省并形成刀背缝形式的分割线。贴身服装在省道转移后，绘制的分割线条需要修正，始终保持省为枣核形的原则，以便与人体更加契合。

（3）领、袖结构

本款礼服领为立翻领，该领结构是立领和翻领的结合（参见项目四的任务三）。本款礼服无袖，肩宽在原型尺寸上左右各收进1cm，使肩宽为38-2=36cm。

（4）断腰与下裙结构

本款礼服为中腰断腰，与低腰断腰立领蝴蝶结腰饰大A摆连身礼服断腰位置不同。下裙结构的处理方法、褶裥设计与示例款相似，其结构设计变换参考低腰断腰立领蝴蝶结腰饰大A摆连身礼服来操作。本款褶裥折叠方向与低腰断腰立领蝴蝶结腰饰大A摆连身礼服不同，其前中、后中的一对褶裥面面相对，本款前中、后中的一对褶裥面面相背，在褶裥结构、坯布试样的时候应加以注意。

本款中腰断腰立翻领大A摆连身礼服的衣身、衣领、束腰结构如图5-73所示，下裙最终的结构如图5-74所示，下裙从原型到最终结构的转化如图5-75所示。

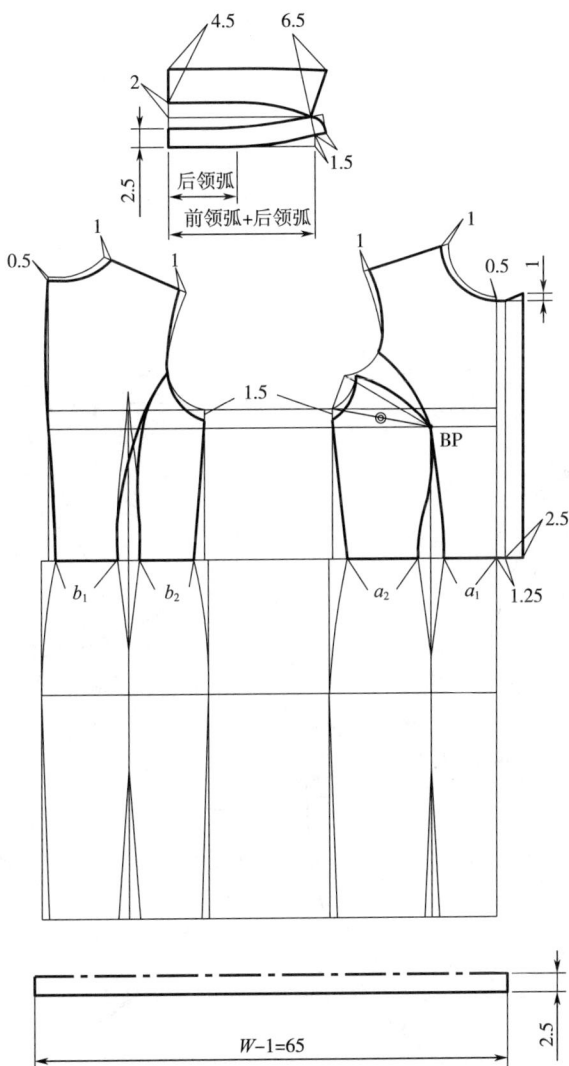

图5-73　中腰断腰立翻领大A摆连身礼服的衣身、衣领、束腰结构

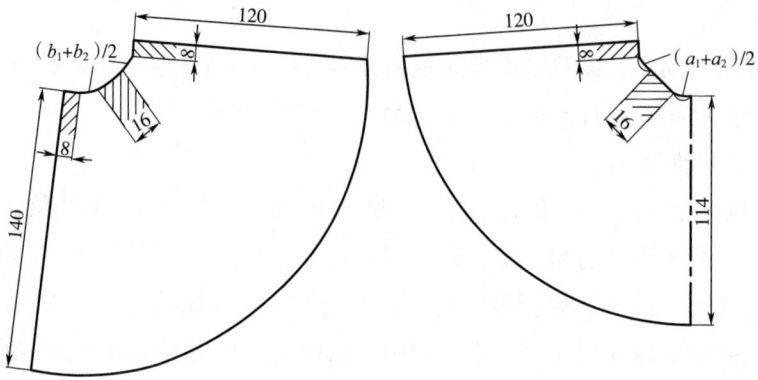

图5-74 中腰断腰立翻领大A摆连身礼服的下裙结构

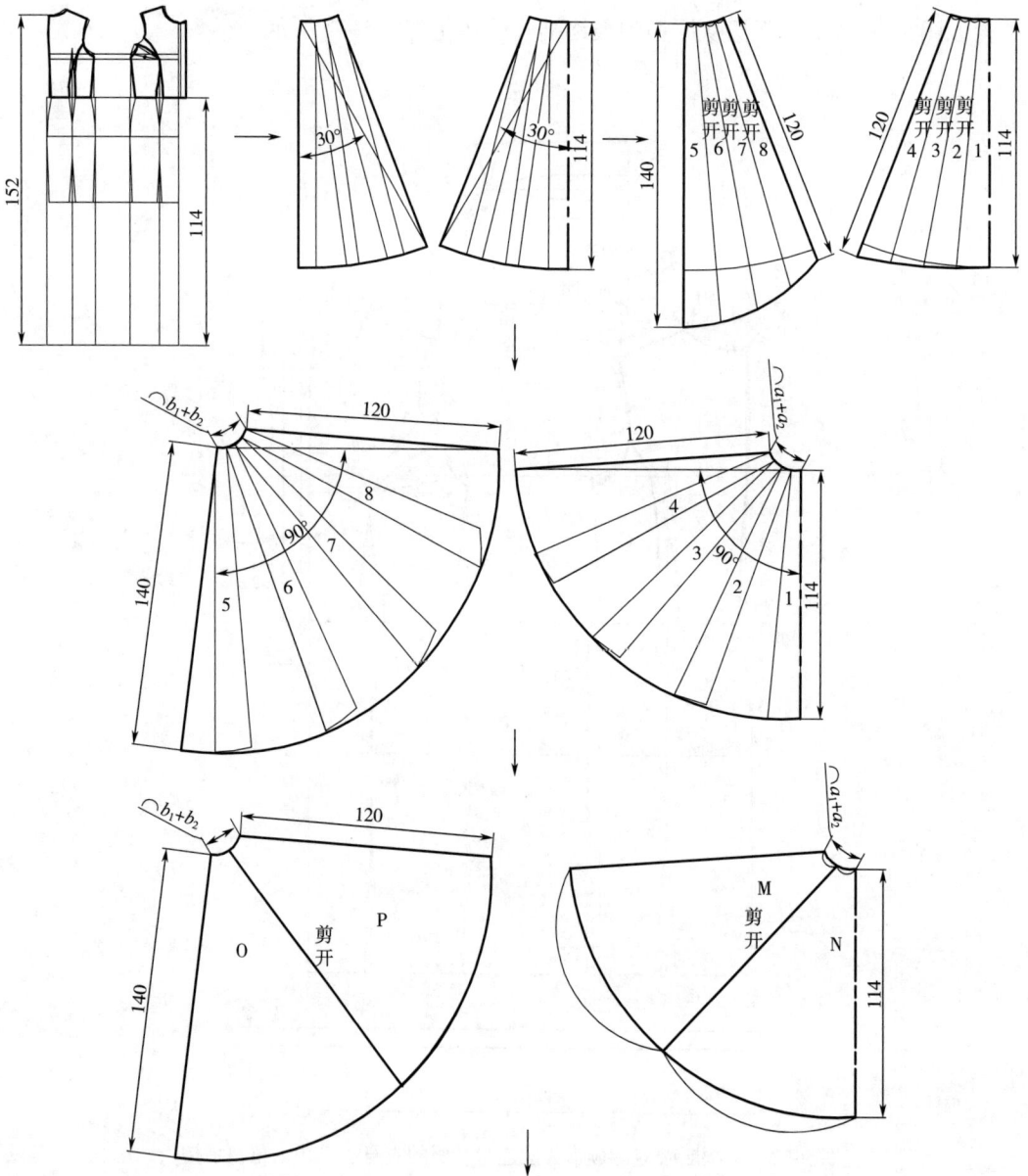

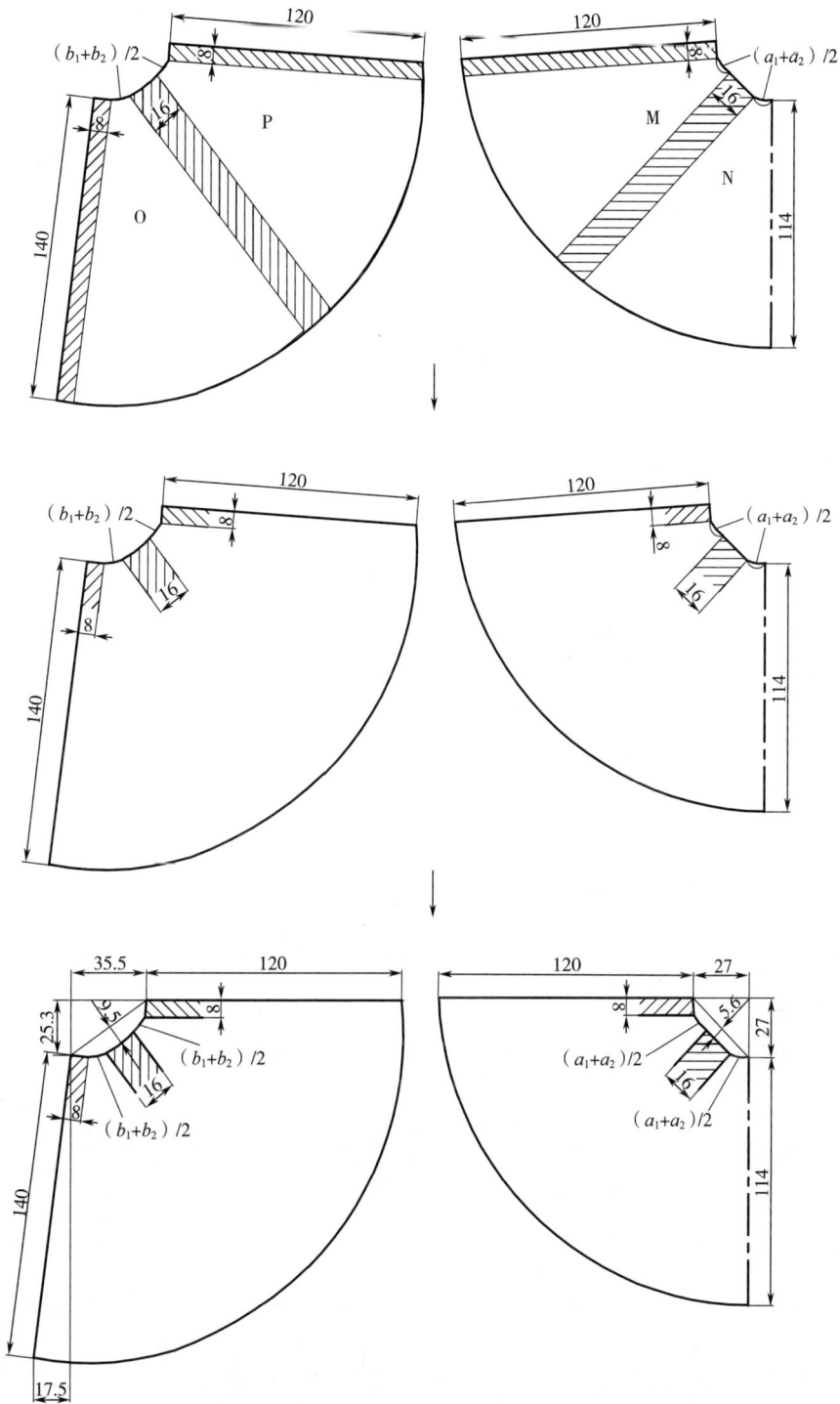

图5-75 从婚纱礼服连身原型到礼服下裙的结构转化过程

✏️ **巩固训练**

1. 完成低腰断腰立领蝴蝶结腰饰大A摆连身礼服的1：1比例的结构图、样板制作和坯样试制。

2. 以小组为单位，选择企业定制装领款连身婚纱礼服，完成本组选定款婚纱礼服的结构设计、样板制作和坯样试制。

3. 使用服装CAD软件，完成任务五所讲述婚纱礼服的结构制图与制板。

🪶 **学习评价**

项目	评分要点	分值	自评	互评	师评	第三方评价	备注
专业术语应用	准确、熟练	10					
操作过程	合理、工具使用正确、熟练	10					
结构设计	款式分析准确，规格设计合理，结构制图正确、线条规范，粗细得当，图面整洁。能够完成变化款式的纸样设计	30					
打板	线条流畅、均匀；缝份加放合理；标注、标记完整规范、样板裁切干净顺畅准确	20					
裁剪和别样	操作规范，成型整洁，缝迹顺畅	10					
调样和优化	操作规范，调样准确，标记齐全，有明显的优化成效	10					
坯样别样工艺流程	科学合理，利于操作	10					
合计		100					

任务六　装袖款婚纱礼服结构设计与样板制作

➡️ **任务导入**

完成不同装袖款婚纱礼服的结构设计、样板制作和坯布试样制作。

📋 任务要求

1. 能进行装袖款婚纱礼服的类型判断。
2. 能进行装袖款婚纱礼服的款式特征分析。
3. 能进行装袖款婚纱礼服的规格尺寸设计。
4. 能进行装袖款婚纱礼服的结构制图。
5. 能进行装袖款婚纱礼服的样板制作。
6. 能进行装袖款婚纱礼服的坯布试样制作。
7. 能进行装袖款婚纱礼服的坯布别样工艺流程编制。

✦ 任务实施

1. 大A造型纵向分割连腰装袖新娘礼服的结构设计

（1）大A造型纵向分割连腰装袖新娘礼服的款式特征

大A造型纵向分割连腰装袖新娘礼服为贴身型的连腰西式新娘礼服。胸、腰贴身，臀部宽松，长度及踝。从肩到底边，前后身各有5条纵向分割线，将衣身分为12片。简洁的深V领，一片式圆装贴身袖，侧缝装拉链，可选用雪尼尔、羊毛、厚棉等有质感、量感的高档面料制作。大A造型纵向分割连腰装袖新娘礼服款式图如图5-76所示，着装效果如图5-77所示，其款式特征分析见表5-21。

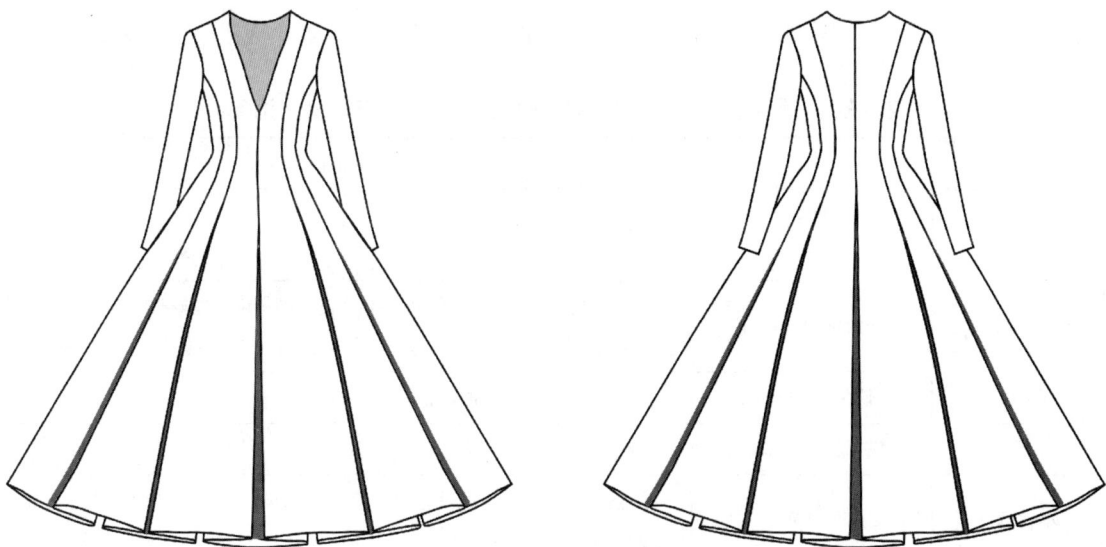

图5-76 大A造型纵向分割连腰装袖新娘礼服款式图

表5-21　大A造型纵向分割连腰装袖新娘礼服款式特征分析表

项目	特征	款式特征分析	款式着装图
类型判断	贴身型连腰婚纱礼服	本款服装为贴身型的连腰西式新娘婚纱礼服。胸、腰贴身，臀部宽松，长度及踝，形成上紧下松的大A造型。侧缝装拉链。从肩到底边，前后身各有5条纵向分割缝，形成12片衣片。一片式贴身袖。可选用雪尼尔、羊毛、厚棉等有质感、量感的高档面料制作	
轮廓结构	胸、腰贴身，裙大A造型，纵向分割线形成12片衣片，长度及踝		
部件附件	从肩到底边，前、后身在前中、后中、肩胸、肩背等位置各有5条纵向分割缝。一片式贴身袖		
腰	中腰位连腰，侧缝拉链		
风格	西式庄重感新娘礼服		
面料	雪尼尔、羊毛、厚棉等有质感、量感的高档面料		图5-77　大A造型纵向分割连腰装袖新娘礼服着装效果

（2）大A造型纵向分割连腰装袖新娘礼服的规格设计

大A造型纵向分割连腰装袖新娘礼服规格尺寸设计说明表见表5-22。规格尺寸表见表5-23。

表5-22　大A造型纵向分割连腰装袖新娘礼服规格尺寸设计说明表

项目	公式	设计依据
号型	160/84A，160/66A	国标中间标准体
后中总长 L	$L=136+10=146$cm	下裙及地，大A摆造型，面料有一定的硬挺度，在裙长设计时，加放斜度余量10cm。后中总长 $L=136$（颈椎点高）$+10$（斜度余量）$=146$cm
胸围 B	净胸围 $B^*+5=89$cm	装袖的贴身礼服，胸围加放不少于4cm
腰围 W	净腰围 $W^*+2=68$cm	160/66A体的净腰围为66cm，腰加放2cm
原型臀围 $H_{原型}$	$H_{原型}=$净臀围 $H^*+2=92$cm	礼服下裙A造型，臀围宽松。下裙结构设计依婚纱礼服连体原型而来，选择控制原型臀围尺寸，即 $H_{原型}=$净臀围 H^*（90）$+2=92$cm
肩宽 S	$S=38$cm	正常肩位，与原型尺寸相同
袖长 CL	$CL=50.5+2.5=53$cm	袖型非常合身，袖长至尺骨头。在手臂长度基础上加放2.5cm，在尺骨位置
袖口 CW	$CW=16+3=19$cm	袖口比较窄小，在手腕围基础上加放3cm

表5-23 大A造型纵向分割连腰装袖新娘礼服规格尺寸表

部位	号型	胸围B	腰围W	原型臀围$H_{原型}$	后中总长L	肩宽S	袖长CL	袖口CW
尺寸	160/84A, 160/66A	89cm	68cm	92cm	146cm	38cm	53cm	19cm

（3）大A造型纵向分割连腰装袖新娘礼服的结构制图

大A造型纵向分割连腰装袖新娘礼服的结构设计要点分析如下。

①以婚纱礼服连身原型为基础，进行衣身制图。

②调整胸围尺寸，使成品胸围尺寸比原型增大3cm。

③调整腰省量，使成品腰围尺寸比原型增大2cm。

④将原型的腋下省转移为肩胸省。

⑤将前单腰节省调整成前双腰节省（省大分别为2cm、1.5cm），靠近前中线的省与肩胸省连省成缝，形成前身肩胸省直形分割线；靠近侧缝的省依款式形成前片的公主线分割。

⑥将后单腰节省调整成后双腰节省（省大为1.5cm）。靠近后中线的省依据款式形成后身肩背省直形分割线；靠近侧缝的省依款式形成后片的刀背缝分割。

⑦原型袖窿深下降2.5cm，以保证装袖的舒适性。

⑧礼服领口开得较深，为了避免在前胸处起空，前颈侧点处下降0.5cm，以拉紧前领口。腰节线以上的衣身结构如图5-78所示。

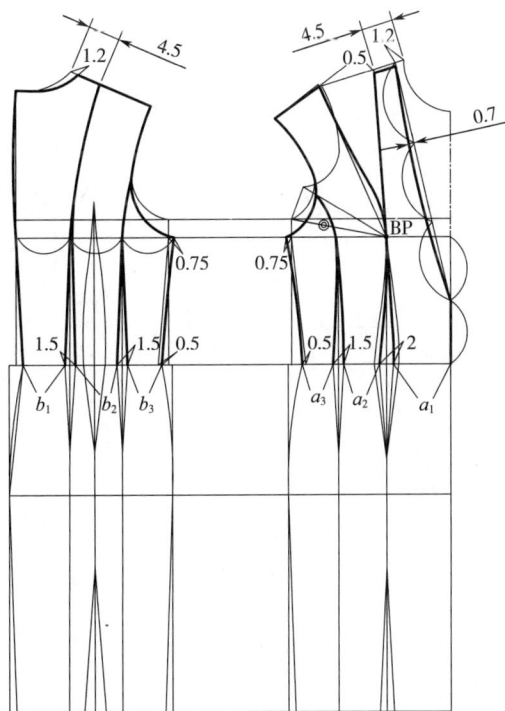

图5-78 腰节线以上的衣身结构

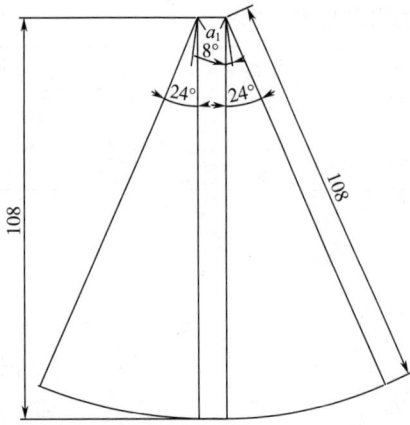

图5-79 礼服下裙的裙片结构的绘制

⑨下裙随分割线呈12片大A裙。每个裙片随腰口尺寸左右各外展24°，下裙长=后中总长-背长=146-38=108cm。每个裙片也需要确定缝合线位置和长度，缝合线位置随腰口尺寸左右外展8°，缝合长度取13cm。绘制方法如图5-79所示。

⑩袖为贴身一片袖，前袖偏量2.5cm。

大A造型纵向分割连腰装袖新娘礼服上下连腰衣身的结构图如图5-80（a）所示，其衣片上下相连的最终结构如图5-80（b）所示。结构制图过程如下。

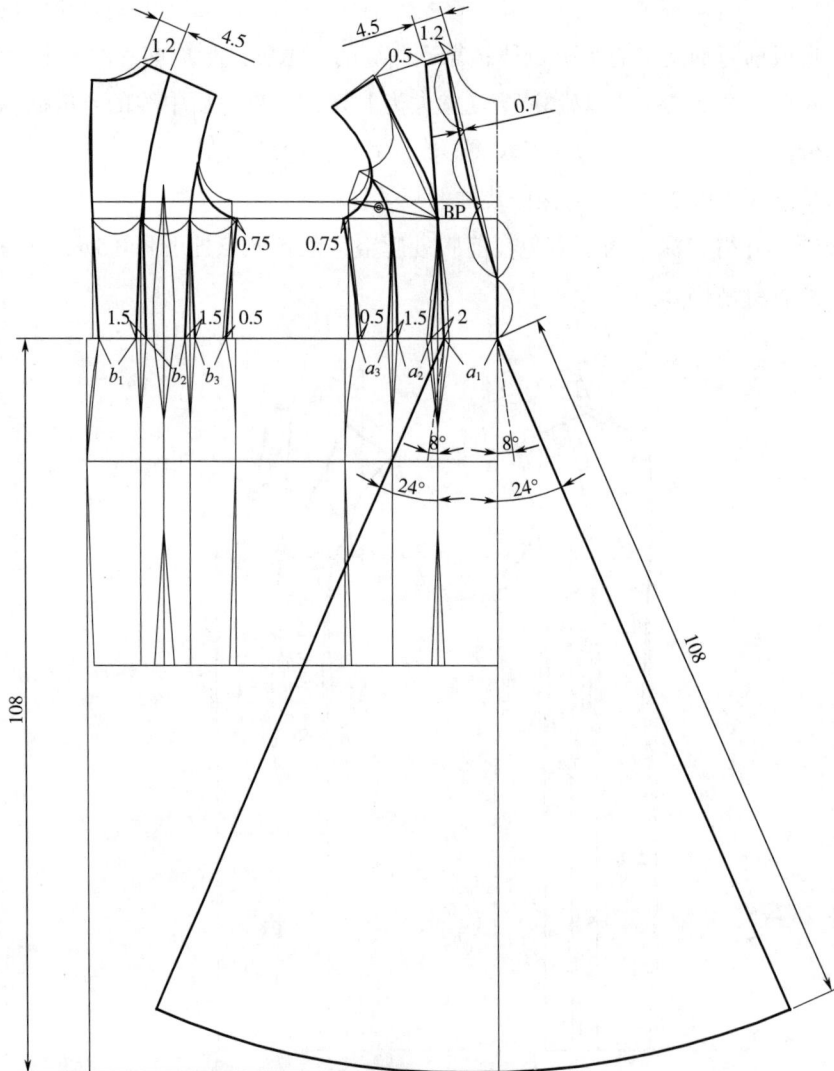

（a）上下连腰衣身结构

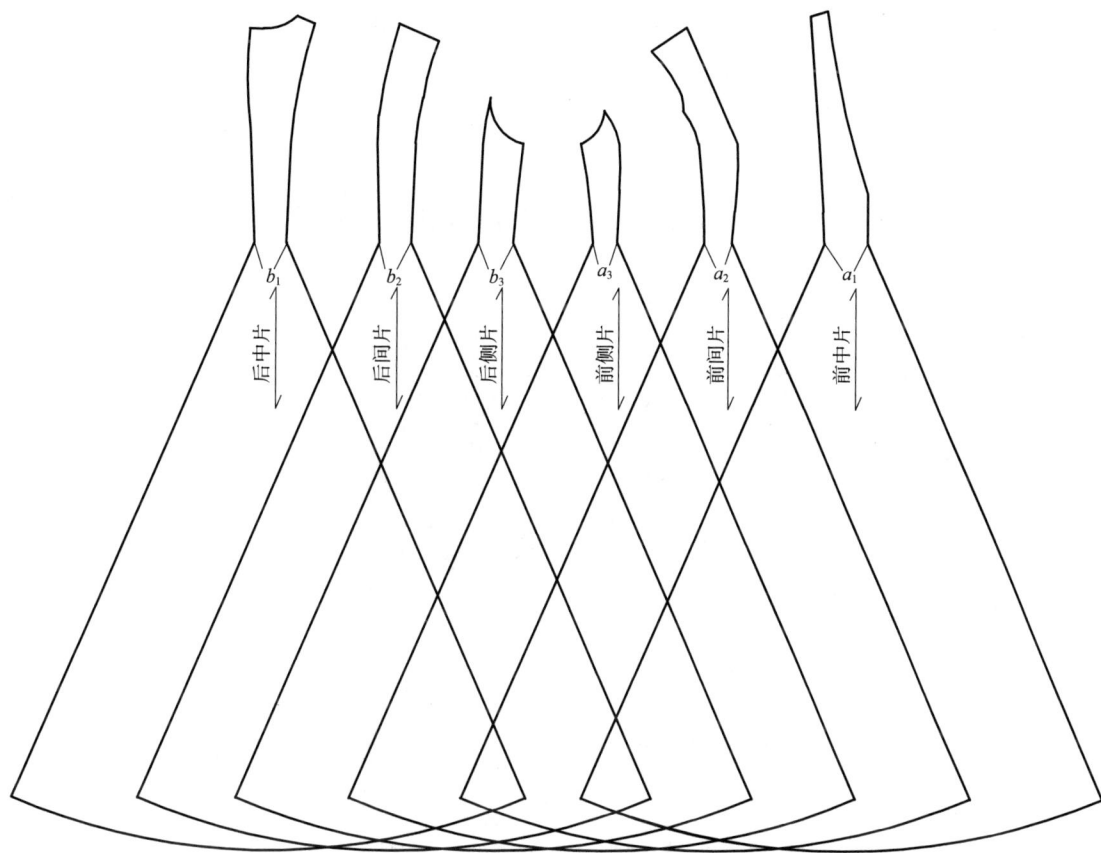

（b）衣片上下相连最终结构

图5-80 大A造型纵向分割连腰装袖新娘礼服的上下连腰衣身结构图

①复制婚纱礼服连身原型。

②根据成衣尺寸调整胸围、腰围尺寸。本款礼服胸围增大3cm，前胸大、后胸大各增大0.75cm，腰围增大2cm，左右侧缝各放出0.5cm；原型臀围尺寸、肩宽与原型相同，不调整。

③将原型的腋下省转移为肩胸省。

④按款式将3.5cm的前腰节单省调整为双省，省大分别为2cm、1.5cm。其中2cm的省在原腰节省位置，1.5cm的省根据款式定位在2cm省中线和侧缝线的中间并形成前片的公主线分割。

⑤将2cm的腰省和转移形成的肩胸省连省成缝，注意省形状为下宽上尖的枣核形，即接近BP点7~8cm省尖为枣核形造型。

⑥前后袖窿同时下沉2.5cm。修正袖窿弧线。

⑦前横开领沿肩缝线扩1.2cm，前直开领下沉到胸围线至腰节线距离的1/2处。直线连接横开领点和直开领点，中部内凹0.7cm，画顺前领口线。

⑧按款式将3cm的后腰节单省调整为双省，省大分别为1.5cm、1.5cm。省中心线都设在后腰大的三等分点上，接近后中线的省形成肩背省直形分割，接近侧缝的省形成后片的刀背缝分割。

⑨后横开领沿肩缝线扩1.2cm，直开领不变，画顺后领口弧线。

⑩对应每一个衣片，绘制连腰的下裙结构。下裙随分割线呈12片大A裙。每个裙片随腰口尺寸左右各外展24°，下裙长取108cm，缝合线位置随腰口尺寸左右外展8°，缝合长度取13cm。

大A造型纵向分割连腰装袖新娘礼服衣袖的结构图如图5-81所示，结构制图过程如下。

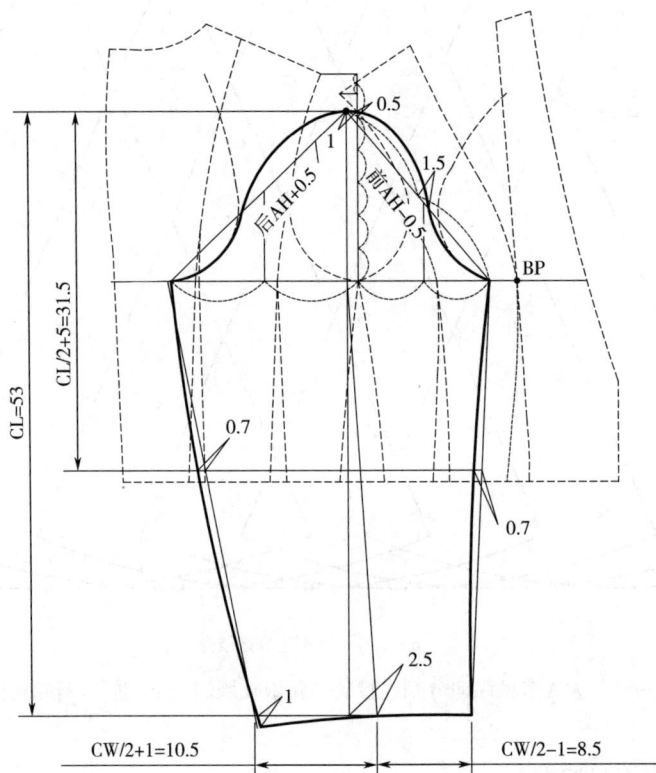

图5-81 大A造型纵向分割连腰装袖新娘礼服衣袖的结构图

①依据衣身结构图，将侧缝基础线向后身偏移0.5cm，取前袖窿深和后袖窿深的平均长度的5/6为袖山高，胸围线为袖肥线，绘制袖上平线、袖中线和袖中点。

②依据CL=53cm绘制袖下平线。

③依据CL/2+3.5=31.5cm绘制袖肘线。

④依据前袖窿长（前AH）-0.5cm绘制前袖山斜线，确定前袖肥点。

⑤依据后袖窿长（后AH）+0.5cm绘制后袖山斜线，确定后袖肥点。

⑥将前袖肥（侧缝基础线与袖肥线的交点到前袖肥点的长度）分成2等份，从等分点向上做垂线，以该垂线为对称轴，反转复制前袖窿弧线，得到在腋下部分与前袖窿弧线形状相同的前袖山弧线的下部曲线。

⑦将前袖山斜线分成4等份，1/2点向下1.5cm做袖山弧线的转折点，从袖中点开始，过上1/4点外凸1.7cm，过转折点，连接前袖山弧线的下部曲线，用光滑圆顺的线条画顺前袖山

弧线。

⑧将后袖肥（侧缝基础线与袖肥线的交点到后袖肥点的长度）两等分，从等分点向上做垂线，以该垂线为对称轴，反转复制后袖窿弧线，得到在腋下部分与后袖窿弧线形状相同的后袖山弧线的下部曲线。

⑨将后袖山斜线分成3等份，下1/3点向上1.5cm做袖山弧线的转折点，从袖中点开始，过上1/3点外凸1.8cm，过转折点，连接后袖山弧线的下部曲线，用光滑圆顺的线条画顺后袖山弧线。

⑩在袖下平线上，前偏2.5cm修正袖中线，取前袖口大=CW/2-1=8.5cm，用直线连接前袖肥点与前袖口点；取后袖口大=CW/2+1=10.5cm，用直线连接后袖肥点与后袖口点，并加长1cm；从后袖口点向前袖口点画顺袖口线；在袖肘处内凹0.7cm画顺前袖底缝线；在袖肘处外凸0.7cm画顺后袖底缝线。

2. 大A造型纵向分割连腰装袖新娘礼服的样板制作

图5-82是大A造型纵向分割连腰装袖新娘礼服的衣身、衣袖裁剪样板图。在图中，对缝份加放、面料纱向、文字标注、定位定型点标注等关键操作进行了注释。说明如下。

①后中、侧缝放缝3cm。

②衣身底边、袖口缝份加放4cm。

③其他缝份常规加放1cm。

④样板包括左右对称的前中片、前间片、前侧片、后中片、后间片、后侧片、袖片，如图5-82所示。

⑤本款礼服的刀口位较多，用于各裁片拼合时定位。刀口位包括：衣身分割线与胸围线的交点、衣身分割线与腰围线的交点、衣身分割线与臀围线的交点、袖中点、袖肘点。其中，袖中点是缝制时袖与肩缝的对位点，袖肘点是缝制时前、后袖底缝的对位点。

⑥本款礼服连腰下裙下摆宽大，为了获得造型效果，在每个衣片的腰节上到腰节线以下13cm处，沿外展8°的方向设置了与相邻衣片的辑合线，为了方便制作时的定位定形，在每个衣片的腰节线以下13cm外展8°的左右点都设计了钻眼位。

⑦本款礼服衣身底边放缝后，最下边弧线的长度变化很大，缝制时，底边向上翻折后会产生较大的余量，所以在侧面对样板的底边部分进行了内收的修正。一般以底边净缝线为对称线进行修正。

3. 大A造型纵向分割连腰装袖新娘礼服的坯布试样制作

大A造型纵向分割连腰装袖新娘礼服坯布试样遵循裁剪、别样、调样、样板优化的操作过程。

在坯布试样过程中，坯布别样需要按照合理的工艺流程来进行。本款大A造型纵向分割连腰装袖新娘礼服坯布别样（缝合或别和）工艺流程如下。

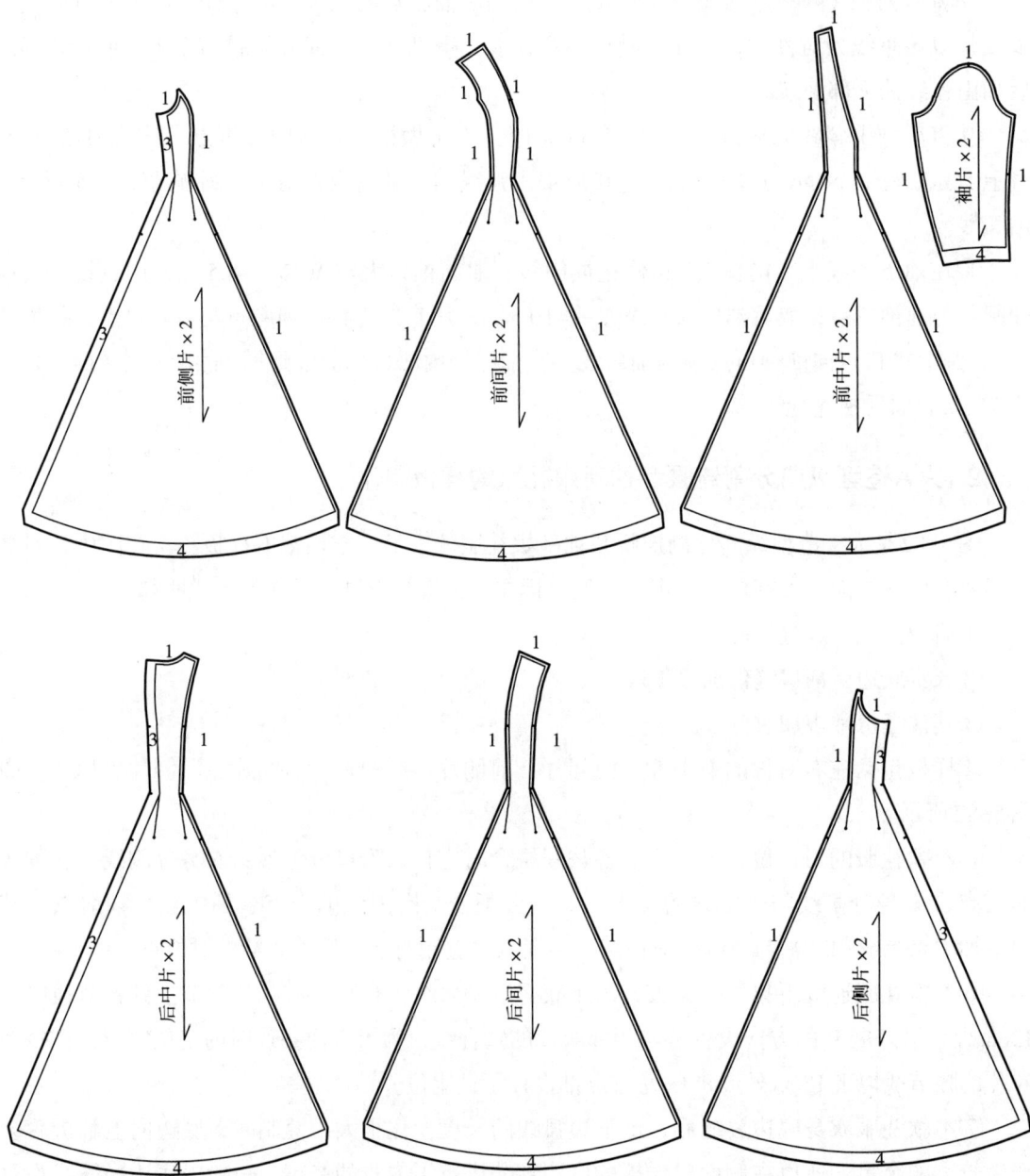

图5-82　大A造型纵向分割连腰装袖新娘礼服的衣身、衣袖裁剪样板图

①做前片。对齐胸、腰、臀刀口位，1cm缝份分别辑合左、右前中片，左、右前间片，左、右前侧片的分割缝，按钻眼位辑合13cm长、外展8°的辑缝线，熨烫，缝份倒向侧缝，注意钻眼位辑缝线只在反面熨烫辑线，正面不烫，保持自然波浪，形成左前身片和右前身片。

对齐前中胸、腰、臀刀口位，1cm缝份辑合左前身片和右前身片的分割缝，按钻眼位辑合13cm长、外展8°的辑缝线，熨烫，缝份倒向侧缝，注意钻眼位辑缝线只在反面熨烫辑线，正面不烫，保持自然波浪，形成前身整体。

取宽度为4cm的直丝白坯做前身领贴边，长度大于前身V领的左右边长之和，对折，比对前身V领，依V领尖端形状画线，沿线辑缝，修剪缝份剩0.6cm，分开缝熨烫缝份。

前身V领贴边正面与衣身V领正面相对，从左领肩点经V领尖端到右领肩点1cm缝份辑合，注意领贴边尖端与衣身V领尖端对位，缝份倒向贴边，0.1cm缝线辑合领贴边和缝份，熨烫，使前身V领正面平服、光洁，在肩部0.3cm固定前领贴边和前肩缝，修剪余布。

②做后片。对齐胸、腰、臀刀口位，1cm缝份分别辑合左、右后中片，左、右后间片，左、右后侧片的分割缝，按钻眼位辑合13cm长、外展8°的辑缝线，熨烫，缝份倒向侧缝，注意钻眼位辑缝线只在反面熨烫辑线，正面不烫，保持自然波浪，形成左后身片和右后身片。

对齐后中胸、腰、臀刀口位，1cm缝份辑合左后身片和右后身片的分割缝，按钻眼位辑合13cm长、外展8°的辑缝线，熨烫，缝份倒向侧缝，注意钻眼位辑缝线只在反面熨烫辑线，正面不烫，保持自然波浪，形成后身整体。

取30cm×10cm的直丝白坯做后身领贴边，对折，比对后身圆弧领，依领圈形状画线，距离领圈线4cm画贴边外边缘线，做宽度为4cm的后领贴边。

领贴边正面与后衣身领圈正面相对，从左领肩点到右领肩点1cm缝份辑合，注意领贴边中点与衣身后领圈中点对位，缝份倒向贴边，0.1cm缝线辑合领贴边和缝份，熨烫，使后身领正面平服、光洁，修剪余布。

③和侧缝、肩缝、做底边。对齐前后身胸、腰、臀刀口位，3cm缝份辑合前、后衣身侧缝，右侧缝在腰节上下各10cm确定装拉链的起终点，留20cm装拉链开口，熨烫，侧缝缝份倒向后片。

1cm缝份辑合前后衣身肩缝，在领部，后身和后领贴边夹辑前身和前领贴边，使坯样前、后身领部连接处光滑圆顺，无毛边；熨烫肩缝，缝份倒向后片。

按4cm缝份折烫底边，先折0.7cm，再折3.3cm，0.1cm辑线双折缝底边。

④做袖。袖反面在外，正面相对，前袖底缝在上，按刀口位辑合前、后袖底缝线，熨烫，缝份倒向后片。

按4cm缝份折烫袖底边，先折0.7cm，再折3.3cm，0.1cm辑线双折缝袖底边，形成衣袖。

⑤装袖。袖中点对位肩缝，袖底对位侧缝，以3cm左右的吃势，1cm缝份辑装衣袖，在袖山与袖窿辑合时，将袖山吃势保留在袖中点向前至前袖山弧线转折点的区域内，向后至后袖山弧线转折点的区域内，腋下部分的袖山和袖窿保持平装（没有吃势），使成形后的袖山造型更为饱满美观；反面熨烫装袖辑线，缝份自然倒向衣袖。

⑥试穿并别和侧缝拉链口。将缝合好的坯样穿在人台上，按缝份、别和规范别和侧缝的拉链口。

本款大A造型纵向分割连腰装袖新娘礼服的坯样如图5-83所示。

图5-83　大A造型纵向分割连腰装袖新娘礼服的坯样

举一反三

引导性问题

中腰断腰立翻领双层袖大A摆连身礼服的款式图如图5-84所示，参考大A造型纵向分割连腰装袖新娘礼服，如何进行本款礼服的结构设计？

图5-84　中腰断腰立翻领双层袖大A摆连身礼服的款式图

中腰断腰立翻领双层袖大A摆连身礼服裙身的款式和衣领款式都与项目五任务五的引导性问题的礼服相似，不同的是本款礼服是装袖款，在规格尺寸设计时要依据装袖款的放量规律来进行。

中腰断腰立翻领双层袖大A摆连身礼服为胸部贴身、腰部贴身，臀部宽松的拖地大A摆连身礼服，有小后拖摆。通过前身连省成缝的公主线、后身刀背缝分割来塑形，立翻领，双层7分袖，里层为贴身袖，外层为透明纱质的宽松大褶灯笼袖，里外两层在袖口合并，装窄款袖克夫。中腰断腰，且在中腰束有腰带。下裙宽大，前后身分别有多个左右对称的顺风褶裥，面料可选用丝绸、醋酸、多层网纱等礼服面料，适合青年女性作为礼服穿用。其结构设计要点如下。

（1）规格尺寸

本款礼服与大A造型纵向分割连腰装袖新娘礼服的衣身贴身度相似，胸围、腰围、肩宽规格尺寸不变（B=89cm，W=68cm，S=38cm），臀围宽大，下裙造型、褶裥处理方式、裙长、拖摆都与项目五任务五引导性问题中礼服款式相同，规格尺寸设计上，依然以连身原型的臀围 $H_{原型}$=92cm 为基础来进行结构变换，前裙长取156cm，后中长取178cm。双层7分袖，取 CL=0.7×全袖长+调节系数=0.7×55+2.5=41cm。本款中腰断腰立翻领双层袖大A摆连身礼服的规格尺寸设计说明表见表5-24，规格尺寸表见表5-25。

表5-24 中腰断腰立翻领双层袖大A摆连身礼服的规格尺寸设计说明表

项目	公式	设计依据
号型	160/84A，160/66A	国标中间标准体
前裙总长 L	136+4+12+4=156cm	前裙及地，且下裙是大A摆。可根据颈椎点高136cm、落地量4cm、大A摆产生的斜度余量12cm、前上平线高于后上平线的4cm计算得出156cm
后中总长 L_1	136+4+12+26=178cm	后裙有中拖摆，加放26cm的小拖摆长度。可根据颈椎点高136cm、落地量4cm、大A摆产生的斜度余量12cm、后拖摆量26cm计算得出178cm
胸围 B	净胸围 B^*+5=89cm	贴身礼服，装袖款需要比无袖款多增加3cm放量
腰围 W	净腰围 W^*+0=66cm	160/66A体的净腰围为66cm
肩宽 S	S=38cm	肩宽与原型相同
原型臀围 $H_{原型}$	$H_{原型}$=净臀围 H^*+2=92cm	礼服下裙A造型，臀围宽松。下裙结构设计依婚纱礼服连体原型而来，选择控制原型臀围尺寸，即 $H_{原型}$=净臀围 H^*（90）+2=92cm
袖长 CL	0.7×全袖长+调节系数=0.7×55+2.5=41	七分袖，一般七分袖为全袖长的0.7倍，根据不同的款式适当用系数调整尺寸

表5-25　中腰断腰立翻领双层袖大A摆连身礼服规格尺寸表

部位	号型	胸围B	腰围W	原型臀围$H_{原型}$	肩宽S	前裙总长L	后中总长L_1	袖长CL
尺寸	160/84A，160/66A	89cm	68cm	92cm	38cm	156cm	178cm	41cm

（2）分割线与省道转移

本款礼服的分割线和省道转移操作参见项目五任务五的引导性问题中礼服的结构，规格尺寸参见大A造型纵向分割连腰装袖新娘礼服，而且，由于是装袖款，袖窿深要下沉2.5～3cm，取2.5cm。本款礼服的衣身、衣领、束腰结构图如图5-85所示。

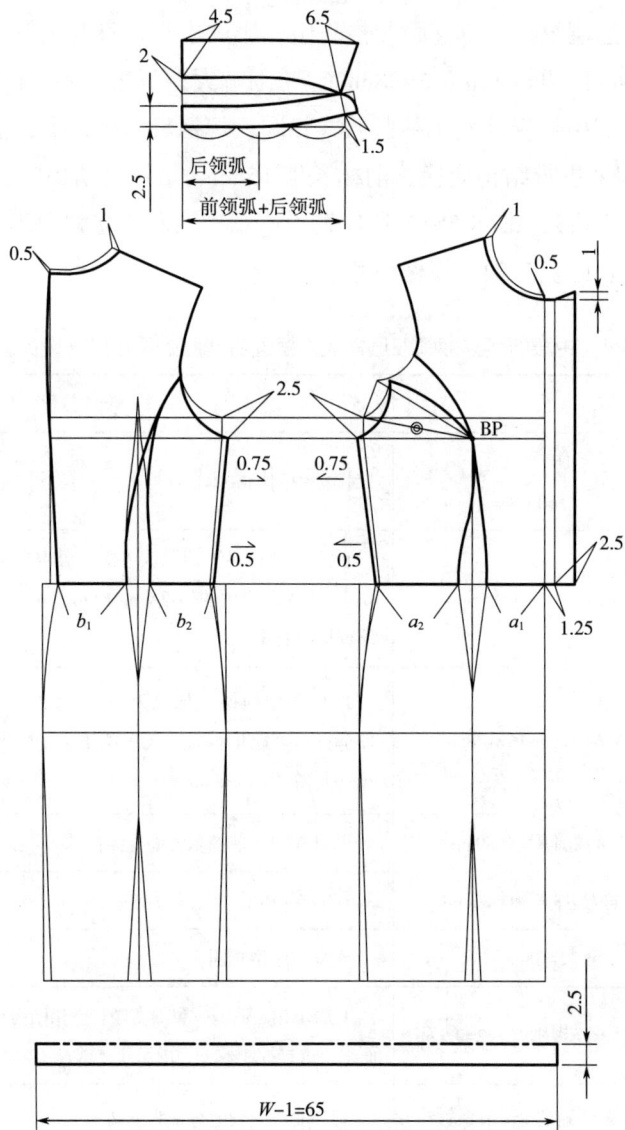

图5-85　中腰断腰立翻领双层袖大A摆连身礼服的衣身、衣领、束腰结构图

（3）领结构

本款礼服的领结构参见项目五任务五的引导性问题中礼服的结构（图5-73）。

（4）袖结构

本款礼服为双层克夫袖，包括里袖、外袖和袖克夫三部分。里袖结构为贴身袖，与大A造型纵向分割连腰装袖新娘礼服袖类型相似，七分袖长度，可以在大A造型纵向分割连腰装袖新娘礼服袖结构上从袖中心点向下直接截取CL=41cm；窄袖克夫宽度取5cm，将袖底边线向上平移5cm确定里袖长度为36cm，袖克夫宽度为5cm，长度为里袖袖口尺寸；外袖结构为宽松型，长度与里袖相同，袖口部分有6个褶裥，与里层一起辑装袖克夫后，形成灯笼袖造型。结构设计时，以里袖为基本型，设计包含袖中线在内的均匀的5道分割线，将里袖基本型切展，使袖窿尺寸不变，袖口加入6个褶裥，尺寸分别为4cm、4cm、5cm、5cm、4cm、4cm，形成外袖结构。中腰断腰立翻领双层袖大A摆连身礼服袖结构如图5-86所示。

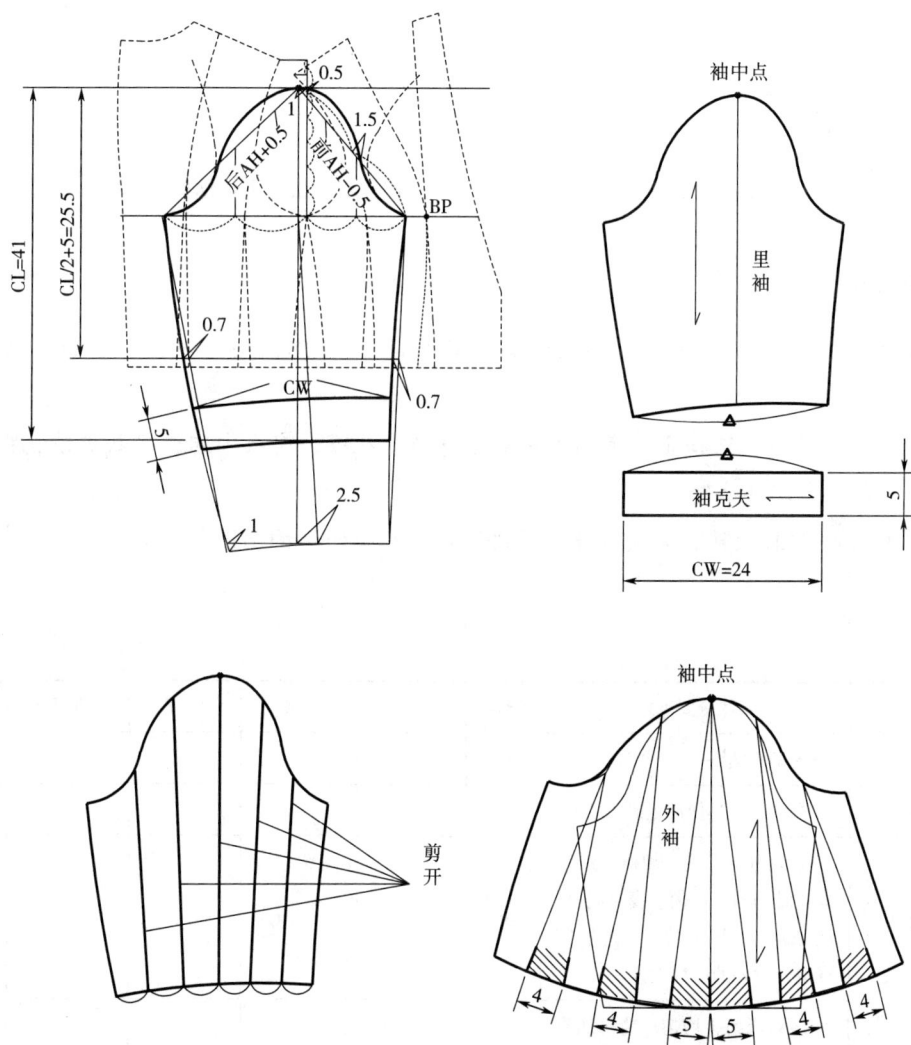

图5-86　中腰断腰立翻领双层袖大A摆连身礼服的衣袖结构图

（5）断腰与下裙结构

本款礼服的断腰与下裙结构参见项目五任务五的引导性问题中礼服的结构。中腰断腰立翻领双层袖大A摆连身礼服的下裙结构如图5-87所示。下裙从原型到最终结构的变化如图5-75所示。

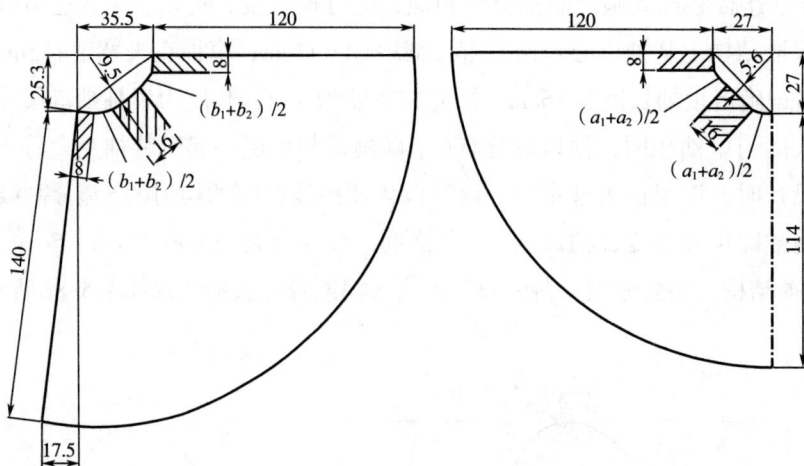

图5-87　中腰断腰立翻领双层袖大A摆连身礼服的下裙结构图

🎤 巩固训练

1. 完成大A造型纵向分割连腰装袖新娘礼服的1：1比例的结构图、样板制作和坯样试制。

2. 以小组为单位，选择企业定制装袖款连身婚纱礼服，完成本组选定款婚纱礼服的结构设计、样板制作和坯样试制。

3. 使用服装CAD软件，完成任务五所讲述婚纱礼服的结构制图与制板。

🎗 学习评价

项目	评分要点	分值	自评	互评	师评	企业评价	备注
专业术语应用	准确、熟练	10					
操作过程	合理、工具使用正确、熟练	10					
结构设计	款式分析准确，规格设计合理，结构制图正确、线条规范，粗细得当，图面整洁。能够完成变化款式的纸样设计	30					
打板	线条流畅、均匀；缝份加放合理；标注、标记完整规范、样板裁切干净顺畅准确	20					

项目	评分要点	分值	自评	互评	师评	企业评价	备注
裁剪和别样	操作规范，成型整洁，缝迹顺畅	10					
调样和优化	操作规范，调样准确，标记齐全，有明显的优化成效	10					
坯样别样工艺流程	科学合理，利于操作	10					
合计		100					

任务七　成果展示与评价

▶ 任务导入

以项目组为单位，进行本组项目成果的展示与评价。

📋 任务要求

1. 能够对本组阶段性成果与最终成果进行充分展示。
2. 能够对本组阶段性成果与最终成果进行合理自评。
3. 能够对他组成果进行合理评价。
4. 能够在成果多方评价后对本组成果进行优化。

✖ 任务实施

1. 项目成果展示与自评

项目组组长向全班展示项目组成果，给出自我评价。

2. 项目组互评

自评环节，其他组可以提高，全部展示完成之后，通过小组之间的互评选出学生心目中认为最优的项目成果。

3. 教师评价和企业评价

教师对项目教学进程进行综合评价，并给出教师认为最优的项目成果，最后，由企业教师给出企业评价，选出企业认为性价比最高的项目成果。比较评选结果，教师和学生交流、讨论，为下一轮学习做充分准备。

▤▤ 项目总结

能力进阶	能/不能	熟练/不熟练	任务名称
通过学习本项目，小组			完成典型款式紧身胸衣的结构设计、制板和坯布试样
			完成典型款式断腰款连身婚纱礼服的结构设计、纸样和坯布试样
			完成典型款式连腰款连身婚纱礼服的结构设计、纸样和坯布试样
			完成典型装领款连身婚纱礼服的结构设计、纸样和坯布试样
			完成典型款式装袖款连身婚纱礼服的结构设计、纸样和坯布试样
通过学习本项目，小组还			完成本组的成果的充分展示与客观评价
			能够举一反三，完成不同款式的婚纱礼服的纸样设计与制板
			形成精益求精的工作习惯和善于协作的工作素养

▥▥ 大国工匠

婚纱礼服定制中的工匠精神

婚纱礼服定制领域有许多著名的品牌，如享誉世界的美国国际婚纱礼服品牌"Vera Wang"，日本高级订制婚纱礼服品牌"桂由美"，中国婚纱晚礼服领导品牌"名瑞Famory"，中国第一高定品牌"玫瑰坊"等。这些品牌以其独特的设计、高品质的材料、精湛的工艺、贴心的服务赢得了消费者广泛的喜爱。

在婚纱礼服定制服务中，品牌匠人展现出的工匠精神尤为突出。他们将传统手工技艺与现代设计理念完美融合，为每一位客户打造出独特且寓意深远的服装。中国品牌"玫瑰坊"便是践行这一理念的杰出代表。

"玫瑰坊"是由著名设计师郭培创立的品牌，她在中国婚纱礼服定制领域独树一帜，被誉为"中国高定第一人"。

郭培的设计充满了浓郁的中国风，在她的作品中，常常可以看到龙凤、祥云、牡丹等中国传统元素的运用，这些元素不仅寓意吉祥，还使婚纱礼服更具文化底蕴。她巧妙地将传统文化元素与现代设计理念相融合，为婚纱礼服注入了独特的魅力。郭培的作品不仅设计独特，工艺也极为精美。无论是雅致的丝绸面料、精致的刺绣、华丽的珠片还是流畅的剪裁，都体现了郭培对美的追求和对细节的执着，细腻端庄的视觉呈现让每一件婚纱礼服都如同艺术品般璀璨夺目。

　　郭培的婚纱礼服定制在多个方面都深刻体现了工匠精神。首先，她对于材料的选择非常严格，追求高品质的面料和配饰，确保每一件作品都达到最高的品质标准。在面料的处理上也精益求精，无论是洗涤、熨烫还是裁剪，都力求最好。其次，郭培的服装定制作品在设计上注重细节，每一个元素、每一个线条都经过精心设计和打磨。她善于运用各种传统元素和现代设计理念，创造出独特而富有艺术感的服装作品。同时，她也非常注重服装的实用性和舒适性，确保每一件作品都能满足客户的需求。在制作工艺上，郭培更是展现了卓越的工匠精神。她的团队采用精湛的手工技艺，一针一线都倾注了匠人的心血和汗水。无论是刺绣、缝制还是装饰，都力求做到完美无瑕。这种对工艺的执着和追求，使郭培的婚纱礼服定制作品在业内享有很高的声誉。最后，郭培还非常注重与客户的沟通和交流。她会认真倾听客户的需求和想法，根据客户的身材、气质和喜好来定制服装。在定制过程中，通过不断与客户沟通，及时调整设计方案，确保最终的作品能够完全符合客户的期望。

　　例如，为满足一位客户的需求，郭培和团队成员研究了多个朝代的中国古代宫廷服饰，从中提取了凤凰、牡丹等图案造型，经过多重的图形解构、重构，与现代流线型服装款式相结合，绘制了一系列既古典又现代的婚纱草图，设计出令客户极为满意的婚纱款式。

　　在婚纱的制作阶段，郭培亲自监督每一个环节，从刺绣到剪裁，从缝制到装饰，每一步都精益求精。尤其是刺绣部分，她邀请了顶尖的刺绣师傅，用金线银线绣出了凤凰和牡丹的图案，每一个针脚都均匀细密，仿佛艺术品一般。在制作过程中，郭培不断与新娘沟通，根据新娘的反馈调整细节，确保婚纱既符合新娘的期望，又能展现出她的独特魅力。经过数周的精心制作，终于完成了婚纱。

　　这个案例是郭培及其匠人团队工匠精神的生动体现。她们不仅拥有卓越的设计才华和精湛的制作技艺，更有一颗追求完美、不断超越的心。她们用自己的双手和智慧，为每一位新娘打造出梦想中的婚纱礼服，让她们在人生最重要的时刻绽放出最绚烂的光彩，也为中国婚纱礼服定制行业的发展注入了无限的活力。

参考文献

［1］中华人民共和国国家标准.服装号型［M］.北京：中国标准出版社，1998.

［2］王威仪，汪来春，王式竹.最新礼服纸样与裁剪实例［M］.北京：化学工业出版社，2017.

［3］特蕾萨·吉尔斯卡.法国时装纸样设计－婚纱礼服编［M］.田晓华，译.北京：中国纺织出版社，2015.

［4］张孝宠，桂仁义.服装打板技术全编［M］.上海：上海文化出版社，2005.

［5］中屋典子.服装造型学.技术篇Ⅰ［M］.北京：中国纺织出版社，2004.